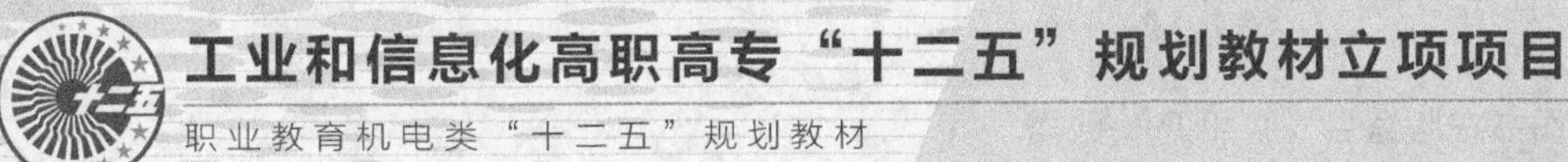

液压与气压传动技术

李海涛 肖珊 主编
许宗磊 董俊华 吴素珍 副主编

人民邮电出版社
北京

图书在版编目（CIP）数据

液压与气压传动技术 / 李海涛，肖珊主编. -- 北京：人民邮电出版社，2016.1(2017.8重印)
职业教育机电类“十二五”规划教材
ISBN 978-7-115-37425-7

Ⅰ. ①液… Ⅱ. ①李… ②肖… Ⅲ. ①液压传动－职业教育－教材②气压传动－职业教育－教材 Ⅳ. ①TH137②TH138

中国版本图书馆CIP数据核字(2015)第204513号

内容提要

本书根据教育部关于高职高专液压传动课程教学的基本要求，并结合编者多年从事教学、生产实践的经验编写而成。全书分为液压传动和气压传动两部分内容，共 14 章，主要介绍了液压与气压传动的流体力学基础，液压与气压传动元件的结构、工作原理及应用，液压与气压基本回路和典型系统的组成与分析，液压系统的使用与维护，液压与气压传动的实验方案等。各章内容由内容简介、学习目标、重点内容、本章系统知识内容，思考与练习等组成一个完整的课程教学框架，以培养学生的综合能力与创造性思维，便于分层教学。本书注重基本概念与原理的讲解，强调理论知识的实际应用，突出应用能力和创新能力的培养。

本书既可作为高等职业院校机械类和近机类专业的规划教材，也可作为成人教育机电类专业教学教材，还可供从事机械设计、制造和维修等工作的有关工程技术人员参考。

◆ 主　　编　李海涛　肖　珊
　副 主 编　许宗磊　董俊华　吴素珍
　责任编辑　刘盛平
　责任印制　张佳莹　杨林杰
◆ 人民邮电出版社出版发行　北京市丰台区成寿寺路 11 号
　邮编　100164　电子邮件　315@ptpress.com.cn
　网址　http://www.ptpress.com.cn
　固安县铭成印刷有限公司印刷
◆ 开本：787×1092　1/16
　印张：16.25　2016 年 1 月第 1 版
　字数：379 千字　2017 年 8 月河北第 2 次印刷

定价：39.80 元

读者服务热线：(010)81055256　印装质量热线：(010)81055316
反盗版热线：(010)81055315

在高职教育课程体系中，液压与气动技术课程是机械类和近机械类各专业的一门专业基础课程，也是一门实践性较强的课程，在机械类和近机械类专业培养计划、知识结构和能力培养的总体框架中处于非常重要的位置。

本书是根据高职高专人才培养目标，本着“应用为本、够用为度”的原则，结合本课程的教学规律，针对高职高专机电、机械类的岗位技能要求编写的。为提高教学效率，本书对教学内容和体系进行了适当的综合，力求内容少而精，理论联系实际。

本书对基本理论与基本概念的介绍力求简明清晰，着重讲解它们的物理意义与在工程实践中的应用，并力求使液压与气压传动知识有机结合，避免重复；强化了阀的结构与控制功能及应用之间的联系，将控制阀与相关的基本回路结合讲述，不仅有利于学生对知识的掌握与应用能力的提高，也使内容得到了精简；针对高职教学的特点，用相当篇幅讲述了液压与气压传动系统的安装、调试、维修和系统干涉的防止等方面的知识，并编入了实验内容以培养和提高学生的实践能力。

书中带*的章节为拓宽内容，可根据各专业需要进行取舍。

本书由潍坊职业学院李海涛、湖南机电职业技术学院肖珊担任主编，潍坊职业学院许宗磊、佛山职业技术学院董俊华、河南工程学院吴素珍任副主编。参与编写的还有湖北新产业技师学院贾相志、威海海洋职业学院燕居怀、常州信息职业技术学院辛改芳、银川能源学院机械与汽车工程学院张卫军、吉林大学应用技术学院陈永久、安徽蚌埠机电技师学院黄谊、潍坊富源增压器有限公司陈爱昌和潍坊圣邦工程制造有限公司刘津廷。具体编写分工为李海涛编写绪论和第 6 章，肖珊编写第 1 章和第 12 章，许宗磊编写第 2 章，董俊华编写第 7 章，吴素珍编写第 3 章，贾相志编写第 5 章，燕居怀编写第 9 章，辛改芳编写第 10 章，张卫军编写第 11 章，陈永久第 4 章，黄谊编写第 13 章，陈爱昌编写第 8 章，刘津廷编写第 14 章。全书由李海涛负责统稿。

在编写过程中，我们参考了有关文献，在此对这些文献的作者表示衷心的感谢！

由于编者水平有限，书中疏漏之处在所难免，恳请广大教师和其他读者批评指正。

编 者

2015 年 5 月

第一篇　液压传动

第二篇 气压传动

第一篇

液压传动

绪　论

【内容简介】

本章主要介绍液压传动的工作原理、组成、优缺点及液压传动的应用和发展等。

【学习目标】

（1）掌握液压传动的工作原理、组成。

（2）了解液压传动的优缺点、液压传动的应用和发展。

【重点内容】

液压传动系统图及图形符号。

用液体作为工作介质来实现能量传递的传动方式称为液体传动。液体传动按其工作原理的不同可分为两类：主要以液体动能进行工作的称为液力传动（如离心泵、液力变矩器等）；主要以液体压力能进行工作的称为液压传动。液压传动是本书要讨论的内容，它与单纯的机械传动、电气传动和气压传动相比，具有许多优点，所以在机械设备中，液压传动是被广泛采用的传动之一。特别是近年来，液压与微电子、计算机技术相结合，使液压技术的发展进入了一个新的阶段，成为发展速度最快的技术之一。

本章介绍液压传动的工作原理、组成、优缺点及液压传动的应用和发展等内容。

0.1 液压传动的工作原理

液压传动的工作原理可以用一个液压千斤顶的工作原理来说明。

图 0.1 所示为液压千斤顶的工作原理图。大油缸 9 和大活塞 8 组成举升液压缸。杠杆手柄 1、小油缸 2、小活塞 3、单向阀 4 和 7 组成手动液压泵。当提起杠杆手柄 1 使小活塞向上移动，小活塞下端油腔容积增大，形成局部真空，这时单向阀 4 打开，通过吸油管 5 从油箱 13 中吸油；用力压下手柄，小活塞下移，小活塞下腔压力升高，单向阀 4 关闭，单向阀 7 打开，下腔的油液经管道 6 输入大油缸 9 的下腔，迫使大活塞 8 向上移动，顶起重物。再次提起杠杆手柄 1 吸油时，单向阀 7 自动关闭，使油液不能倒流，从而保证了重物不会自行下落。不断地往返扳动手柄，就能不断地把油液压入举升缸下腔，使重物逐渐地升起。如果打开截止阀 11，举升缸下腔的油液通过管道 10、截止阀 11 流回油箱，重物就向下移动。这就是液压千斤顶的工作原理。

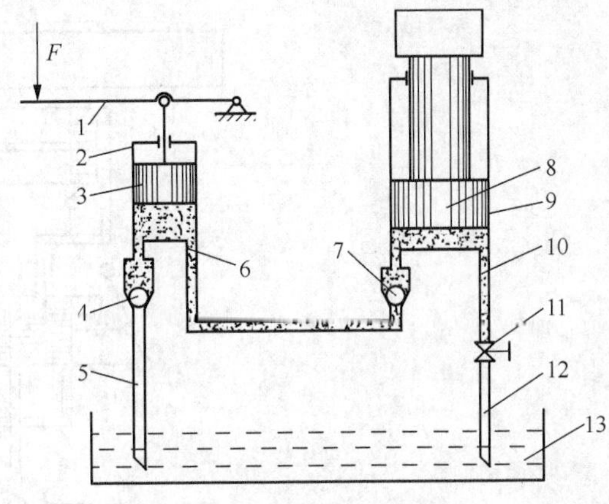

图0.1 液压千斤顶工作原理图

1—杠杆手柄；2—小油缸；3—小活塞；4、7—单向阀；5—吸油管；6、10—管道；8—大活塞；9—大油缸；11—截止阀；12—油管；13—油箱

从上述可以看出，液压千斤顶是一个简单的液压传动装置。分析液压千斤顶的工作过程，可知液压传动是依靠液体在密封容积中的压力能实现运动和动力传递的。液压传动装置本质上是一种能量转换装置，它先将机械能转换为便于输送的液压能，后又将液压能转换为机械能做功。液压传动利用液体的压力能进行工作，它与利用液体动能工作的液力传动有着根本的区别。

0.2 液压传动系统的组成及图形符号

图 0.2（a）～（c）所示为一磨床工作台的液压传动系统工作原理图。油泵 4 在电动机（图中未画出）的带动下旋转，油液由油箱 1 经过滤器 2 被吸入油泵，由油泵输入的压力油通过手动换向阀 9，节流阀 13、手动换向阀 15 进入液压缸 18 的左腔，推动活塞 17 和工作台 19 向右移动，液压缸 18 右腔的油液经手动换向阀 15 排回油箱。如果将手动换向阀 15 转换成图 0.2（b）所示的状态，则压力油进入液压缸 18 的右腔，推动活塞 17 和工作台 19 向左移动，液压缸 18 左腔的油液经手动换向阀 15 排回油箱。工作台 19 的移动速度由节流阀 13 来调节。当节流阀开大时，进入液压缸 18 的油液增多，工作台的移动速度增大；当节流阀关小时，工作台的移动速度减小。液压泵 4 输出的压力油除了进入节流阀 13 以外，其余的打开溢流阀 6 流回油箱。如果将手动换向阀 9 转换成图 0.2（c）所示的状态，液压泵输出的油液经手动换向阀 9 流回油箱，这时工作台停止运动，液压系统处于卸荷状态。

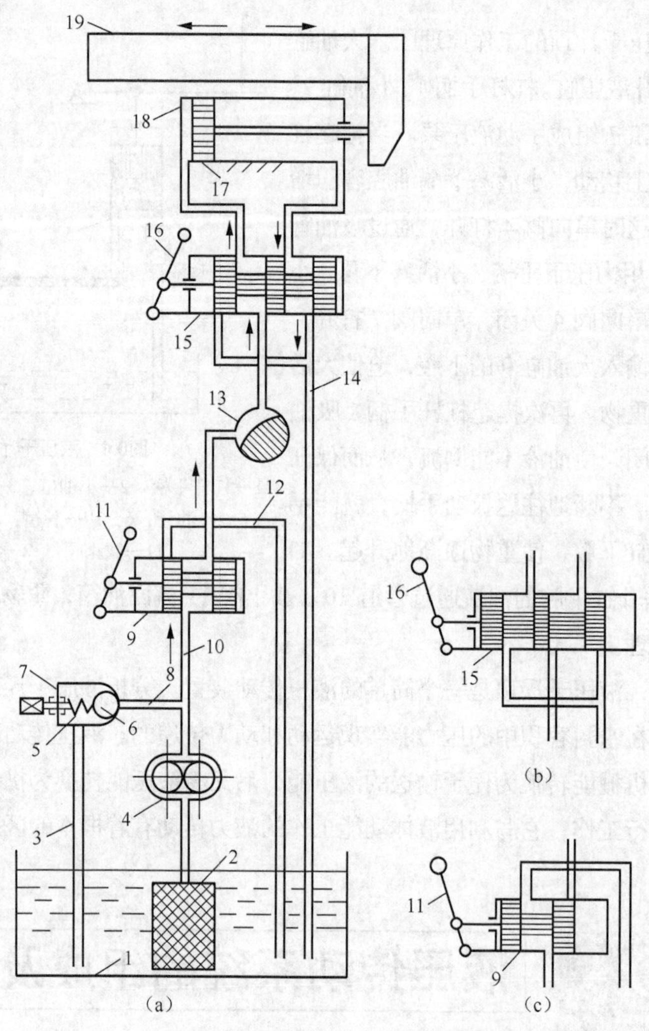

图0.2 磨床工作台液压传动系统工作原理图

1—油箱；2—过滤器；3、8、10、12、14—油管；4—油泵；5—弹簧；6—钢球；7—阀体；9、15—手动换向阀；11、16—手柄；13—节流阀；17—活塞；18—液压缸；19—工作台

0.2.1 液压传动系统的组成

从图 0.2 中可看出，一个完整的液压系统，有以下 5 部分组成。

（1）动力装置。动力装置是将原动机输出的机械能转换成液体压力能的元件，其作用是向液压系统提供压力油，液压泵是液压系统的心脏。

（2）执行装置。执行装置把液体压力能转换成机械能，执行元件包括液压缸和液压马达。

（3）控制装置。控制装置包括压力、方向、流量控制阀，是对系统中油液压力、流量、方向进行控制和调节的元件。例如，换向阀 15 即属控制元件。

（4）辅助装置。上述三个组成部分以外的其他元件，如管道、管接头、油箱、滤油器等。

（5）工作介质。即传动液体，通常称为液压油。绝大多数液压油采用矿物油，系统用它来传递能量或信息。

0.2.2 液压传动系统图及图形符号

图 0.2 所示为液压系统原理图，各元件是用半结构式图形画出来的。这种图形直观性强，较易理解，但难以绘制，系统中元件数量多时更是如此。在工程实际中，一般都用简单的图形符号绘制液压系统原理图，如图 0.3 所示，国家标准 GB 786.1—2009 规定了各元件的图形符号，这些符号只表示元件的功能，不能表示元件的结构和参数。液压元件图形符号在后面的章节及附录中有详细介绍。

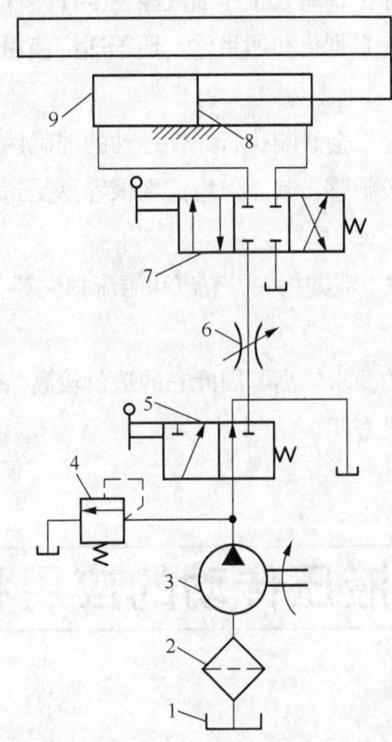

图0.3 用图形符号表示的磨床工作台液压系统图

1—油箱；2—过滤器；3—液压泵；4—溢流阀；5—手动换向阀；6—节流阀；7—换向阀；8—活塞；9—液压缸

0.3 液压传动的特点

液压传动之所以得到如此迅速的发展和广泛的应用是由于它具有下面的许多优点。

（1）单位功率的重量轻，结构尺寸小。据统计，轴向柱塞泵每千瓦功率的重量只有 1.5～2 N，而直流电动机的重量则高达 15～20 N，这说明在同等功率情况下，前者的重量只有后者的 10%～

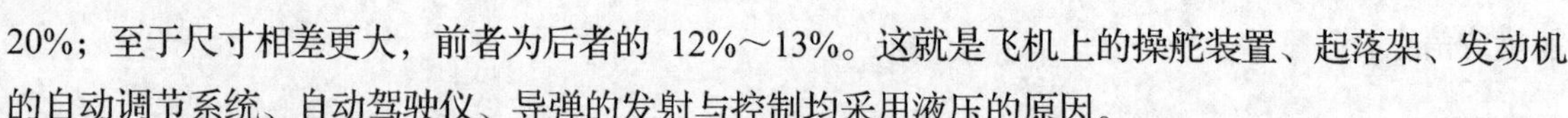

20%；至于尺寸相差更大，前者为后者的 12%～13%。这就是飞机上的操舵装置、起落架、发动机的自动调节系统、自动驾驶仪、导弹的发射与控制均采用液压的原因。

（2）工作比较平稳，换向冲击小，反应快。由于重量轻、惯性小、反应快，易于实现快速启动、制动和频繁的换向。

（3）能在大范围内实现无级调速（调速范围最大可达 1∶2000），而且调速性能好。

（4）操纵、控制调节比较方便、省力，便于实现自动化，尤其和电气控制结合起来，能实现复杂的顺序动作和远程控制。

（5）液压装置易于实现过载保护，而且工作油液能使零件实现自润滑，故使用寿命长。

（6）液压元件已实现标准化、系列化和通用化，便于通广使用。

液压传动的主要缺点：

（1）油的泄漏和液体的可压缩性会影响执行元件运动的准确性，故无法保证严格的传动比。

（2）液压传动对油温变化比较敏感，其工作稳定性很容易受到温度的影响，因此它不宜在很高或很低的温度条件下工作。

（3）能量损失较大（摩擦损失、泄漏损失、节流和溢流损失等），故传动效率不高，不宜做远距离传动。

（4）液压元件在制造精度上的要求较高，因此它的造价较高，使用维护比较严格。

（5）系统的故障原因有时不易查明。

0.4 液压传动的应用和发展

液压传动相对于机械传动来说，是一门新的学科，它的发展历史虽然较短，但发展的速度却非常快。自从 1795 年制成了第一台压力机起，液压技术进入了工程领域，1906 年开始应用于国防战备武器。目前在工业生产的各个部门都应用着液压与气压传动技术，例如，工程机械（挖掘机）、矿山机械、压力机械（压力机）和航空工业中均采用了液压传动。我国的液压工业开始于 20 世纪 50 年代，其产品最初应用于机床和锻压设备，后来又用于拖拉机和工程机械。特别是 20 世纪 60 年代以后，随着原子能科学、空间技术和计算机技术的发展，液压技术也得到了很大发展。当前，液压技术正向高压、高速、大功率、高效、低噪声、高性能、高度集成化、模块化和智能化的方向发展，同时，新型液压元件的应用和液压系统的计算机辅助设计（CAD）、机电一体化技术以及污染控制技术等也是液压传动及控制技术发展和研究的方向。

思考与练习

0.1 简述液压千万顶的工作原理。

0.2 液压系统要正常工作必须由哪几部分组成?各部分的作用是什么?

0.3 液压传动系统有哪些优缺点?

第1章 液压传动基础知识

【内容简介】

本章主要介绍油液的种类、物理性质、污染原因及控制方法及油液的静力学和动力学规律。

【学习目标】

(1) 掌握工作介质的基本性质，了解工作介质的污染原因、危害及其控制方法。

(2) 掌握压力的表示方法和本质。

(3) 了解液体静力学和动力学方程的推导过程，掌握静力学和动力学方程的运用。

(4) 了解液流在管道中流动的特性及压力损失的计算方法。

(5) 了解液体流经小孔和缝隙的流量压力特性。

(6) 了解液压冲击和气穴现象产生的原因、危害。

【重点内容】

液压油的基本性质；压力的表示方法和本质；液体静力学和动力学方程的运用。

1.1 液压传动工作介质

1.1.1 工作介质的物理性质

液体是液压传动的工作介质，最常用的是液压油，此外，还有乳化型传动液和合成型传动液。

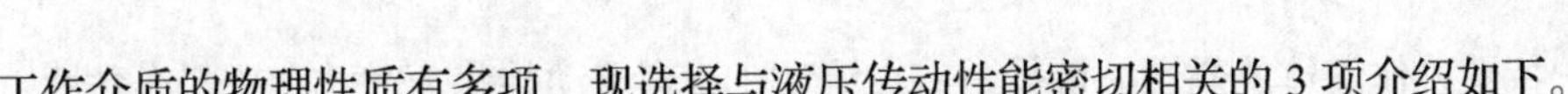

工作介质的物理性质有多项，现选择与液压传动性能密切相关的3项介绍如下。

1. 密度

单位体积液体所具有的质量为该液体的密度，用公式表示为

$$\rho=\frac{m}{V} \tag{1-1}$$

式中，ρ——液体的密度，kg/m^3；

m——液体的质量，kg；

V——液体的体积，m^3。

严格来说，液体的密度随着压力或温度的变化而变化，但变化量一般很小，在工程计算中可以忽略不计。在进行液压系统相关的计算时，通常取液压油的密度为900kg/m^3。

2. 可压缩性

液体受增大的压力作用而使体积缩小的性质称为液体的可压缩性。设容器中液体原来压力为P_0，体积为V_0，当液体压力增大ΔP时，体积缩小ΔV，则液体的可压缩性可用压缩系数k来表示，它是指液体在单位压力变化下的体积相对变化量，用公式表示为

$$k=-\frac{1}{\Delta P}\frac{\Delta V}{V_0} \tag{1-2}$$

式中，k——压缩系数，m^2/N。

由于压力增大时液体的体积减小，为了使k为正值，在式（1-2）右边须加一负号。

液体压缩系数k的倒数，称为液体的体积弹性模量，简称体积模量，用K表示，即

$$K=\frac{1}{k}=-\frac{\Delta P}{\Delta V}V_0 \tag{1-3}$$

表1.1列举了各种工作介质的体积模量，石油基液压油的可压缩性是钢的100～150倍。液体的体积模量与温度、压力有关。温度升高时，K值减小；压力增大时，K值增大，当$P\geqslant$3MPa时，K值基本上不再增大。由于空气的压缩性很大，当液压油液中混有游离气泡时，K值将大大减小。例如，当油中混有1%空气气泡时，体积模量则降低到纯油的5%左右；当油中混有5%空气气泡时，体积模量则降低到纯油的1%左右。故液压系统在设计和使用时，要采取措施尽量减少工作介质中的游离气泡的含量。

一般情况下，工作介质的可压缩性在研究液压系统静态（稳态）条件下工作的性能时，影响不大，可以不予考虑；但在高压下或研究系统动态性能及计算远距离操纵的液压系统时，必须予以考虑。

表1.1 各种工作介质的体积模量（20℃，0.1 MPa）

介质种类	体积模量 **K/MPa**	介质种类	体积模量 **K/MPa**
石油基液压油	（1.4～2.0）×10^3	水-乙二醇基型	3.45×10^3
油包水乳化液	2.2×10^3	磷酸酯基型	2.65×10^3
水包油乳化液	1.95×10^3		

3. 黏性

（1）黏性的定义。液体在外力作用下流动时，分子间的内聚力会阻碍分子间的相对运动而产生

一种内摩擦力。这一特性称作液体的黏性。液体只有在流动（或有流动趋势）时才会呈现出黏性，静止液体是不呈现黏性的。黏性是液体重要的物理特性，是选择液压油的主要依据。

（2）黏性的度量。度量黏性大小的物理量称为黏度。常用的黏度有 3 种：动力黏度、运动黏度、相对黏度。

① 动力黏度。在图 1.1 中，设两平行平板间充满液体，下平板不动，上平板以速度 u_0 向右平动。由于液体的黏性和液体与固体壁面间作用力的共同影响，导致液体流动时各层的速度大小不等，紧贴下平板的液体黏附于下平板上，其速度为零；紧贴上平板的液体黏附于上平板上，其速度为 u_0，中间各层的速度分布从上到下按线性规律变化。可以把这种流动看作是无限薄的液层在运动，速度快的液层带动速度慢的；速度慢的液层阻滞速度快的液层。

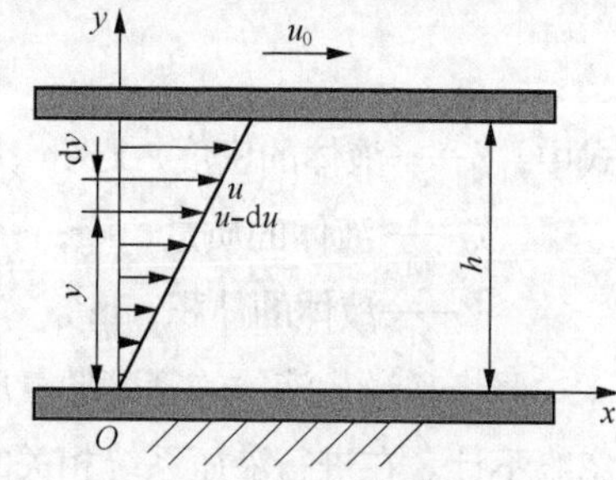

图1.1 液体的黏性示意图

经实验测定：液体流动时相邻液层间的内摩擦力 F_f 与液层接触面积 A、液层间的相对速度 du 成正比，与液层的距离 dy 成反比，du/dy 称为两液层间的速度梯度，即

$$F_f = \mu A \frac{du}{dy} \tag{1-4}$$

式中，μ——比例系数，称为黏性系数或动力粘度，也称绝对黏度。

以 $\tau = \frac{F_f}{A}$ 表示液层间的切应力，即单位面积上的内摩擦力，则有

$$\tau = \mu \frac{du}{dy} \tag{1-5}$$

式（1-5）即为牛顿液体的内摩擦定律。动力黏度的物理意义就是液体在单位速度梯度下，单位面积上的内摩擦力大小。

在国际单位制和我国的法定计量单位中，μ 的单位为 Pa · s（帕 · 秒）或 N · s/m^2（牛 · 秒/米^2）；而在厘米 · 克 · 秒（CGS）制中，μ 的单位为 P（泊）或 cP（厘泊）或 dyn · s/cm^2（达因 · 秒/厘米^2），1Pa · s=10P=10^{3}cP。从 μ 的单位可看出，μ 具有力、长度、时间的量纲，即具有动力学的量，故叫动力黏度。

② 运动黏度。在同一温度下，液体的动力黏度 μ 与它的密度 ρ 之比称为运动黏度，即

$$\upsilon = \frac{\mu}{\rho} \tag{1-6}$$

在国际单位制和我国的法定计量单位中，υ 的单位为 m^2/s；在 CGS 制中，υ 的单位为 cm^2/s，通常称为 St（斯）。St 的单位较大，工程上常用 cSt（厘斯）来表示，1St=100cST。因运动黏度具有长度和时间的量纲，即具有运动学的量，故叫运动黏度。

运动黏度 υ 没有明确的物理意义，是一个在液压传动计算中经常遇到的物理量，习惯上常用来标志液体的黏度，例如，液压油牌号，就是这种油液在 40℃时的运动黏度 υ 的平均值，40 号液压油就是指这种液压油在 40℃时的运动黏度 υ 的平均值为 40 cSt（厘斯）。

③ 相对黏度。动力黏度和运动黏度是理论分析和推导中常使用的黏度单位，但它们难以直接测

量，实际中，要先求出相对黏度，然后再换算成动力黏度和运动黏度。相对黏度是特定测量条件下制定的，又称为条件黏度。测量条件不同，各国采用的相对黏度单位也不同。如中国、德国、俄罗斯用恩氏黏度°*E*；美国、英国采用通用赛氏秒 *SUS* 或商用雷氏秒（R_1S）；法国采用巴氏度°*B* 等。

恩氏黏度的测定方法：将 200 mL 温度为 *t*℃的被测液体装入恩氏黏度计的容器内，让此液体从底部 ϕ2.8 mm 的小孔流尽所需时间为 t_1，再测出相同体积温度为 20℃的蒸馏水在同一黏度计中流尽所需的时间 t_2，这两个时间之比即为被测液体在 *t*℃下的恩氏黏度，即

$$°E_t = \frac{t_1}{t_2} \tag{1-7}$$

恩氏黏度与运动黏度（m^2/s）间的换算关系式为

$$\upsilon = (7.31°E - \frac{6.31}{°E}) \times 10^{-6} \tag{1-8}$$

（3）黏度与温度的关系。温度对油液黏度的影响很大，如图 1.2 所示，当油温升高时，其黏度显著下降，这一特性称为油液的黏温特性，它直接影响液压系统的性能和泄漏量，因此希望油液的黏度随温度的变化越小越好。

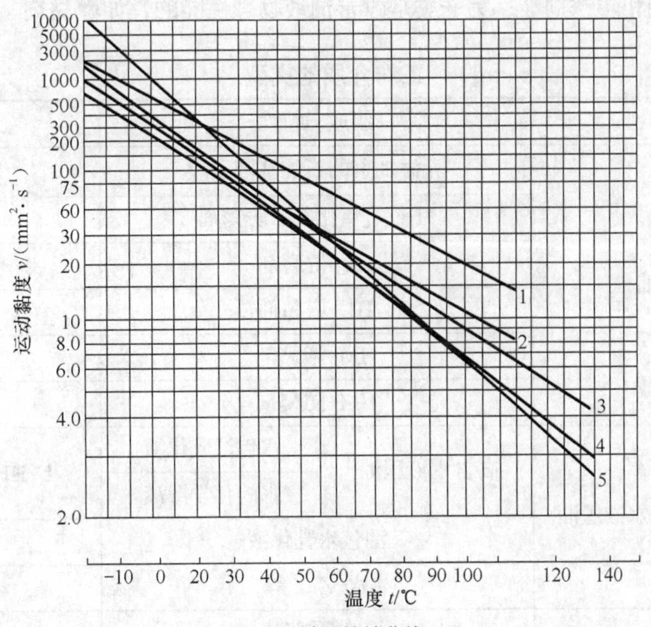

图1.2 黏温特性曲线

1—水包油乳化液；2—水-乙二醇液；3—石油型高黏度指数液压油；4—石油型普通液压油；5—磷酸酯液

（4）压力对黏度的影响。当油液所受的压力加大时，其分子间的距离就缩小，内聚力增加，黏度会变大。但是这种变化在低压时并不明显，可以忽略不计；在高压情况下，这种变化不可忽略。

1.1.2 液压系统工作介质选用要求

1．工作介质的性能要求

液压系统虽都由泵、阀、缸等元件组成，但不同工作机械、不同使用条件的不同液压系统对工

作介质的要求有很大不同。为了使液压系统能正常地工作，很好地传递运动和动力，使用的工作介质应主要具备以下性能。

（1）要有合适地黏度和较好的黏温特性，要有良好的润滑性能。

（2）防腐性、防锈性要好，抗泡沫性、抗乳化性、抗磨性要好。

（3）抗氧化性、抗剪切稳定性、抗空气释放性、抗水解安定性要好，抗低温性要好。

（4）与金属和密封件、橡胶软管、涂料等的相容性要好。

（5）流动点和凝固点要低，闪点和燃点高，比热容和热导率要大，体积膨胀要小。

2. 工作介质的类型与选用

（1）工作介质的类型。工作介质要同时满足上述 5 项要求是不可能的，一般根据需要满足一项或几项要求。按国际标准化组织（ISO）的分类，工作介质的类型详见表 1.2 所示，主要有石油基液压油和难燃液压油。现在，有 90%以上的液压设备采用石油基液压油。石油基液压油以全损耗系统用油为基料，这种油价格低，但物理化学性能较差，只能用在压力较低和要求不高的场合。为了改善全损耗系统用油的性能，往往要加入各种添加剂。添加剂有两类：一类是改善油液化学性能的，如抗氧化剂、防腐剂和防锈剂等；另一类是改善油液物理性能的，如增黏剂、抗磨剂和防爬剂等。

表 1.2 工作介质的类型

<table>
<tr><th colspan="2">类别</th><th colspan="2">组成与特性</th><th colspan="2">代号</th></tr>
<tr><td colspan="2" rowspan="6">石油基液压油</td><td colspan="2">无添加剂的石油基液压液</td><td colspan="2">L-HH</td></tr>
<tr><td colspan="2">HH+抗氧化剂、防锈剂</td><td colspan="2">L-HL</td></tr>
<tr><td colspan="2">HL+抗磨剂</td><td colspan="2">L-HM</td></tr>
<tr><td colspan="2">HL+增黏剂</td><td colspan="2">L-HR</td></tr>
<tr><td colspan="2">HM+增黏剂</td><td colspan="2">L-HV</td></tr>
<tr><td colspan="2">HM+防爬剂</td><td colspan="2">L-HG</td></tr>
<tr><td rowspan="8">难燃液压油</td><td rowspan="4">含水液压油</td><td rowspan="2">高含水液压油</td><td>水包油乳化液</td><td rowspan="2">L-HFA</td><td>L-HFAE</td></tr>
<tr><td>水的化学溶液</td><td>L-HFAS</td></tr>
<tr><td colspan="2">油包水乳化液</td><td colspan="2">L-HFB</td></tr>
<tr><td colspan="2">水-乙二醇</td><td colspan="2">L-HFC</td></tr>
<tr><td rowspan="4">合成液压油</td><td colspan="2">磷酸脂</td><td colspan="2">L-HFDR</td></tr>
<tr><td colspan="2">氯化烃</td><td colspan="2">L-HFDS</td></tr>
<tr><td colspan="2">HFDR+HFDS</td><td colspan="2">L-HFDT</td></tr>
<tr><td colspan="2">其他合成液压油</td><td colspan="2">L-HFDU</td></tr>
</table>

（2）工作介质的选用。在选择工作介质时，需考虑的因素主要如下。

① 液压系统的环境条件。例如，气温的变化情况，系统的冷却条件，有无高温热源和明火，抑制噪声能力，废液再生处理及环保要求。

② 液压系统的工作条件。例如，压力范围、液压泵的类型和转速、温度范围、与金属及密封和

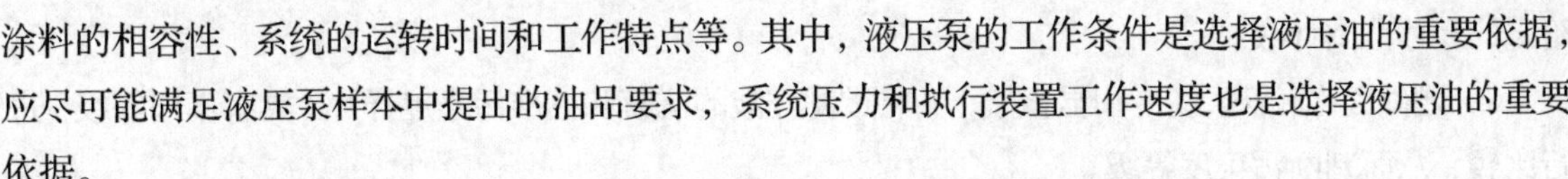

涂料的相容性、系统的运转时间和工作特点等。其中，液压泵的工作条件是选择液压油的重要依据，应尽可能满足液压泵样本中提出的油品要求，系统压力和执行装置工作速度也是选择液压油的重要依据。

③ 液压油的性质。例如，液压油的理化指标和使用性能，各类液压油的特性等。

④ 经济性和供货情况。例如，液压油的价格、使用寿命、对液压元件寿命的影响、当地油品的货源以及维护、更换的难易程度等。

1.1.3 液压油的污染及其控制

据调查统计可知，液压油被污染是系统发生故障的主要原因，它严重影响着液压系统的可靠性及元件的寿命。所以了解液压油的污染途径，控制液压油污染程度是非常重要的。

1. 污染产生的原因

凡是液压油成分以外的任何物质都可以认为是污染物。液压油中的污染物主要是固体颗粒物、空气、水及各种化学物质。另外，系统的静电能、热能、磁场能和放射能等也是以能量形式存在的对液压油危害的污染物质。液压油污染物的来源主要有以下两方面。

（1）外界侵入物的污染。它主要指液压油在运输过程中带进的和从周围环境中混入的空气、水滴和尘埃等。另外还有液压装置在制造、安装和维修时残留下来的沙石、铁屑、型砂、磨粒、焊渣、铁锈、棉砂、清洗溶剂等。

（2）工作过程中产生的污染。它主要指液压元件相对运动磨损时产生的金属微粒、锈斑、密封材料磨损颗粒、涂料剥离片、水分、压力变化产生的气泡、液压油和密封材料等变质后产生的胶状生成物等。

2. 污染的危害

液压油被污染后，将会对系统及元件产生以下不良后果。

（1）固体颗粒及胶状生成物会加速元件磨损，堵塞泵及过滤器，堵塞元件相对运动缝隙，使液压泵和阀性能下降，使泄漏增加，产生气蚀和噪声。

（2）空气的侵入会降低液压油的体积模量，使系统响应变差，刚性下降，系统更易产生振动、爬行等现象。

（3）水和悬浮气泡显著削弱运动副间的油膜强度，降低液压油的润滑性。油液中的空气、水、热量和金属磨粒等加速了液压油液的氧化变质，同时产生气蚀，使液压元件加速损坏。

3. 污染测定的方法与标准

（1）污染测定的方法。液压油污染程度是指单位体积油液中固体颗粒物的含量，即液压油中固体颗粒物的浓度。对于其他污染物，如水和空气，则用水含量和空气含量表述。下面仅讨论油液中固体颗粒污染物的测定问题。目前采用的液压油污染程度测量方法如下。

① 质量分析法。将一定体积样液中的固体颗粒全部收集在微孔滤膜上，通过测量滤膜过滤前后的质量，来计算污染物的含量。

② 显微镜计数法。将一定体积样液中的滤膜在光学显微镜下观察，对收集在滤膜上的颗粒物按

给定的尺寸范围计数。

③ 显微镜比较法。在专用显微镜下，将过滤样液的滤膜和标准污染度样片（具有不同等级）进行比较，从而判断污染度等级。

④ 自动颗粒计数法。利用自动颗粒计数器对油液中颗粒的大小和数量进行自动检测。

⑤ 滤膜（网）堵塞法。通过检测颗粒物对滤膜（网）堵塞而引起的流量或压差的变化来确定油液的污染度。

⑥ 电子显微镜法。利用扫描电子显微镜和统计学方法对收集在滤膜上的颗粒物进行尺寸和数量的测定。

⑦ 分析法。利用摄像机将滤膜上收集的颗粒物或直接将液流中的颗粒物转换为显示屏上的影像，并利用计算机进行图像分析。

（2）污染测定的标准。我国制定的液压油液颗粒污染度等级标准采用 ISO 4406。在 1987 年颁布的国际标准 ISO 4406 中规定，固体颗粒污染度等级代码，按照颗粒含量大小划分为 26 个等级，从 0.9、0、1…23，24。根据液压油分析的颗粒计数结果，用不小于 5 μm 和不小于 15 μm 两个报告尺寸的颗粒含量等级代码表示液压油的污染度。前面的数码代表 1 mL 液压油中尺寸不小于 5 μm 的颗粒数等级，后面的数码代表 1 mL 液压油中不小于 15 μm 的颗粒数等级，两个数码用一斜线分隔。例如，污染度等级为 18/15 的液压油，表示在每毫升液压油内不小于 5 μm 的颗粒数在 1 300～2 500，不小于 15 μm 的颗粒数在 160～320。具体数据见表 1.3。

表 1.3　ISO 4406 污染度等级

每毫升颗粒数		等级数码	每毫升颗粒数		等级数码
大　于	上限值		大　于	上限值	
80 000	160 000	24	10	20	11
40 000	80 000	23	5	10	10
20 000	40 000	22	2.5	5	9
10 000	20 000	21	1.3	2.5	8
5 000	10 000	20	0.64	1.3	7
2 500	5 000	19	0.32	0.64	6
1 300	2 500	18	0.16	0.32	5
640	1 300	17	0.08	0.16	4
320	640	16	0.04	0.08	3
160	320	15	0.02	0.04	2
80	160	14	0.01	0.02	1
40	80	13	0.005	0.01	0
20	40	12	0.002 5	0.005	0.9

ISO 4406 在 1999 年进行了修订，修订后的标准规定：对于颗粒计数器计数采用不小于 4 μm、不小于 6 μm、不小于 14 μm 三个尺寸的颗粒含量等级代码表示液压油的污染度，还增加了 25、26、27、28 和 > 28 五个等级代码。

4. 防止污染的措施

为了延长液压元件的使用寿命，保证液压传动系统的正常工作，应将油的污染控制在规定范围

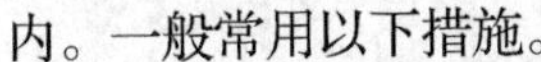

内。一般常用以下措施。

（1）使用前严格清洗元件和系统。液压元件在加工的每道工序后都应净化，液压系统在装配前后必须严格清洗，用机械的方法除去残渣和表面氧化物，最好用系统工作时使用的油液清洗，不能用煤油、汽油、酒精和蒸汽等作为清洗介质，以免腐蚀元件。清洗时要用绸布或乙烯树脂海绵等，不能用棉布或棉纱。

（2）防止污染物从外界侵入。在储存、搬运和加注的各个阶段都应防止液压油被污染。给油箱加油时要用过滤器，油箱通气孔要加空气过滤器，对外露件应进行防尘密封，保持系统所有部位良好的密封性，并经常检查，定期更换，防止运行时尘土、磨粒和冷却物侵入系统。

（3）用合适的过滤器。这是控制液压油污染的重要手段。根据系统的不同使用要求选用不同过滤精度、不同结构的过滤器，并定期检查、清洗或更换滤芯。

（4）控制液压油的工作温度。液压油的工作温度过高对液压装置将产生不利影响，也会加速油液的氧化变质，产生各种生成物，缩短它的使用期限。所以液压装置必须具有良好的散热条件，限制液压油的最高使用温度。

（5）定期检查和更换液压油。每隔一定时间，对系统中的液压油进行抽样检查和分析，如发现污染度超过标准，必须立即更换，更换液压油时也必须清洗整个系统。

1.2 液体静力学

液体静力学是研究液体处于静止状态下的力学规律。液体的黏性在液体静力学问题中不起作用。

1.2.1 液体静压力的性质和单位

作用在液体上的力有两种，即质量力和表面力。质量力是作用于液体内部任何一个质点上的力，与质量成正比，由加速度引起，如重力、惯性力和离心力等。表面力是作用在所研究液体的外表面上的力，与所受液体作用的表面积成正比，单位面积上作用的表面力称为应力。

表面力有两种，即法向表面力和切向表面力。切向表面力与液体表面相切。流体黏性引起的内摩擦力即为切向表面力。静止液体质点间没有相对运动，不存在摩擦力，所以静止液体没有切向表面力。法向表面力总是指向液体表面的内法线方向作用，即压力。

静止液体单位面积上所受的法向力称为静压力。静压力在液体传动中简称压力，在物理学中称为压强。本书以后只用“压力”一词。静止液体中某点处微小面积 ΔA 上作用有法线力 ΔF，则该点的压力定义为

$$P=\lim_{\Delta A\to 0}\frac{\Delta F}{\Delta A} \tag{1-9}$$

若法向作用力 F 均匀地作用在面积 ΔA 上，则压力可表示为

$$P=\frac{F}{A} \tag{1-10}$$

1. 压力的单位

（1）国际单位制单位。国际单位制单位为 Pa（帕）、N/m^2（我国法定计量单位）或兆帕(MPa)，$1MPa=10^6 Pa$。

（2）工程制单位为 kgf/cm^2。国外也有用 bar(巴)，$1bar=10^5 Pa$。

（3）标准大气压。1 标准大气压=101 325 Pa。

（4）液体柱高度。$h=p/(\rho g)$，常用的有水柱、汞柱等，如 1 个标准大气压约等于 10 m 水柱高。

2. 液体静压力的几个重要特性

（1）液体静压力的作用方向始终朝向作用面的内法线方向。由于液体质点间内聚力很小，液体不能受拉只能受压。

（2）静止液体中，任何一点所受到各个方向的液体静压力都相等。如果在液体中某点受到各个方向的压力不等，那么液体就要运动，这就破坏了静止的条件。

（3）在密封容器内，施加于静止液体上的压力将以等值传递到液体中所有各点，这就是帕斯卡原理，或静压传递原理。

1.2.2 液体压力的表示方法

压力根据度量基准的不同有两种表示方法：以绝对零压力为基准所表示的压力，称为绝对压力；以大气压力为基准所表示的压力，称为相对压力。

绝大多数测压仪表，因其外部均受大气压力作用，大气压力并不能使仪表指针回转，即在大气压力下指针指在零点，所以仪表指示的压力是相对压力或表压力（指示压力），即高于大气压力的那部分压力。在液压传动中，如果不特别指明，所提到的压力均为相对压力。

如果某点的绝对压力比大气压力低，说明该点具有真空，把该点的绝对压力比大气压力小的那部分压力值称为真空度。绝对压力总是正的，相对压力可正可负，负的相对压力数值部分就是真空度。它们的关系如图 1.3 所示，用公式表示为

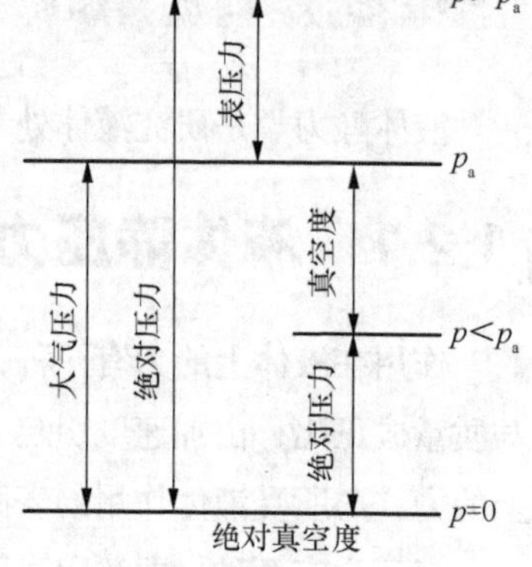

图1.3　相对压力与绝对压力间的关系

$$\text{绝对压力=表压力+大气压力} \tag{1-11}$$

$$\text{真空度=|大气压力-绝对压力|} \tag{1-12}$$

1.2.3 静压力方程及其物理本质

1. 静压力方程

在一容器中放着连续均质绝对静止的液体，上表面受到压力 p_0 的作用。在液体中取出一个高为

h，上表面与自由液面相重合，上下底面积均为ΔA的垂直微元柱体作为研究对象，如图1.4所示。这个柱体除了在上表面受到压力p_0作用，下底面上受到p作用，侧面受到垂直于液柱侧面大小相等、方向相反的液体静压力外，还有作用于液柱重心上的重力G，如果液体的密度为ρ，则$G=\rho gh\Delta A$。

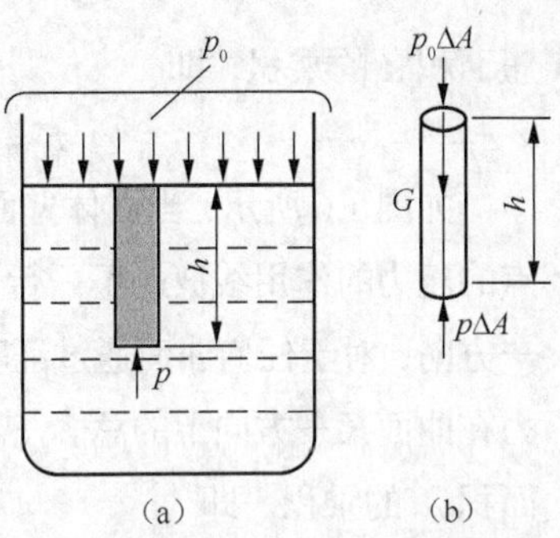

图1.4 重力作用下的静止液体

该微液柱在重力及周围液体的压力作用下处于平衡状态，其在垂直方向上的力平衡方程式为

$$p\Delta A=p_0\Delta A+\rho gh\Delta A \tag{1-13}$$

上式化简后得

$$p=p_0+\rho gh \tag{1-14}$$

如果上表面受到大气压力p_a作用，则

$$p=p_a+\rho gh \tag{1-15}$$

式（1-14）即为静压力基本方程。

从式（1-14）可以看出：静止液体在自重作用下任何一点的压力随着液体深度呈线性规律递增。液体中压力相等的液面叫等压面，静止液体的等压面是一水平面。

当不计自重时，液体静压力可认为是处处相等的。在一般情况下，液体自重产生的压力与液体传递压力相比要小得多，所以在液压传动中常忽略不计。

2. 静压力方程的物理本质

如果将图1.5中盛有液体的容器放在基准面（Oxz）上，则静压力基本方程可写成

$$p=p_0+\rho gh=p_0+\rho g(z_0-z) \tag{1-16}$$

式中，z_0——液面与基准水平面之间的距离；

z——离液面高为h的点与基准水平面之间的距离。

式（1-16）整理后可得

$$z+\frac{p}{\rho g}=z_0+\frac{p_0}{\rho g}=\text{常数} \tag{1-17}$$

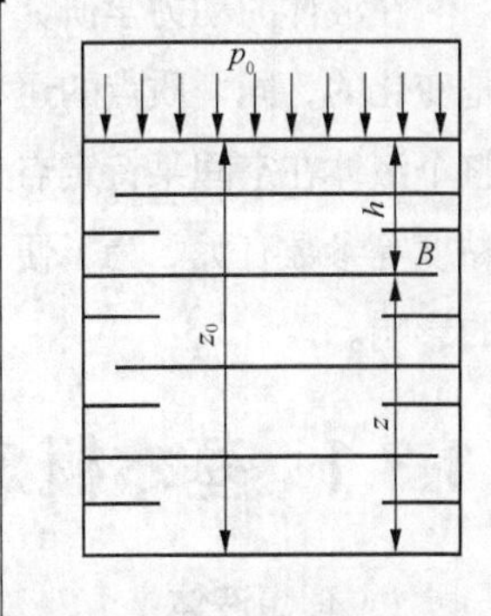

图1.5 静压力方程的物理本质

式（1-17）是液体静压力方程的另一种表示形式。式中z表示单位质量液体的位能，常称为位置水头；$p/(\rho g)$表示单位重力液体的压力能，常称为压力水头。所以静压力基本方程的物理本质为：静止液体内任何一点具有位能和压力能两种能量形式，且其总和在任意位置保持不变，但两种能量形式之间可以互相转换。

1.2.4 液体静压力对固体壁面的作用力

静止液体与固体壁面接触时，固体壁面将受到由静止液体的静压力所产生的作用力。要计算这个作用力的大小，须分两种情况考虑（不计重力作用，即忽略ρgh项）。当固体壁面为平面时，作用在该平面上的静压力大小相等，方向垂直于该平面，故作用在该平面上的总力F等于液压力p与承

压面积 A 的乘积，即

$$F = pA \tag{1-18}$$

如图 1.6 所示，当固体壁面是曲面时，由于作用在曲面上各点的压力的作用线彼此不平行，所以求作用总力时要说明是沿哪一方向，对于任何曲面通过证明（略）可以得到如下结论：静压力在曲面某一方向上的总力 F_x 等于压力 p 与曲面在该方向投影面积 A_x 的乘积，即

$$F_x = pA_x \tag{1-19}$$

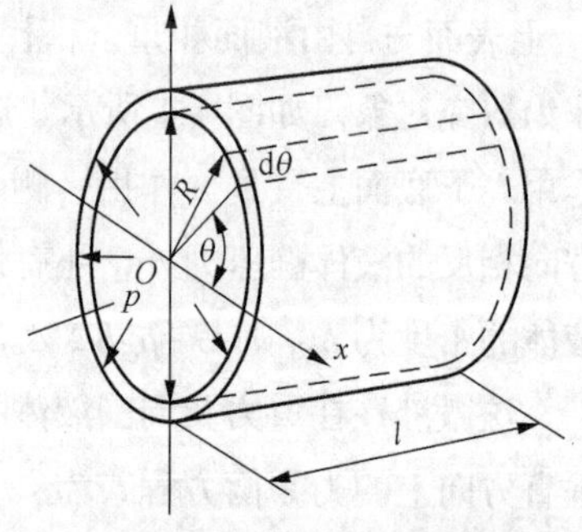

图1.6 静压力作用在液压缸内壁面上的力

1.3 液体动力学

本节主要讨论液体在流动时的运动规律、能量转换和流动液体对固体壁面作用力等问题。重点研究连续方程、能量方程（伯努利方程）、动量方程及其应用。

在液体的动力学研究中，由于重力、惯性力、黏性摩擦力的影响，液体中不同质点的运动状态是变化的，同一质点的运动状态也随时间和空间的不同而不同。但在液压与气压传动中，研究的是整个液体在空间某特定点处或特定区域内的平均运动情况。另外，液体流动的状态还与液体的温度、黏度等参数有关。为了便于分析，往往简化条件，假定温度为常量以及不考虑惯性力和黏性摩擦力的影响。

1.3.1 基本概念

1. 理想液体

既无黏性又不可压缩的假想液体称为理想液体。

实际生活中，理想液体几乎是没有的。某些液体黏性很小，也只是近似于理想液体。对于液压传动的油液来说，黏性往往较大，更不能作为理想液体。但由于液体运动的复杂性，如果一开始就把所有因素都考虑在内，会使问题非常复杂。为了使问题简化，在研究中往往假设液体没有黏性，之后再考虑黏性的作用并通过实验验证等办法对理想化的结论进行补充或修正。

2. 恒定流动、非恒定流动

液体中任何一点的压力、速度和密度等参数都不随时间变化而变化的流动称为恒定流动。

液体中任何一点的压力、速度和密度有一个参数随时间变化而变化的流动称为非恒定流动。非恒定流动研究比较复杂，有些非恒定流动的液体可以近似地当作恒定流动来考虑。

3. 流线、流管、流束和通流截面

流线是指某一瞬时液流中一条条标志其各处质点运动状态的曲线。在流线上各点处的瞬时液流

方向与该点的切线方向重合，在恒定流动状态下流线的形状不随时间而变化。对于非恒定流动来说，由于液流通过空间点的速度随时间而变化，因而流线形状也随时间变化而变化。液体中的某个质点在同一时刻只能有一个速度，所以流线不能相交，不能转折，但可相切，是一条条光滑的曲线，如图 1.7（a）所示。

在流场的空间画出一任意封闭曲线，此封闭曲线本身不是流线，则经过该封闭曲线上每一点作流线，这些流线组合成一表面，称为流管，如图 1.7（b）所示。

流管内的流线群称为流束，如图 1.7（c）所示。流管是流束的几何外形。根据流线不会相交的性质，流线不能穿越流管表面，所以流管与真实管道相似，在恒定流动时流管与真实管道一样。如果将流管的断面无限缩小趋近于零，就获得微小流管或流束。微小流束截面上各点处的流速可以认为是相等的。

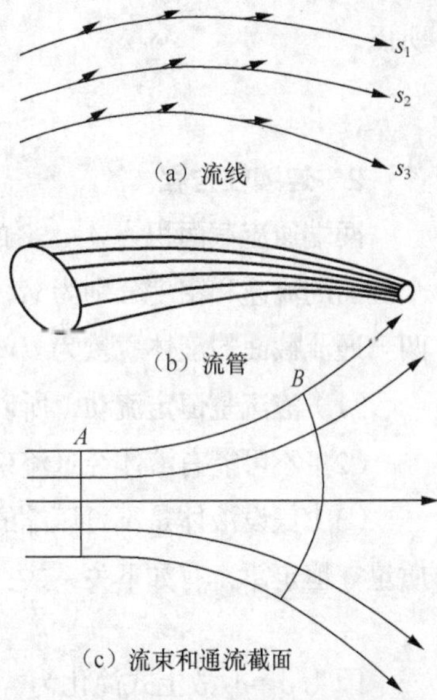

图1.7 流线、流管、流束和通流截面

流束中与所有流线垂直的横截面称为通流截面，可能是平面或曲面，如图 1.7（c）所示。

1.3.2 连续性方程

1. 流量与平均流速

流量有质量流量和体积流量。在液压传动中，一般把单位时间内流过某通流截面的液体体积称为流量，常用 q 表示，即

$$q = \frac{V}{t} \tag{1-20}$$

式中，q——流量，在液压传动中流量常用单位 m^3/s 或 L/min；

V——液体的体积；

t——流过液体体积 V 所需的时间。

由于实际液体具有黏度，液体在某一通流截面流动时截面上各点的流速可能是不相等的。例如，液体在管道内流动时，管壁处的流速为零，管道中心处流速最大。对微小流束而言，其通流截面 dA 很小，可以认为在此截面上流速是均匀的。如果每点的流速均等于 u，则通过其截面上的流量为

$$\mathrm{d}q = u\mathrm{d}A \tag{1-21}$$

通过整个通流截面 A 的总流量为

$$q = \int_A u\mathrm{d}A \tag{1-22}$$

即使在稳定流动时，同一通流截面内不同点处的流速大小也可能是不同的，并且在截面内的分布规律并非都是已知的，所以按式（1-22）来求流量 q 就有很大困难。为方便起见，在液压传动中用平均流速 v 来求流量，并且认为平均流速流过通流截面 A 的流量与以实际流速流过通流截面 A 的流量相等，即

$$q = \int_A u\mathrm{d}A = vA \tag{1-23}$$

所以

$$v = \frac{q}{A} \tag{1-24}$$

2. 连续性方程

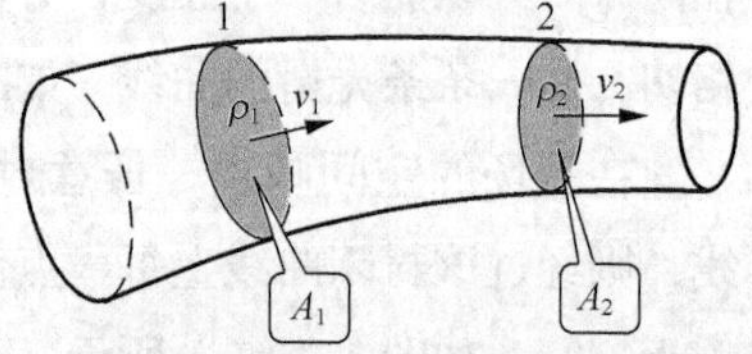

图1.8 连续性方程推导简图

两端通流截面积为 A_1、A_2 的流束，如图 1.8 所示，通过这两个截面的流速和密度分别为 v_1、ρ_1 和 v_2、ρ_2，在 dt 时间内经过这两个通流截面的液体质量为 $\rho_1 v_1 A_1 \mathrm{d}t$ 和 $\rho_2 v_2 A_2 \mathrm{d}t$ 。考虑到：

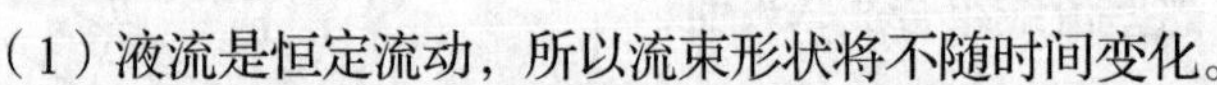

（1）液流是恒定流动，所以流束形状将不随时间变化。

（2）不可能有液体经过流束的侧面流入或流出。

（3）假设液体是不可压缩的，即 $\rho_1=\rho_2=\rho$，并且在液体内部不形成空隙。在上述条件下，根据质量守恒定律，有如下关系式：

$$\rho_1 v_1 A_1 \mathrm{d}t = \rho_2 v_2 A_2 \mathrm{d}t$$

因为 $\rho_1=\rho_2$ 故上式简化为

$$v_1 A_1 = v_2 A_2 \tag{1-25}$$

根据式（1-23），上式可写成

$$q_1=q_2 \tag{1-26}$$

式中，q_1、q_2——分别为液体流经通流截面 A_1、A_2 的流量；

v_1、v_2——分别为液体在通流截面 A_1、A_2 上的平均速度。

因为两通流截面的选取是任意的，故有

$$q=Av=\text{常数} \tag{1-27}$$

这就是液流的流量连续性方程，是质量守恒定律的另一种表示形式。这个方程式表明，不管平均流速和液流通流截面面积沿着流程怎样变化，流过不同截面的液体流量仍然相同。

1.3.3 伯努利方程

由于在液压传动系统中是利用有压力的流动液体来传递能量的，故伯努利方程也称为能量方程，它实际上是流动液体的能量守恒定律。由于流动液体的能量问题比较复杂，为了理论上研究方便，把液体看作理想液体处理，然后再对实际液体进行修正，得出实际液体的能量方程。

1. 理想液体伯努利方程

只受重力作用下的理想液体作恒定流动时具有压力能、位能和动能 3 种能量形式，在任一截面上这 3 种能量形式之间可以互相转换，但这 3 种能量在任意截面上的形式之和为一定值，即能量守恒。将 z 称为比位能，$\frac{p}{\rho g}$ 称为比压能，$\frac{v^2}{2g}$ 称为比动能。则可列出理想液体伯努利方程为

$$\frac{p_1}{\rho g} + z_1 + \frac{v_1^2}{2g} = \frac{p_2}{\rho g} + z_2 + \frac{v_2^2}{2g} = c \tag{1-28}$$

现以简单的功能转换关系来导出这一方程。如图 1.9 所示，设理想液体作恒定流动，任取一段液体 ab 作为研究对象，设 a、b 两端面到中心基准面 o—o 的高度分别为 h_1 和 h_2，通流截面面积分

别为 A_1 和 A_2，压力分别为 p_1 和 p_2，由于是理想液体，端面上的流速可以认为是均匀分布的，故设 a、b 端面的流速分别为 v_1 和 v_2。设经过很短的时间 Δt 以后，ab 段液体移动到 a′b′，现分析该段液体的功能变化。

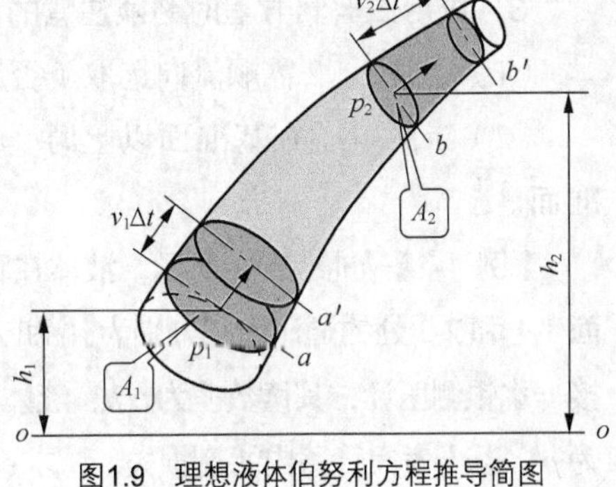

图1.9 理想液体伯努利方程推导简图

（1）外力所做的功。作用在该段液体上的外力有侧面和两端的压力，因理想液体无黏性，侧面压力不能产生摩擦力做功，故外力的功仅是两端面压力所做功的代数和

$$W = p_1 A_1 v_1 \Delta t - p_2 A_2 v_2 \Delta t$$

由连续性方程

$$A_1 v_1 = A_2 v_2 = q$$

故有

$$W = (p_1 - p_2)\Delta V$$

（2）液体机械能的变化。由于是理想液体做恒定流动，故段液体的力学参数在经过时间 Δt 后并未发生变化，故这段液体的能量没有增减。液体的机械能的变化仅表现在 aa′和 bb′两小段。由于前后两小段液体质量相同，即

$$\Delta m = \rho_1 v_1 A_1 \Delta t = \rho_2 v_2 A_2 \Delta t$$

所以两端液体的位能差和动能差分别为

$$\Delta E_{\mathrm{p}} = pgq\Delta t(h_2 - h_1) = pg\Delta V(h_2 - h_1)$$

$$\Delta E_{\mathrm{k}} = \frac{1}{2}\rho q\Delta t(v_2^2 - v_1^2) = \frac{1}{2}\rho\Delta V(v_2^2 - v_1^2)$$

根据能量守恒定律，外力对液体所做的功等于该液体能量的变化 $W = \Delta E_{\mathrm{p}} + \Delta E_{\mathrm{k}}$，即

$$(p_1 - p_2)\Delta V = \rho g\Delta V(h_2 - h_1) + \frac{1}{2}\rho\Delta V(v_2^2 - v_1^2)$$

将上式两边分别除以 ΔV，整理后即可得理想液体伯努利方程。

2. 实际液体的伯努利方程

实际液体流动时，要克服由于黏性所产生的摩擦阻力，就会存在能量损失，所以当液体沿着流束流动时，液体的总能量在不断减少。则用单位重量液体所消耗的能量 h_{w} 对理想液体的伯努利方程进行修正。

此外，由于液体的黏性和液体与管壁之间的附着力的影响，当实际液体沿着管道壁流动时，接触管壁一层的流速为零；随着距管壁的距离增大，流速也逐渐增大，到管子中心达到最大流速，其实际流速为抛物线分布规律。假设用平均流速动能来代替真实流速的动能计算，将引起一定的误差。可以用动能修正系数 α 来纠正这一偏差。α 即为截面上单位时间内流过液体所具有的实际动能，与按截面上平均流速计算的动能之比（层流时 α=2，紊流时 α=1）。

实际液体作恒定流动时的能量方程为

$$\frac{p_1}{\rho g} + z_1 + \frac{1}{2g}\alpha_1 v_1^2 = \frac{p_2}{\rho g} + z_2 + \frac{1}{2g}\alpha_2 v_2^2 + h_{\mathrm{w}} \quad (1\text{-}29)$$

式中，α——动能修正系数动能修正系数；

h_{w}——单位重量液体所消耗的能量。

3. 应用伯努利方程时必须注意的问题

（1）断面 1、2 需顺流向选取（否则 h_w 为负值），且应选在缓变的过流断面上。

（2）断面中心在基准面以上时，h 取正值；反之取负值。通常选取特殊位置水平面作为基准面。

【例 1-1】如图 1.10 所示，液体在管道内作连续流动，截面 1-1 和 2-2 处的通流面积分别为 A_1 和 A_2，在 1—1 和 1—2 处接一水银测压计，其读数差为 Δh，液体密度为 ρ，水银的密度为 ρ'，若不考虑管路内能量损失，试求：（1）截面 1—1 和 1—2 哪一处压力高？为什么？（2）通过管路的流量 q 为多少？

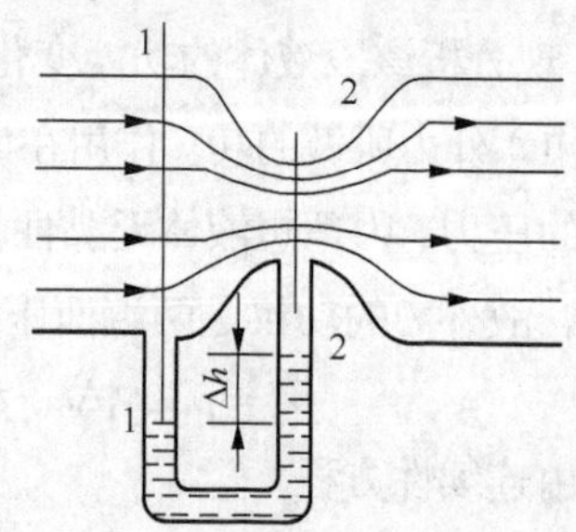

图1.10　液体在截面不等的管道内作连续流动

解：（1）截面 1—1 处的压力比截面 2—2 处高。理由：由伯努利方程的物理意义知道，在密闭管道中作稳定流动的理想液体的位能、动能和压力能之和是个常数，但互相之间可以转换，因管道水平放置，位置水头（位能）相等，所以各截面的动能与压力能互相转换。因截面 1 的面积大于截面 2 的面积，根据连续性方程可知，截面 1 的平均速度小于截面 2 的平均速度，所以截面 2 的动能大，压力能小，截面 1 的动能小，压力能大。

（2）以 1—1 和 2—2 的中心为基准列伯努利方程。由于 $z_1=z_2=0$，所以

$$\frac{p_1}{\rho g}+\frac{v_1^2}{2g}=\frac{p_2}{pg}+\frac{v_2^2}{2g}$$

根据连续性方程

$$A_1v_1=A_2v_2=q$$

U 形管内的压力平衡方程为

$$p_1+\rho gh=p_2=\rho' gh$$

将上述 3 个方程联立求解，则得

$$q=A_2v_2=\frac{A_2}{\sqrt{1-\left(\frac{A_2}{A_1}\right)^2}}\sqrt{\frac{2}{\rho}(p_1-p_2)}=\frac{A_2}{\sqrt{1-\left(\frac{A_2}{A_1}\right)^2}}\sqrt{\frac{2g(\rho'-\rho)}{\rho}h}=k\sqrt{h}$$

1.3.4 动量方程

流动液体的动量方程式是研究液体动量变化与作用在液体上的外力之间的关系，它是动量定理在流体力学中的具体应用。

刚体动量定理：作用在物体上的合力的大小应等于物体在力作用方向上的动量变化率，即

$$\sum\vec{F}=\frac{\mathrm{d}I}{\mathrm{d}t}=\frac{\mathrm{d}(m\bar{u})}{\mathrm{d}t}$$

在计算流体的动量方程时，假设将通流截面上的平均速度来代替真实流速的动量计算，将会引起一定的误差，需采用动量修正系数 β 进行修正。动量修正系数 β 为实际动量与平均动量之比，则流体动量方程为

$$\sum\vec{F}=\rho q(\beta_2\vec{v}_2-\beta_1\vec{v}_1) \tag{1-30}$$

1.4 管道中液流的特性

19 世纪末，英国物理学家雷诺通过实验发现液体在管道中流动时，有两种完全不同的流动状态：层流和紊流。流动状态的不同直接影响液流的各种特性。下面介绍液流的两种流态以及判断两种流态的方法。

1.4.1 液体的两种流态及雷诺数判断

1. 层流和紊流

层流：液体流动时，液体质点间没有横向运动，且不混杂，作线状或层状的流动。

紊流：液体流动时，液体质点有横向运动或产生小漩涡，作杂乱无章的运动。

2. 雷诺数判断

液体的流动状态是层流还是紊流，可以通过无量纲值雷诺数 Re 来判断。实验证明，液体在圆管中的流动状态可用下式来表示

$$Re=\frac{vd}{\upsilon} \tag{1-31}$$

式中，v——管道的平均速度；

υ——液体的运动黏度；

d——管道内径。

在雷诺实验中发现，液流由层流转变为紊流和由紊流转变为层流时的雷诺数是不同的，前者比后者的雷诺数要大。因为由杂乱无章的运动转变为有序的运动更慢、更不易。在理论计算中，一般都用小的雷诺数作为判断流动状态的依据，称为临界雷诺数，计作 Re_{cr}。当雷诺数小于临界雷诺数时，看作层流；反之，为紊流。

对于非圆截面的管道来说，雷诺数可用下式表示

$$Re=\frac{vd_k}{\upsilon} \tag{1-32}$$

式中，d_k——通流截面的水力直径；

v、υ 与式（1-31）相同。

水力直径 d_k 可用下式来表示

$$d_k=\frac{4A}{x}$$

式中，A——管道的通流截面积；

x——湿周，即流体与固体壁面相接触的周长。

水力直径的大小直接影响液体在管道中的通流能力。水力直径大，说明液流与管壁接触少，阻力小，通流能力大，即使通流截面小也不易堵塞。一般圆形管道的水力直径比其他同通流截面的不同形状的水力直径大。

雷诺数的物理意义：由雷诺数 Re 的数学表达式可知，惯性力与黏性力的无因次比值是雷诺数；而影响液体流动的力主要是惯性力和黏性力。所以雷诺数大就说明惯性力起主导作用，这样的液流呈紊流状态；若雷诺数小就说明黏性力起主导作用，这样的液流呈层流状态。

【例 1-2】 如图 1.11 所示，液压泵的流量为 q=32 L/min，吸油管通道 d=20 mm，液压泵吸油口距离液面高度 h=500 mm，液压泵的运动黏度 $\nu=20\times10^{-6}\ \mathrm{m^2/s}$，密度 ρ=900 kg/m^3。不计压力损失，求液压泵吸油口的真空度。

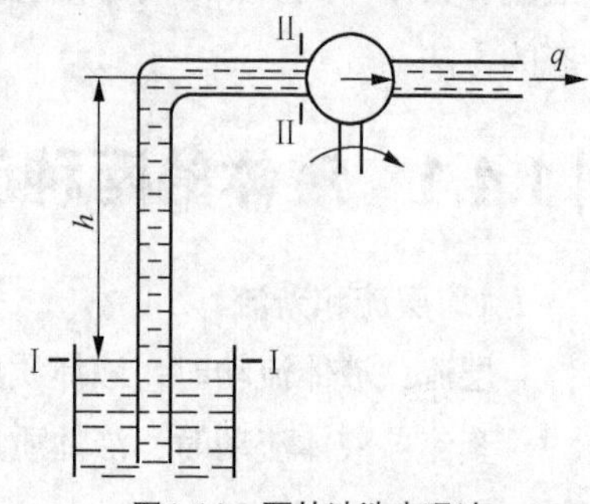

图1.11 泵从油池中吸油

解：吸油管的平均速度为

$$v_2=\frac{q}{A}=\frac{4q}{\pi d^2}=1.7\mathrm{m/s}$$

油液运动黏度

$$\upsilon=20\times10^{-6}\mathrm{m^2/s}=0.2\mathrm{cm^2/s}$$

油液在吸油管中的流动

$$Re=\frac{vd}{\upsilon}=\frac{2\times170}{0.2}=1700$$

由手册可查得知液体在吸油管中的运动为层流状态。选取自由截面Ⅰ—Ⅰ和靠近吸油口的截面Ⅱ—Ⅱ列伯努利方程，以Ⅰ—Ⅰ截面为基准面，因此 z_1=0，$v_1\approx0$（截面大，油箱下降速度相对于管道流动速度要小得多），这 p_1=p_a（液面受大气压力的作用），即得以下伯努利方程。

$$\frac{p_a}{\rho g}=\frac{p_2}{\rho g}+z_2+\frac{v_2^2}{g}$$

因

$$z_2=h$$

所以泵吸油口（Ⅱ—Ⅱ截面）的真空度为

$$p_a-p_2=\rho gh+\rho v^2=0.057\mathrm{MPa}$$

1.4.2 沿程压力损失

实际液体是有黏性的，当液体流动时，这种黏性表现为阻力。要克服这个阻力，就必须消耗一定能量。这种能量消耗表现为压力损失。损耗的能量转变为热能，使液压系统温度升高，性能变差。因此在设计液压系统时，应尽量减少压力损失。

沿程压力损失，是指液体在直径不变的直管中流动时克服摩擦阻力的作用而产生的能量消耗。因为液体流动有层流和紊流两种状态，所以沿程压力损失也有层流沿程损失和紊流沿程压力损失两种。下面分别讨论之。

1. 层流沿程压力损失

在液压系统中，液体在管道中的流动速度相对比较低，所以圆管中的层流是液压传动中最常见的现象。在设计和使用液压系统时，希望管道中的液流保持这种状态。

如图 1.12 所示，有一直径为 d 的圆管，液体自左向右地作层流流动。在管内取出一段半径为 r，长为 l，中心与管道轴心相重合的小圆柱体，作用在其两端的压力为 p_1，p_2，作用在侧面上的内摩擦力为 F_f。根据条件可知每一同心圆上的流速相等，通流截面上自中心向管壁的流速不等。中心速度大，靠近管壁速度最小，为 0。小圆柱受力平衡方程式为

$$(p_1 - p_2)\pi r^2 = F_f$$

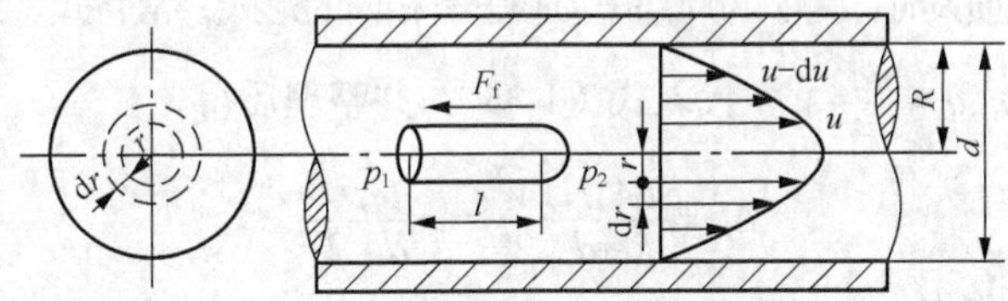

图1.12 液体在圆管中作层流时的简图

由式（1-4）可知，内摩擦力 $F_f = -\mu A\frac{\mathrm{d}u}{\mathrm{d}r} = -\mu 2\pi rl\frac{\mathrm{d}u}{\mathrm{d}r}$（因管中流速 μ 随 r 增大而减小，故 $\frac{\mathrm{d}u}{\mathrm{d}r}$ 为负值，为使 F_f 为正值，前面加一负号）。

令

$$\Delta p = p_1 - p_2$$

所以

$$\Delta p\pi r^2 = -2\pi rl\mu\frac{\mathrm{d}u}{\mathrm{d}r}$$

上式整理后可得

$$\mathrm{d}u = -\frac{\Delta p}{2\mu l}r\mathrm{d}r$$

对上式等号两边进行积分，并利用边界条件，当 r=R 时，u=0，最后得

$$u = \frac{\Delta p}{4\mu l}(R^2 - r^2) \tag{1-33}$$

由式（1-33）可见，在通流截面中，流速相等的点至圆心的距离 r 相等，整个速度分布呈抛物面形状。当 r=0 时，速度达到最大 $u_{\max} = \frac{\Delta pR^2}{4\mu l}$；当 r=R 时，速度最小 $u_{\min}$=0。在半径为 r 的圆柱上取一微小圆环 dr，此面积为 dA=2πrdr，通过此圆环面积的流量

$$\mathrm{d}q = u\mathrm{d}A = 2\pi ru\mathrm{d}r$$

对上式进行积分得

$$q = \int_0^R 2\pi ur\mathrm{d}r = \int 2\pi\frac{\Delta p}{4\mu l}(R^2 - r^2)r\mathrm{d}r = \frac{\pi R^4}{8\mu l}\Delta p = \frac{\pi d^4}{128\mu l}\Delta p$$

即

$$q = \frac{\pi d^4}{128\mu l}\Delta p \tag{1-34}$$

式（1-34）就是计算液流通过圆管层流时的流量公式，说明液体在作层流运动时，通过直管中的流量与管道直径的 4 次方、与两端的压差成正比，与动力黏度、管道长度成反比。也就是说，要使黏度为 μ 的液体在直径为 d、长度为 l 的直管中以流量 q 流过，则其两端必须有 Δp 的压力降。

根据平均速度的定义，可求出通过圆管的平均速度

$$v=\frac{q}{A}=\frac{1}{\pi R^2}\frac{\pi R^4}{8\mu l}\Delta p=\frac{R^2}{8\mu l}\Delta p=\frac{d^2}{32\mu l}\Delta p$$

v 与 u_{max} 比较可知，平均流速是最大流速的一半。

在式（1-34）中，$\Delta p=p_1-p_2$ 就是液流通过直管时的压力损失，把式（1-34）进行变换可得

$$\Delta p=\frac{128\mu l}{\pi d^4}q \tag{1-35}$$

实际计算系统的压力损失时，为了与局部压力损失有相同的形式，常将式（1-35）改写成以下形式。

把 $\upsilon=\mu\rho$，$Re=\frac{vd}{\upsilon}$，$q=\frac{\pi d^2}{4}v$，代入式（1-35），并整理后得

$$\Delta p=\frac{64}{Re}\frac{l}{d}\frac{\rho v^2}{2}=\lambda\frac{l}{d}\frac{\rho v^2}{2} \tag{1-36}$$

式中，Δp——层流沿程损失，Pa；

ρ——液体的密度，kg/m^3；

Re——雷诺数；

v——液体流动的平均速度，m/s；

d——管子直径，m；

λ——沿程阻力系数，理论值为 $\lambda=\frac{64}{Re}$。

考虑到实际流动时存在截面不圆、温度变化等因素，试验证明液体在金属管道中流动时宜取 $\lambda=\frac{75}{Re}$，在橡胶软管中流动时取 $\lambda=\frac{80}{Re}$。另外，在实际计算压力损失时，注意单位统一，并且都用常用单位。式（1-36）也可用水头表示

$$h=\frac{\Delta p}{\rho g}=\lambda\frac{l}{d}\frac{v^2}{2g} \tag{1-37}$$

到此，我们前面提到过的动能修正系数和动量修正系数也可以求出，可得在层流时动能修正系数 α=2，动量修正系数 $\beta=\frac{4}{3}$。

2. 紊流沿程压力损失

紊流状态时液体质点除作轴向流动外，还有横向流动，引起质点之间的碰撞，并形成漩涡。因此液体作紊流运动时的能量损失比层流时大得多。紊流运动时液体的运动参数（压力 p 和流速 u）随时间而变化，因而是一种非稳定流动。通过实验发现，其运动参数总是在某一平均值上下脉动。所以可用平均值来研究紊流，把紊流简化为稳定流动。

液体在直管中紊流流动时，其沿程压力损失的计算公式与层流时相同，但是式中的沿程阻力系数 λ 有所不同。由于紊流时管壁附近有一层层流边界层，它在 Re 较低时厚度较大，把管壁的表面粗糙度掩盖住，使之不影响液体的流动，液体像流过一根光滑管一样（称为水力光滑管）。这时的 λ 仅和 Re 有关，和表面粗糙度无关，即 $\lambda=f(Re)$。当 Re 增大时，层流边界层厚度变薄，当它小于管壁表面粗糙度时，管壁表面粗糙度就突出在层流边界层之外（称为水力粗糙管），对液体的压力产生影响。这时的 λ 将和 Re 以及管壁的相对表面粗糙度 Δ/d（Δ 为管壁的绝对表面粗糙度，d 为管子内径）有关，即 $\lambda=f(Re,\Delta/d)$。当液体流速进一步加快，Re 再进一步增大时，λ 将仅与相对表面粗糙

度Δ/d有关，即$\lambda=f(\Delta/d)$，这时就称管流进入了阻力平方区。

圆管的沿程阻力系数λ的计算公式列于表1.4中。

表1.4 圆管的沿程阻力系数λ的计算公式

流动区域		雷诺数范围		λ计算公式
层流		Re<2320		$\lambda=\frac{64}{Re}$（理论） $\lambda=\frac{75}{Re}$（金属管） $\lambda=\frac{80}{Re}$（橡胶管）
紊流	水力光滑管区	$Re<22\left(\frac{d}{\Delta}\right)^{\frac{8}{7}}$	$2\,320<Re<10^5$	$\lambda=0.316\,4Re^{-0.25}$
			$10^5\leqslant Re\leqslant10^8$	$\lambda=0.308(0.842-\lg Re)^{-2}$
	水力粗糙管	$22\left(\frac{d}{\Delta}\right)^{\frac{8}{7}}<Re\leqslant597\left(\frac{d}{\Delta}\right)^{\frac{9}{8}}$		$\lambda=\left[1.14-2\lg\left(\frac{\Delta}{d}+\frac{21.25}{Re^{0.9}}\right)\right]^{-2}$
	阻力平方区	$Re>597\left(\frac{d}{\Delta}\right)^{\frac{9}{8}}$		$\lambda=0.11\left(\frac{\Delta}{d}\right)^{0.25}$

管壁绝对表面粗糙度Δ的值，在粗估时，钢管取0.04 mm，铜管取0.0015～0.01 mm，铝管取0.0015～0.06 mm，橡胶软管取0.03 mm，铸铁管取0.25 mm。

1.4.3 局部压力损失

局部压力损失，就是液体流经管道的弯头、接头、阀口以及突然变化的截面等处时，因流速或流向发生急剧变化而在局部区域产生流动阻力所造成的压力损失。由于液流在这些局部阻碍处的流动状态相当复杂，影响因素较多，因此除少数（比如液流流经突然扩大或突然缩小的截面时）能在理论上作一定的分析外，其他情况都必须通过实验来测定。

局部压力损失的计算公式为

$$\Delta p-\zeta\frac{\rho v^2}{2} \tag{1-38}$$

式中，ζ——局部阻力系数，由实验求得，也可查阅有关手册；

v——液体的平均流速，一般情况下均指局部阻力下游处的流速。

但是对于阀和过滤器等液压元件，往往并不能用式（1-38）来计算其局部压力损失，因为液流情况比较复杂，难以计算。这些局部压力损失可以根据产品样本上提供的在额定流量q_r下的压力损失Δp_r通过换算得到。设实际通过的流量为q，则实际的局部压力损失可用下式计算。

$$\Delta p_\zeta=\Delta p_r\left(\frac{q}{q_r}\right)^2 \tag{1-39}$$

1.4.4 管路中总的压力损失

液压系统的管路由若干段直管和一些弯管、阀、过滤器、管接头等元件组成，因此管路总的压力损失就等于所有直管中的沿程压力损失之和与所有局部压力损失之和的叠加。即

$$\Delta p = \sum \lambda \frac{1}{d}\frac{\rho v^2}{2} + \sum \zeta \frac{\rho v^2}{2} \quad (1\text{-}40)$$

必须指出，式（1-40）仅在两相邻局部压力损失之间的距离大于管道内径 10～20 倍时才是正确的。因为液流经过局部阻力区域后受到很大的扰动，要经过一段距离才能稳定下来。如果距离太短，液流还未稳定就又要经历后一个局部阻力，它所受到的扰动将更为严重，这时的阻力系数可能会比正常值大好几倍，按（1-40）算出的压力损失值比实际数值要小。

通常情况下，液压系统的管路并不长，所以沿程压力损失比较小，而阀等元件的局部压力损失却较大。因此管路总的压力损失一般以局部损失为主。

液压系统的压力损失绝大部分转换为热能，使油液温度升高、泄漏增多、传动效率减降低。为了减少压力损失，常采用下列措施。

（1）尽量缩短管道，减少截面变化和管道弯曲。

（2）管道内壁尽量做得光滑，油液黏度恰当。

（3）由于流速的影响较大，应将油液的流速限制在适当的范围内。

【例 1-3】 如图 1.11 所示液压泵，它的流量 q_p=25 L/min，吸油管内径 d=30 mm，长度为 l=10 m，油液的运动黏度为 $\upsilon=20\times10^{-6}\ \mathrm{m^2/s}$，密度 ρ=900 kg/m^3，泵入口处的真空度 p_b 不大于 0.04 MPa。求泵的吸油高度，不考虑局部压力损失。

解：油液在管内的流动速度为

$$v_2 = \frac{4q_p}{\pi d^2} = 0.6\ \mathrm{m/s}$$

油液的雷诺数为

$$Re = \frac{vd}{\upsilon} = \frac{0.6\times0.03}{20\times10^{-6}} = 900$$

因金属管的 Re_{cr}=2 320，由于 Re=900<2 320，为层流，故 α=2。

吸油管的沿程压力损失为

$$h_w = \frac{\Delta p}{\rho g} = \lambda \frac{l}{d}\frac{v^2}{2g} = \frac{75}{Re}\frac{l}{d}\frac{v^2}{2g} = 0.51\mathrm{m}$$

对截面Ⅰ—Ⅰ和Ⅱ—Ⅱ列伯努利方程

$$z_1 + \frac{p_a}{\rho g} + \frac{a_1 v_1^2}{2g} = z_2 + \frac{p_2}{\rho g} + \frac{a_2 v_2^2}{2g} + h_w$$

因

$$p_b = p_a - p_2 = 0.04\mathrm{MPa}$$

$$v_1 \ll v_2$$

所以

$$h = z_2 - z_1 = \frac{p_a - p_2}{\rho g} - \frac{a_2 v^2}{2g} - h_w \approx 4\mathrm{m}$$

1.5 液体流经小孔和缝隙的流量压力特性

小孔在液压与气压传动中的应用非常广泛。本节主要根据液体经过薄壁小孔、厚壁小孔和细长孔的流动情况，分析它们的流量压力特性，为以后学习节流调速及伺服系统工作原理打下理论基础。

1.5.1 液体流经小孔的流量压力特性

1. 薄壁小孔的流量压力特性

在图 1.13 中，如果小孔的长度为 l，小孔直径为 d，当长径之比 $\frac{l}{d} \leqslant 0.5$ 时，这种小孔称为薄壁小孔。一般孔口边缘做成刀刃口形式。各种结构形式阀口一般属于薄壁小孔类型。

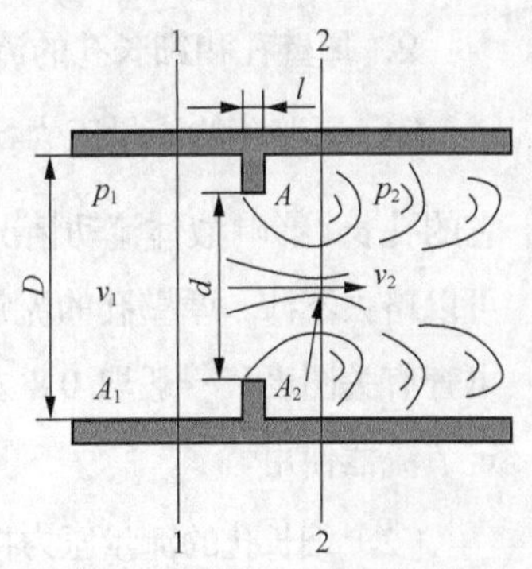

图1.13　薄壁小孔的流量推导简图

液体流过小孔时，因 $D \gg d$，相比之下，流过断面 1—1 时的速度较低。当液流流过小孔时在流体惯性力作用下，使通过小孔后的流体形成一个收缩截面 A_2（对圆形小孔，约至离孔口 $\frac{d}{2}$ 处收缩为最小），然后再扩大，这一收缩和扩大过程便产生了局部能量损失，并以热的形式散发。当管道直径与小孔直径之比 $D/d \geqslant 7$ 时，流体的收缩作用不受孔前管道内壁的影响，这时称流体完全收缩；当 $D/d<7$ 时，孔前管道内壁对流体进入小孔有导向作用，这时称流体不完全收缩。

设收缩截面 $A_2 = \frac{\pi}{4} d_2^2$ 与孔口截面 $A = \frac{\pi}{4} d^2$ 之比值称为截面收缩系数 C_c，即

$$C_c = \frac{A_2}{A} = \frac{d_2^2}{d^2} \tag{1-41}$$

在图 1.13 中，在截面 1—1 及截面 2—2 上列出伯努利方程。由于 $D \gg d$，$v_1 \ll v_2$，故 v_1 可忽略不计。得

$$\frac{p_1}{\rho g} = \frac{p_2}{\rho g} + \frac{a_2 v_2^2}{2g} + \xi \frac{v_2^2}{2g} \tag{1-42}$$

化简后得

$$v_2 = \frac{1}{\sqrt{a_2 + \zeta}} = \sqrt{\frac{2}{\rho}(p_1 - p_2)} = C_v \sqrt{\frac{2}{\rho} \Delta p} \tag{1-43}$$

式中，Δp——小孔前后压差，$\Delta p = p_1 - p_2$；

α_2——收缩截面 2—2 上的动能修正系数；

ζ——在收缩截面处按平均流速计算的局部阻力损失系数。

令 $C_v = \dfrac{1}{\sqrt{\alpha_2 + \zeta}}$，称为速度系数，对薄壁小孔来说，收缩截面处的流速是均匀的，α_2=1，故

$$C_v = \frac{1}{\sqrt{1+\zeta}}$$

由此可得到通过薄壁小孔的流量为

$$q = A_2 v_2 = C_v \sqrt{\frac{2}{\rho}\Delta p} C_c A = C_d A \sqrt{\frac{2}{\rho}\Delta p} \tag{1-44}$$

式中，C_d——流量系数，$C_d=C_cC_v$；

A——小孔的截面积；

通常 C_c 的值可根据雷诺数的大小查有关手册。而液体的流量系数 C_d 的值一般由实验测定。在液流完全收缩的情况下，对常用的液压油，流量系数可取 C_d=0.62；在液流不完全收缩时，因管壁离小孔较近，管壁对液流进入小孔起导向作用，流量系数 C_d 可增大至 0.7～0.8，具体数值可查有关手册；当小孔不是刃口形式而是带棱边或小倒角的孔时，C_d 值将更大。

2. 厚壁孔和细长孔的流量压力特性

（1）厚壁孔的流量压力特性。当小孔的长度和直径之比为 $0.5 < \dfrac{l}{d} \leqslant 4$ 时，此小孔称为厚壁小孔，它的孔长 l 影响液体流动情况，出口流体不再收缩，因液流经过厚壁孔时的沿程压力损失仍然很小，可以略去不计。厚壁孔的流量计算公式仍然是（1-44），只是流量系数 C_d 较薄壁小孔大，它的数值可查有关图表，一般取 0.8 左右。厚壁孔加工比薄壁小孔容易得多，因此特别适用作要求不高的固定节流器使用。

（2）细长孔的流量压力特性。当小孔的长度和直径之比为 $\dfrac{l}{d} > 4$ 时，此小孔称为细长孔。由于油液流经细长小孔时一般都是层流状态，所以细长小孔的流量公式可以应用前面推导的式（1-34），即

$$q = \frac{\pi d^4}{128\mu l}\Delta p$$

由此式可知，液流流经细长孔的流量和孔前后压差 Δp 的一次方成正比，而流经薄壁小孔的流量和小孔前后的压力差平方根成正比，所以细长小孔相对薄壁小孔而言，压力差对流量的影响要大些；同时流经薄壁小孔的流量和液体动力黏度 μ 成反比，当温度升高时，油的黏度降低，因此流量受液体温度变化的影响较大，这一点和薄壁小孔、短孔的特性明显不同。它一般局限于用作阻尼器或在流量调节程度要求低的场合。

3. 液体经小孔流动时流量压力的统一公式

由上述 3 种小孔的流量公式，可以综合地用以下公式表示

$$q=KA(\Delta p)^m \tag{1-45}$$

式中，K——由流经小孔的油液性质所决定的系数；

A——小孔的通流截面积；

Δp——通过小孔前后的压差；

m——由小孔形状所决定的指数；薄壁小孔 m=0.5，厚壁小孔 $0.5<m<1$，细长孔 m=1。

1.5.2 液体流经缝隙的流量压力特性

在液压系统中的阀、泵、马达、液压缸等部件中存在着大量的缝隙，这些缝隙构成了泄漏的主要原因，造成这些液压元件容积效率的降低、功率损失加大、系统发热增加，另外，缝隙过小也会造成相对运动表面之间的摩擦阻力增大。因此，适当的间隙是保证液压元件能正常工作的必要条件。

在液压系统中常见的缝隙形式有两种：一种是由两平行平面形成的平面缝隙，另一种是由内、外两个圆柱面形成的环状缝隙。油液在间隙中的流动状态一般是层流。

1．液体平行平板缝隙流动的流量压力特性

有两块平行平板，其间充满了液体，设缝隙高度为h，宽度为b，长度为l，且一般有$b \gg h$和$l \gg h$。若考虑液体通过平行平板缝隙时的最一般流动情况，即缝隙两端既存在压差$\Delta p = p_1 - p_2$作用，产生压差流动；又受到平行平板间相对运动的作用，产生剪切流动。

在液流中取一微小的平行六面体，平行于3个坐标方向的长度分别为dx、dy、dz，如图1.14所示。此微小六面体在x方向作用于左右两端面的压力p和p+dp，以及作用于上下两表面上的切应力为τ+dτ和τ，则此微元体的受力平衡方程为

$$p\mathrm{d}y\mathrm{d}z+(\tau+\mathrm{d}\tau)\mathrm{d}x\mathrm{d}z=(p+\mathrm{d}p)\mathrm{d}y\mathrm{d}z+\tau\mathrm{d}x\mathrm{d}z$$

整理后得

$$\frac{\mathrm{d}\tau}{\mathrm{d}y}=\frac{\mathrm{d}p}{\mathrm{d}x}$$

把$\tau=\mu\dfrac{\mathrm{d}u}{\mathrm{d}y}$代入上式得

$$\frac{\mathrm{d}^2u}{\mathrm{d}y^2}=\frac{1}{\mu}\frac{\mathrm{d}p}{\mathrm{d}x}$$

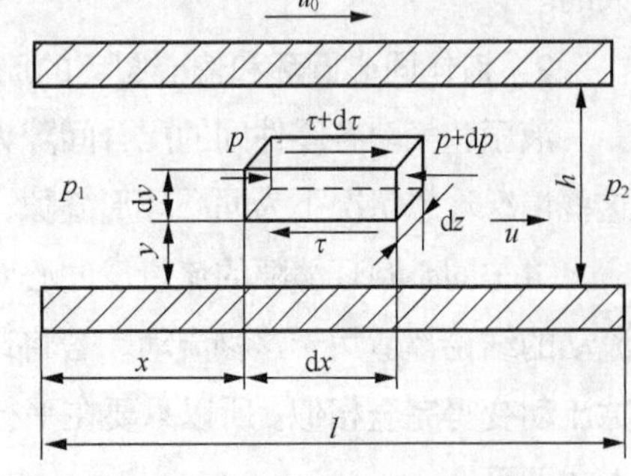

图1.14 平行平板的流量推导简图

将上式对y求两次积分得

$$u=\frac{1}{2\mu}\frac{\mathrm{d}p}{\mathrm{d}x}y^2+c_1y+c_2$$

式中，c_1、c_2——积分常数，可利用边界条件求出，当y=0时，u=0；当y=h时，u=u_0。则得$c_1=\dfrac{u_0}{h}-\dfrac{1}{2\mu}\dfrac{\mathrm{d}p}{\mathrm{d}x}h$，$c_2$=0；另外，当液流作层流时，$p$只是$x$的线性函数，即$\dfrac{\mathrm{d}p}{\mathrm{d}x}=\dfrac{p_2-p_1}{l}=\dfrac{\Delta p}{l}$，把这些式了代入上式并整理后得

$$u=\frac{y(h-y)}{2\mu l}\Delta p+\frac{u_0}{h}y \tag{1-46}$$

由此可求得通过平行平板缝隙的流量，设间隙沿z方向的总宽度为b，取一层厚为dy的液体层的微元流量为

$$\mathrm{d}q=ub\mathrm{d}y$$

则

$$q=\int_0^h ub\mathrm{d}y=\int_0^h\left[\frac{y(h-y)}{2\mu l}\Delta p+\frac{u_0}{h}y\right]b\mathrm{d}y=\frac{bh^3}{12\mu l}\Delta p+\frac{bh}{2}u_0$$

即
$$q=\frac{bh^3}{12\mu l}\Delta p+\frac{bh}{2}u_0 \tag{1-47}$$

当平行平板间没有相对运动，即 u_0=0 时，通过平板的缝隙液流完全由压差引起，其值为

$$q=\frac{bh^3}{12\mu l}\Delta p \tag{1-48}$$

当平行平板两端不存在压差，仅有平板运动，经缝隙的液体作纯剪切运动，流量为

$$q=\frac{bh}{2}u_0 \tag{1-49}$$

当平板的运动方向与压差方向相反时，则通过平行平板缝隙的流量为

$$q=\frac{bh^3}{12\mu l}\Delta p-\frac{bh}{2}u_0 \tag{1-50}$$

综合以上情况，可得通过平行平板缝隙的流量为

$$q=\frac{bh^3}{12\mu l}\Delta p\pm\frac{bh}{2}u_0 \tag{1-51}$$

剪切与压差流动方向一致时，取正；剪切与压差流动方向相反时，取负。且从式（1-48）可知，通过平行平板缝隙的流量与缝隙值的三次方成正比，说明元件内缝隙的大小对其泄漏量的影响是很大的。

2. 液体同心圆环和偏心圆环的流量压力特性

液压和气动各零件间的配合间隙大多是圆环形间隙，如缸筒和活塞间、滑阀和阀套间等。所有这些情况理想状况下为同心环形缝隙，但在实际中，可能为偏心环形缝隙，下面分别讨论。

（1）同心圆环缝隙的流量。同心圆环如果间隙 h 和半径之比很小的话，上述所得平行平板缝隙流动的结论都适用于这种流动。若将环形断面管顺着轴向割开，展开成平面，此流动与平行平板缝隙流动变得完全相似。所以只要在平行平板缝隙的流量计算公式（1-51）中将宽度 b 用圆周长 πd 代入式即可。

（2）偏心圆环缝隙的流量。图 1.15 所示为偏心环形缝隙的流动。设内外圆间的偏心距为 e，在任意角度 θ 处的缝隙为 h，h 沿着圆周方向是个变量。因缝隙很小，$R\approx r$，可以把微元圆弧 db 所对应的环形缝隙间的流动近似看作是平行平板缝隙间的流动。将 db=rdθ 代入式（1－51）得

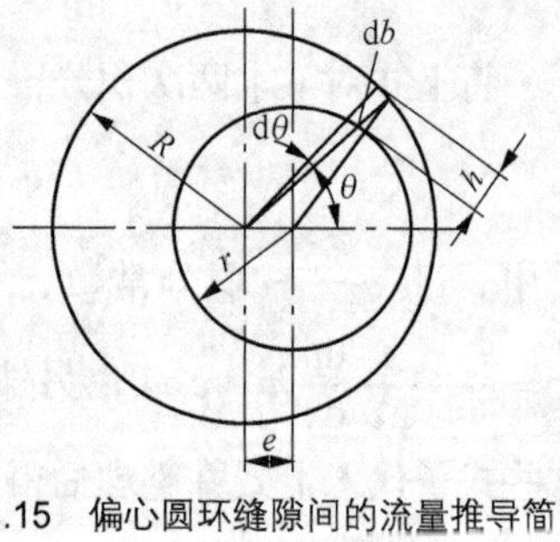

$$\mathrm{d}q=\frac{r\mathrm{d}\theta h^3}{12\mu l}\Delta p+\frac{r\mathrm{d}\theta h}{2}u_0 \tag{1-52}$$

图1.15 偏心圆环缝隙间的流量推导简图

由图中的几何关系，可得到

$$h=R-(e\cos\theta+r\cos d\theta)\approx R-r-e\cos\theta=h_0(1-\varepsilon\cos\theta)$$

即

$$h=h_0(1-\varepsilon\cos\theta) \tag{1-53}$$

式中，ε——相对偏心率，$\varepsilon=\frac{e}{h_0}$；

h_0——内外圆同心时的半径差，$h_0=R-r$。

将式（1-53）代入式（1-52）并积分之，得其流量公式为

$$q=\frac{\pi dh_0^3\Delta p}{12\mu l}(1+1.5\varepsilon^2)+\frac{\pi dh_0u_0}{2} \tag{1-54}$$

当内外圆相互间没有轴向相对移动时，即 $u_0=0$，其流量为

$$q=\frac{\pi dh_0^3\Delta p}{12\mu l}(1+1.5\varepsilon^2) \tag{1-55}$$

由式（1-55）可看出，当 $\varepsilon=0$ 时，它就是同心环形缝隙的流量公式。当 $\varepsilon=1$ 时，存在最大偏心，理论上其流量为同心环形缝隙的流量的 2.5 倍。所以在液压元件的制造装配中，为了减少流经缝隙的泄漏量，应尽量使配合件处于同心状态。

【例 1-4】有一同心圆环缝隙，如图 1.16 所示，直径 d=1cm，缝隙 h=0.01mm，缝隙长度 L=2mm，缝隙两端压力差 Δp=21MPa，油的运动黏度 $\upsilon=4\times10^{-5}\ \mathrm{m^2/s}$，油的黏度 ρ=900 kg/m³，求其泄漏量。

解：只在压差作用下，流经环形缝隙流量公式为

$$q=\frac{\pi d\Delta ph^3}{12\mu l}$$

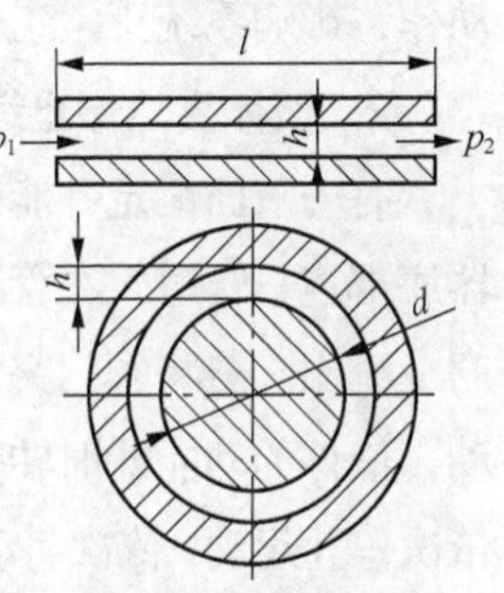

图1.16 例1-4的计算简图

式中，$d=0.01\mathrm{m}$；

$\Delta p=21\times10^6\mathrm{Pa}$；

$h=1\times10^{-5}\mathrm{m}$；

$\mu=\rho\upsilon=900\times40\times10^{-6}\mathrm{Pa\cdot s}=36\times10^{-3}\mathrm{Pa\cdot s}$；

$L=0.002\ \mathrm{m}$。

所以 $$q=\frac{\pi\times0.01\times21\times10^6\times(1\times10^{-5})^3}{12\times36\times10^{-3}\times0.002}\mathrm{m^3/s}=0.76\mathrm{cm^3/s}$$

液压冲击和气蚀现象

1.6.1 液压冲击

在液压系统中，由于某种原因引起油液的压力在某一瞬间突然急剧升高，形成较大的压力峰值，这种现象叫作液压冲击。

1. 液压冲击产生的原因及危害

产生液压冲击的原因主要有以下几个方面。

（1）液压冲击多发生在液流突然停止运动的时候，例如，迅速关闭阀门时，液体的流动速度突然降为零，液体受到挤压，使液体的动能转换为液体的压力能，造成液体的压力急剧升高，而引起液压冲击。

（2）在液压系统中，高速运动的工作部件的惯性力也会引起压力冲击。例如，工作部件换向或制动时，从液压缸排出的排油管路上常有一个控制阀关闭油路，油液不能从油缸中排出，但此时运动部件因惯性的作用还不能立即停止运动，这样也会引起液压缸和管路中局部油压急剧升高而产生液压冲击。

（3）由于液压系统中某些元件反应动作不够灵敏，也会造成液压冲击。例如，溢流阀在超压时不能迅速打开，形成压力的超调；限压式变量液压泵在油压升高时不能及时减少输油量等，都会造成液压冲击。

液压冲击会产生的危害有产生液压冲击时，系统的瞬时压力峰值有时比正常工作压力高好几倍，会引起设备振动和噪声，大大降低了液压传动的精度和寿命。液压冲击还会损坏液压元件、密封装置，甚至使管子爆裂。由于压力增高，还会使系统中的某些元件，如顺序阀和压力继电器等产生误动作，影响系统正常工作，可能会造成工作中的事故。

2. 液体突然停止运动时产生的液压冲击

有一液面恒定并能保持液面压力不变的容器，如图 1.17 所示。容器底部连一管道，在管道的输出端装有一个阀门。管道内的液体经阀门 2 流出。若将阀门突然关闭，则紧靠阀门的这部分液体立即停止运动，液体的动能瞬时转变为压力能，产生冲击压力，接着后面的液体依次停止运动，依次将动能转变为压力能，在管道内形成压力冲击波，并以速度 c 从阀门 2 向容器 1 传播。

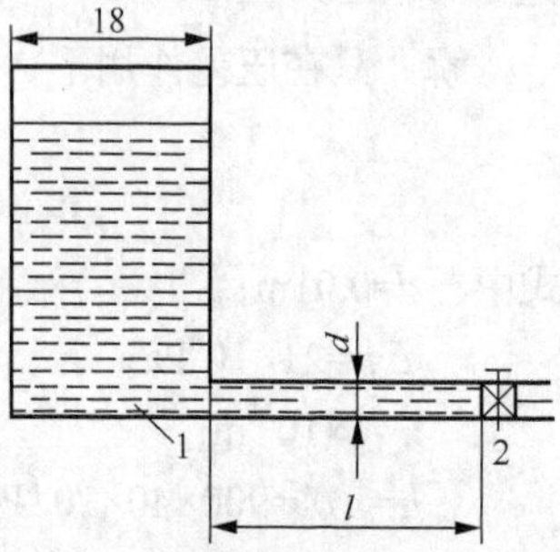

图1.17　速度突变引起的液压冲击
1—容器；2—阀门

3. 运动部件制动时引起的液压冲击

运动部件的惯性也是引起液压冲击的重要原因。如图 1.18 所示，设活塞以速度 v 驱动负载 m 向左运动，活塞和负载的总质量为 Σm 。当突然关闭出口通道时，液体被封闭在右腔中。但由于运动部件的惯性，它仍会向前运动一小段距离，使腔内油液受到挤压，引起液体压力急剧上升。运动部件则因受到右腔内液体压力产生的阻力而制动。

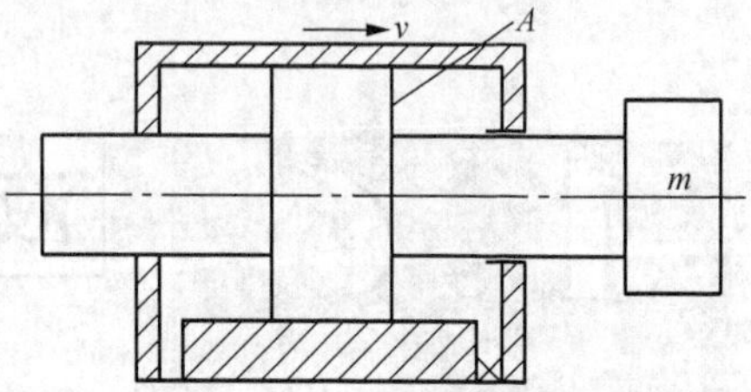

阀口突然关闭

图1.18 运动部件阀门突然关闭引起的液压冲击

4. 减少液压冲击的措施

因液压冲击有较多的危害性，所以可针对上述影响冲击压力 Δp 的因素，采取以下措施来减小液压冲击。

（1）适当加大管径，限制管道流速 v，一般在液压系统中把 v 控制在 4.5 m/s 以内，使 Δp_{max} 不超过 5 MPa 就可以认为是安全的。

（2）正确设计阀口或设置缓冲装置（如阻尼孔），使运动部件制动时速度变化比较均匀。

（3）缓慢开关阀门，可采用换向时间可调的换向阀。

（4）尽可能缩短管长，以减小压力冲击波的传播时间，变直接冲击为间接冲击。

（5）在容易发生液压冲击的部位采用橡胶软管或设置蓄能器，以吸收冲击压力；也可以在这些部位安装安全阀，以限制压力升高。

1.6.2 空穴现象

1. 空穴、气蚀的概念及危害

（1）空穴。在液压系统的工作介质中，不可避免地混有一定量的空气，当流动液体某处的压力低于空气分离压时，正常溶解于液体中的空气就成为过饱和状态，从而会从油液中迅速分离出来，使液体产生大量气泡。此外，当油液中某一点处的压力低于当时温度下的蒸汽压时，油液将沸腾汽化，也在油液中形成气泡。上两种情况都会使气泡混杂在液体中，使原来充满在管道或元件中的液体成为不连续状态，这种现象一般称为空穴现象。

（2）气蚀。当气泡随着液流进入高压区时，在高压作用下迅速破裂或急剧缩小，又凝结成液体，原来气泡所占据的空间形成了局部真空，周围液体质点以极高速度来填补这一空间，质点间相互碰撞而产生局部高压，形成液压冲击。如果这个局部液压冲击作用在零件的金属表面上，使金属表面腐蚀，这种因空穴产生的腐蚀则称为气蚀。

（3）空穴、气蚀的危害。如果在液流中产生了空穴现象，会使系统中的局部产生非常高的温度和冲击压力，引起噪声和振动，再加上气泡中有氧气，在高温、高压和氧化的作用下会使工作介质变质，使零件表面疲劳，还对金属产生气蚀作用。从而使液压元件表面产生腐蚀、剥落，出现海绵状的小洞穴，甚至造成元件失灵。尤其是当液压泵发生空穴现象时，除了会产生噪声和振动外，还会由于液体的连续性被破坏，降低吸油能力，以致造成流量和压力的波动，使液压泵零件承受冲击载荷，缩短液压泵的使用寿命。

2. 节流气穴

当液体流到图1.19所示的水平放置管道节流口的喉部时，因 $q=Av$，通流截面积小，流速变得很高。又根据能量方程 $\frac{p_1}{\rho g}+\frac{v_1^2}{2g}=\frac{p_2}{\rho g}+\frac{v_2^2}{2g}$，所以该处的压力会很低。如该处的压力低于液体工作温度下的空气分离压 p，就会出现气穴现象。同样，在液压泵的自吸过程中，如果泵的吸油管太细、阻力太大、滤网堵塞，或泵安装位置过高、转速过快等，也会使其吸油腔的压力低于工作温度下的空气分离压，从而产生气穴。

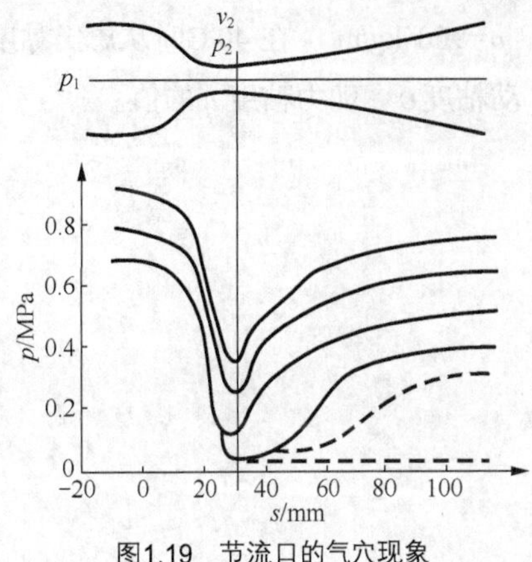

图1.19 节流口的气穴现象

当液压系统出现气穴现象时，大量的气泡使液流的流动特性变坏，造成流量不连续，流动不稳，噪声骤增。特别是当带有气泡的液流进入下游高压区时，气泡受到周围高压的作用，迅速破灭，使局部产生非常高的液压冲击。例如，在38℃温度下工作的液压泵，当泵的输出压力分别为6.8 MPa、13.6 MPa、20.4 MPa时，气泡破灭处的局部温度可高达766℃、993℃、1149℃，冲击压力会达到几百MPa。这样的局部高温和冲击压力，会产生气蚀。气蚀会严重损伤元件表面质量，大大缩短液压元件的使用寿命。

3. 减少空穴的措施

在液压系统中，只要液体压力低于空气分离压，就会产生气穴现象。如要想完全消除空穴现象

是十分困难的，但可尽力加以防止。必须从设计、结构、材料的选用上来考虑，具体措施有：

（1）保持液压系统中的油压高于空气分离的压力。对于管道来说，要求油管要有足够的管径，并尽量避免有狭窄处或急剧转弯处；对于阀来说，正确设计阀口，减少液体通过阀孔前后的压差；对于液压泵，离油面的高度不得过高，以保证液压泵吸油管路中各处的油压都不低于空气分离压。

（2）降低液体中气体的含量。例如管路的密封要好，不要漏气，以防空气侵入。

（3）对液压元件应选用抗腐蚀能力较强的金属材料，并进行合理的结构设计，适当提高零件的机械强度，减小表面粗糙度，以提高液压元件的抗气蚀能力。

思考与练习

1.1 液压油的压缩性，为什么在液压系统计算时常常被忽略？

1.2 什么是液压油的黏性？用什么衡量液压油的黏性？

1.3 油液为什么会污染？

1.4 如何计算静止液体某点的压力？

1.5 什么是相对压力、绝对压力和真空度？它们之间有什么关系？

1.6 什么是理想液体的能量方程？它的物理意义是什么？

1.7 什么是空穴现象，有何危害？

1.8 20℃时 200 mL 的蒸馏水从恩氏黏度计中流尽所需的时间为 51 s，若 200 mL 的某液压油（ρ=900 kg/m^3）在 40℃时从恩氏黏度计中流尽所需的时间为 229.5 s，求该液体的恩氏粘度°E、运动粘度υ、动力粘度μ的值。

第2章 液压动力元件

【内容简介】

本章主要介绍几种常用的液压泵及液压泵的使用。

【学习目标】

(1) 掌握液压泵的工作原理及其正常工作的条件和主要性能参数。

(2) 掌握齿轮泵、叶片泵及柱塞泵的工作原理、结构特点和应用。

(3) 熟悉液压泵的选用。

【重点】

(1) 齿轮泵、叶片泵及柱塞泵的工作原理、结构特点。

(2) 液压泵主要性能参数的计算。

(3) 限压式变量叶片泵的工作原理及流量压力特性曲线。

2.1 概述

2.1.1 液压泵的工作原理

1. 工作原理

图 2.1 所示为单柱塞液压泵的工作原理图。图中柱塞 2 装在泵体 3 中形成一个密封容积 a，柱塞

在弹簧 4 的作用下始终压紧在偏心轮 1 上。原动机驱动偏心轮 1 旋转使柱塞 2 作往复运动，密封容积 a 的大小随之发生周期性的变化。当 a 由小变大时，腔内形成部分真空，油箱 7 中的油液便在大气压强差的作用下，经油管顶开单向阀 6 进入 a 中实现吸油，此时单向阀 5 处于关闭状态；随着偏心轮的转动，密封容积由大变小，其内油液压力则由小变大。当压力达到一定值时，便顶开单向阀 5 进入系统而实现压油（此时单向阀 6 关闭），这样液压泵就将原动机输入的机械能转换为液体的压力能。随着原动机驱动偏心轮不断地旋转，液压泵就不断地吸油和压油。由此可知，液压泵是通过密封容积的变化来完成吸油和压油的，其排量的大小取决于密封容积变化的大小，而与偏心轮转动的次数及油液压力的大小无关，故称为容积式液压泵。

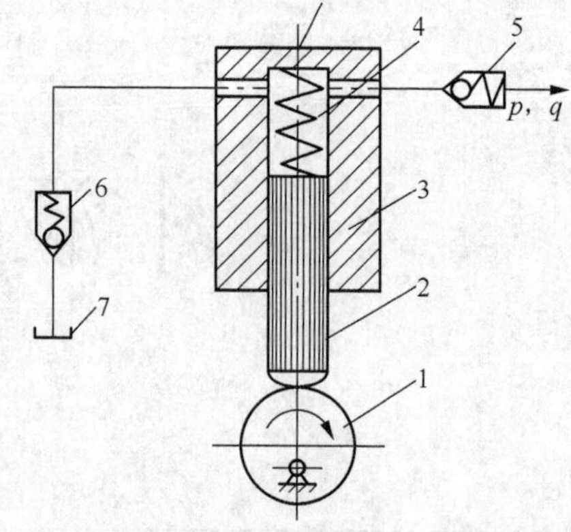

图2.1　单柱塞液压泵的工作原理图

1—偏心轮；2—柱塞；3—泵体；4—弹簧；5、6—单向阀；7—油箱

为了保证液压泵的正常工作，对系统有以下两点要求。

（1）应具有相应的配流机构，将吸、压油腔分开，保证液压泵有规律地吸、压油。图 2.1 中单向阀 5 和 6 使吸、压油腔不相通，起配油的作用，因而称为阀式配油。

（2）油箱必须和大气相通以保证液压泵吸油充分。

2. 分类

液压泵按结构形式可分为齿轮式液压泵、叶片式液压泵、柱塞式液压泵、螺杆式液压泵等；按压力的大小液压泵又可分为低压泵、中压泵和高压泵；若按输出流量能否变化则可分为定量泵和变量泵。

2.1.2　液压泵的主要性能参数

液压泵的主要性能参数有压力、排量、流量、功率和效率。

1. 压力

（1）工作压力 p：液压泵工作时实际输出油液的压力称为工作压力。其大小取决于外负载，与液压泵的流量无关，单位为 Pa 或 MPa。

（2）额定压力 p_n：液压泵在正常工作时，按试验标准规定连续运转的最高压力称为液压泵的额定压力。其大小受液压泵本身的泄漏和结构强度等限制，更主要是受泄漏的限制。

（3）最高允许压力 p_m：在超过额定压力的情况下，根据试验标准规定，允许液压泵短时运行的最高压力值，称为液压泵的最高允许压力。泵在正常工作时，不允许长时间处于这种工作状态。

2. 排量和流量

（1）排量 V：泵每一转，其密封容积发生变化所排出液体的体积称为液压泵的排量。

排量的单位为 m^3/r；排量的大小只与泵的密封腔几何尺寸有关，与泵的转速 n 无关。排量不变的液压泵为定量泵；反之，为变量泵。

（2）理论流量 q_t：指泵在不考虑泄漏的情况下，单位时间内所排出液体的体积称为理论流量。当液压泵的排量为 V，其主轴转速为 n 时，则液压泵的理论流量 q_t 为

$$q_t=Vn \tag{2-1}$$

（3）实际流量 q：泵在某一工作压力下，单位时间内实际排出液体的体积称为实际流量。它等于理论流量 q_t 减去泄漏流量 Δq，即

$$q = q_t - \Delta q \tag{2-2}$$

其中，泵的泄漏流量与压力有关，压力越高，泄漏流量就越大，故实际流量随压力的增大而减小。

（4）额定流量 q_n：泵在正常工作条件下，按试验标准规定（在额定压力和额定转速下）必须保证的流量称为额定流量。以上流量的关系如图 2.2 所示。

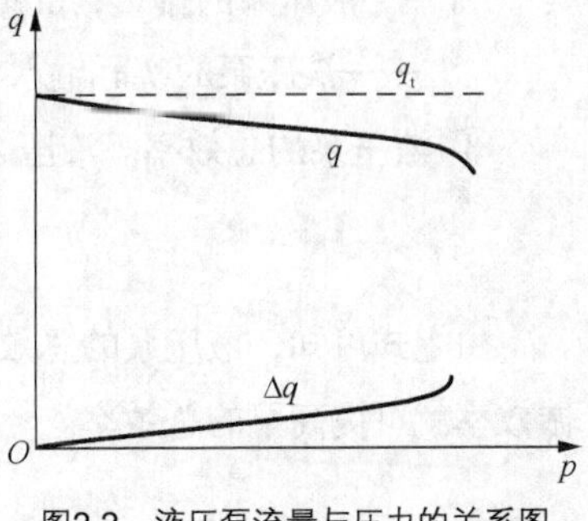

图2.2 液压泵流量与压力的关系图

3. 功率和效率

（1）液压泵的功率。

① 输入功率 P_i：指作用在液压泵主轴上的机械功率，它是以机械能的形式表现的。当输入转矩为 T_i，角速度为 ω 时，则有

$$P_i = T_i\omega \tag{2-3}$$

② 输出功率 P：指液压泵在实际工作中所建立起的压力和实际输出流量 q 的乘积，它是以液压能的形式表现的，即

$$P = pq \tag{2-4}$$

（2）液压泵的效率。液压泵的功率损失包括容积损失和机械损失。

① 容积损失。容积损失是指液压泵在流量上的损失，即液压泵的实际流量小于其理论流量。造成损失的主要原因有液压泵内部油液的泄漏、油液的压缩、吸油过程中油阻太大和油液黏度大以及液压泵转速过高等现象。

液压泵的容积损失通常用容积效率 η_V 表示。它等于液压泵的实际输出流量 q 与理论流量 q_t 之比，即

$$\eta_V = \frac{q}{q_t} = \frac{q}{Vn} \tag{2-5}$$

则液压泵的实际流量 q 为

$$q = q_t \cdot \eta_V = Vn \cdot \eta_V \tag{2-6}$$

式中，泄漏流量 Δq 与压力有关，随压力增高而增大，而容积效率随着液压泵工作压力的增大而减小，并随液压泵的结构类型不同而异，但恒小于 1。

② 机械损失。机械损失是指液压泵在转矩上的损失。即液压泵的实际输入转矩大于理论上所需要的转矩，主要是由于液压泵内相对运动部件之间的摩擦损失以及液体的黏性而引起的摩擦损失。液压泵的机械损失用机械效率 η_n 表示。

设液压泵的理论转矩为 T_t，实际输入转矩为 T_i，则液压泵的机械效率为

$$\eta_n = \frac{T_t}{T_i}$$

式中，理论转矩 T_t 在可根据能量守恒原理得出，即液压泵的理论输出功率 pq_t 等于液压泵的理论输入功率 $T_t\omega$，从而

$$T_t = \frac{pV}{2\pi}$$

则液压泵的机械效率为

$$\eta_n = \frac{pV}{T_i 2\pi} \tag{2-7}$$

式中，p——液压泵内的压力，N/m^2；

V——液压泵的排量，m^3/r；

T_i——液压泵的实际输入转矩，N · m。

③ 液压泵的总效率。液压泵的总效率是指液压泵的输出功率 P 与输入功率 P_i 的比值，即有

$$\eta = \frac{P}{P_i} = \frac{pq}{2\pi n T_i} = \frac{pV}{2\pi T_i} \cdot \frac{q}{Vn} = \eta_V \cdot \eta_n \tag{2-8}$$

由上式可知，液压泵的总效率等于泵的容积效率与机械效率的乘积。即提高泵的容积效率或机械效率就可提高泵的总效率。

2.1 齿轮泵

齿轮泵是一种常用的液压泵，它一般作成定量泵。按结构不同，齿轮泵分为外啮合齿轮泵和内啮合齿轮泵。外啮合齿轮泵结构简单，制造方便，价格低廉，体积小，重量轻，自吸性能好，对油的污染不敏感，工作可靠，便于维护修理，因此应用广泛。本节着重介绍外啮合齿轮泵的工作原理、结构特点和使用维护方面的知识。

2.2.1 齿轮泵的工作原理

1. 外啮合齿轮泵的工作原理

（1）工作原理。如图 2.3 所示，在泵体内有一对齿数相同的外啮合齿轮，齿轮的两端有端盖盖住（图中未画出）。泵体、端盖和齿轮之间形成了密封工作腔，并由两个齿轮的齿面啮合线将它们分隔成吸油腔和压油腔。当齿轮按图示方向旋转时，左侧吸油腔内的轮齿相继脱开啮合，使密封容积增大，形成局部真空，油箱中的油在大气压力作用下进入吸油腔，并被旋转的轮齿带入右侧。右侧压油腔的轮齿则不断进入啮合，使密封容积减小，油液被挤出，从压油口压到系统中去。齿轮泵没有单独的配流装置，齿轮的啮合线起配流作用。

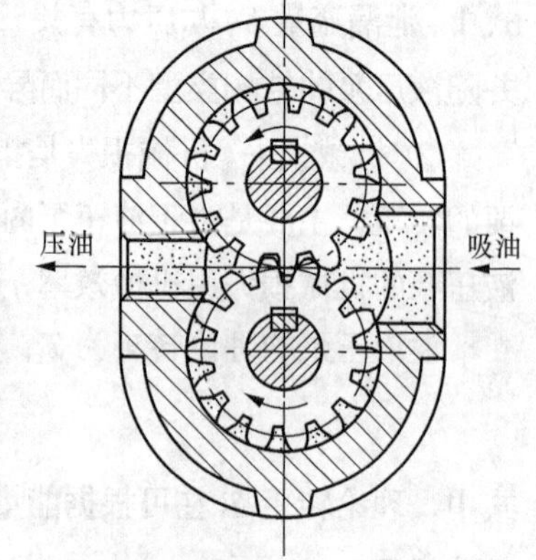

图2.3 外啮合齿轮泵的工作原理

（2）排量和流量计算。外啮合齿轮泵的排量可认为等于两个齿轮的齿槽容积之和。假设齿槽容积等于轮齿体积，那么其排量就等于一个齿轮的齿槽容积和轮齿体

积的总和。当齿轮的模数为 m、齿数 z、节圆直径 d、有效齿高 h、齿宽 B 时，排量为

$$V = \pi dhB = 2\pi zm^2 B \tag{2-9}$$

实际上，齿间槽容积比轮齿体积稍大一些，所以通常取 3.33 代替式中的 π 加以修正，则上式变为

$$V = 6.66zm^2 B \tag{2-10}$$

齿轮泵的实际输出流量为

$$q - 6.66zm^2 Bn\eta v \tag{2-11}$$

上式中的流量 q 是齿轮泵的平均流量。实际上，由于齿轮啮合过程中压油腔的容积变化率是不均匀的，因此齿轮泵的瞬时流量是脉动的。齿数越少，脉动越大。流量脉动引起压力脉动，随之产生振动与噪声，所以精度要求高的场合不宜采用齿轮泵。

2. 内啮合齿轮泵的工作原理

内啮合齿轮泵有渐开线齿形和摆线齿形两种，其工作原理如图 2.4 所示。

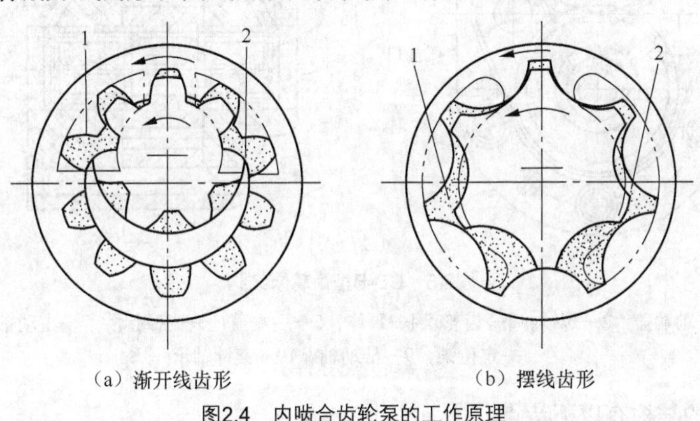

（a）渐开线齿形　　（b）摆线齿形

图2.4　内啮合齿轮泵的工作原理

1—吸油腔；2—压油腔

（1）渐开线齿形内啮合齿轮泵。该泵由小齿轮、内齿轮、月牙形隔板等组成。当小齿轮带动内齿轮旋转时，左半部齿退出啮合容积增大而吸油。进入齿槽的油被带到压油腔，右半部齿进入啮合容积减小而压油。月牙板在内齿轮和小齿轮之间，将吸、压油腔隔开。

（2）摆线齿形内啮合齿轮泵。这种泵又称摆线转子泵，主要由一对内啮合的齿轮（即内、外转子）组成。外转子齿数比内转子齿数多一个，二转子之间有一偏心距。内转子带动外转子异速同向旋转时，所有内转子的齿都进入啮合，形成 6 个独立的密封腔。左半部齿退出啮合，泵容积增大而吸油；右半部齿进入啮合，泵容积减小而压油。

与外啮合齿轮泵相比，内啮合齿轮泵结构更紧凑，体积小，流量脉动小，运转平稳，噪声小。但内啮合齿轮泵齿形复杂，加工困难，价格较贵。

2.2.2　外啮合齿轮泵的结构特点和使用

1. 典型外啮合齿轮泵的结构及特点

图 2.5 所示为 CB-B 型齿轮泵结构图、泵体 4 内有一对齿数相等又相互啮合的齿轮 3，分别用键固定在主动轴 7 和从动轴 9 上，两根轴依靠滚针轴承 10 支承在前后端盖 1、5 中，前后端盖与泵体

用两个定位销 8 定位后，靠 6 个螺钉 2 固紧。泵体的两端面开有封油槽 d，此槽与吸油口相通，用来防止泵内油液从泵体与泵盖接合面外泄。在前后端盖中的轴承处钻有油孔 a，使轴承处泄漏油液经短轴中心通孔 b 及通道 c 流回吸油腔。这种泵工作压力为 2.5 MPa，属于低压齿轮泵。主要用于负载小、功率小的液压设备上。

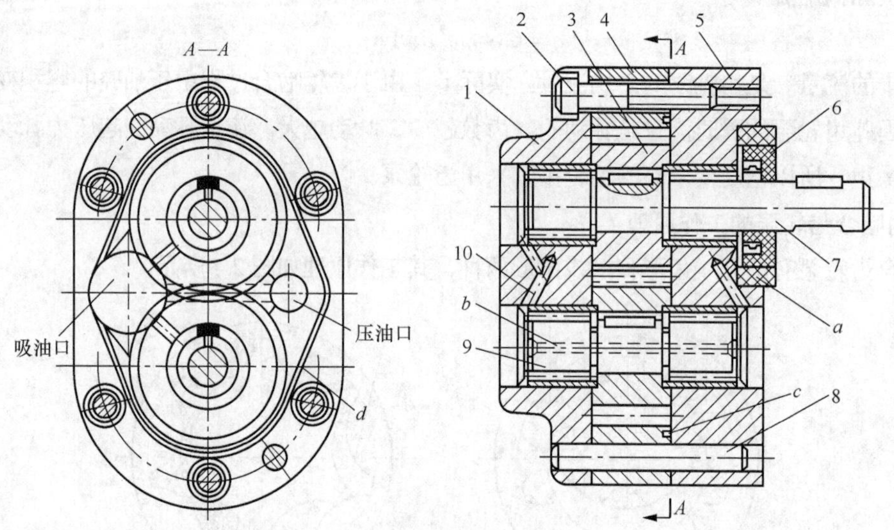

图2.5　CB-B型齿轮泵结构

1—前端盖；2—螺钉；3—齿轮；4—泵体；5—后端盖；6—密封环；7—主动轴；8—定位销；9—从动轴；10—滚针轴承

外啮合齿轮泵的结构有以下特点。

（1）困油。齿轮泵要平稳地工作，齿轮啮合的重合度必须大于 1，于是会有两对轮齿同时啮合。此时，就有一部分油液被围困在两对轮齿所形成的封闭腔之内，如图 2.6 所示。这个封闭腔容积先随齿轮转动逐渐减小（见图 2.6（a）、图 2.6（b）），以后又逐渐增大（见图 2.6（b）、图 2.6（c））。封闭容积减小会使被困油液受挤而产生高压，并从缝隙中流出，导致油液发热，轴承等机件也受到附加的不平衡负载作用。封闭容积增大又会造成局部真空，使溶于油中的气体分离出来，产生气穴，引起噪声、振动和气蚀，这就是齿轮泵的困油现象。消除困油的方法，通常是在两侧端盖上开卸荷槽（见图 2.6（d）中的虚线），使封闭容积减小时通过右边的卸荷槽与压油腔相通，封闭容积增大时通过左边的卸荷槽与吸油腔相通。上述 CB-B 型泵的前后端盖内侧开有卸荷槽（见图 2.6 中的虚线），用来解决困油问题，显然两槽并不对称于中心线分布，而是偏向吸油腔，实践证明这样的布局，能将困油问题解决得更好。

（2）径向作用力不平衡。在齿轮泵中，液体作用在齿轮外缘的压力是不均匀的，吸油腔的压力最低，一般低于大气压力，压油腔压力最高，也就是工作压力。由于齿顶与泵内表面有径向间隙，所以在齿轮外圆上从压油腔到吸油腔油液的压力是分级逐步降低的，这样，齿轮轴和轴承上都受到一个径向不平衡力的作用。工作压力越高，径向不平衡力也越大。径向不平衡力很大时能使齿轮轴弯曲，导致齿顶接触泵体，产生摩擦；同时也加速轴承的磨损，降低轴承使用寿命。为了减小径向

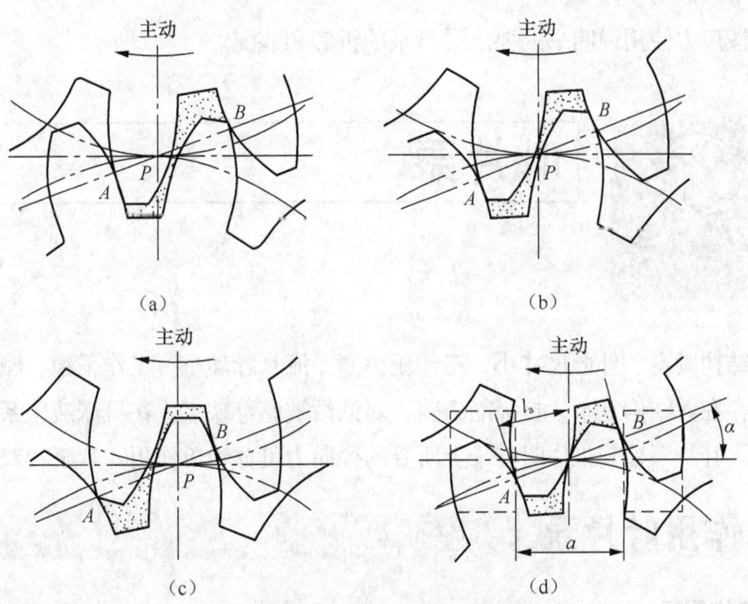

图2.6 齿轮泵的困油现象及其消除方法

不平衡力的影响，有的泵（如 CB-B 型齿轮泵）上采取缩小压油口的办法，使压油腔的压力油仅作用在一个齿到两个齿的范围内；同时适当增大径向间隙（CB-B 型齿轮泵径向间隙增大为 0.13～0.16 mm），使齿顶不能和泵体接触。

（3）泄漏。齿轮泵压油腔的压力油可通过 3 条途径泄漏：一是通过齿轮啮合处的间隙；二是通过泵体内孔和齿顶圆间的径向间隙；三是通过齿轮两端面和端盖间的端面间隙。在 3 类间隙中，以端面间隙的泄漏量最大，约占总泄漏量的 75%～80%。泵的压力越高，间隙泄漏就越大，容积效率也越低。CB-B 齿轮泵的齿轮和端盖间轴向间隙为 0.03～0.04 mm，由于采用分离三片式结构，轴向间隙容易控制，所以在额定压力下有较高的容积效率。

齿轮泵由于泄漏大和存在径向不平衡力，因而限制了压力的提高。为使齿轮泵能在高压下工作，常采取的措施为：减小径向不平衡力，提高轴与轴承的刚度，同时对泄漏量最大的端面间隙采用自动补偿装置等。如采用浮动袖套的高压齿轮泵，其额定工作可达 10～16 MPa。

2. 齿轮泵的使用

使用要点：

（1）泵的传动轴与原动机输出轴之间的连接采用弹性联轴节时，其不同轴度不得大于 0.1 mm，采用轴套式联轴节的不同轴度不得大于 0.05 mm。

（2）泵的吸油高度不得大于 0.5 mm。

（3）吸油口常用网式过滤器，滤网可采用 150 目。

（4）工作油液应严格按规定选用，一般常用运动黏度为 25～54 mm^2/s，工作油温为 5℃～80℃。

（5）泵的旋转方向应按标记所指方向，不得搞错。

（6）拧紧泵的进出油口管接头连接螺钉，以免吸空和漏油。

（7）应避免带载启动或停车。

（8）应严格按厂方使用说明书的要求进行泵的拆卸和装配。

2.3 叶片泵

叶片泵具有结构紧凑、外形尺寸小、工作压力高、流量脉动小，工作平稳、噪声较小、寿命较长等优点。但也存在着结构复杂、自吸能力差、对油污敏感等缺点。在机床液压系统中和部分工程机械中应用很广。叶片泵按其工作时转子上所受的径向力可分为单作用叶片泵和双作用叶片泵。

2.3.1 单作用叶片泵

1. 结构与工作原理

图 2.7 所示为单作用叶片泵。它由定子、转子、叶片、配油盘（图中未画出）等组成。定子固定不动且具有圆柱形内表面，而转子沿轴线可左、右移动，定子和转子间有偏心距 e，且偏心距 e 的大小是可调的。叶片装在转子槽中，并可在槽内滑动，当转子旋转时，在离心力的作用下叶片紧压在定子内表面，这样在定子、转子、相邻两叶片间和两侧配油盘间形成一个个密封容积腔。如图 2.7 所示，当叶片转至上侧时，在离心力的作用下叶片逐渐伸出叶片槽，使密封容积逐渐增大，腔内压力减小，油液从吸油口被压入，此区为吸油腔。当叶片转至下侧时，叶片被定子内壁逐渐压进槽内，密封容积逐渐减小，腔内油液的压力逐渐增大，增大压力的油液从压油口压出，则此区为压油腔。吸油腔和压油腔之间有一段油区，当叶片转至此区时，既不吸油也不压油且此区将吸、压油腔分开，则称此区为封油区。叶片泵转子每转一周，每个密封容积将吸、压油各一次，故称为单作用叶片泵。又因这种泵的转子在工作时所受到的径向液压力不平衡，又称为非平衡式叶片泵。

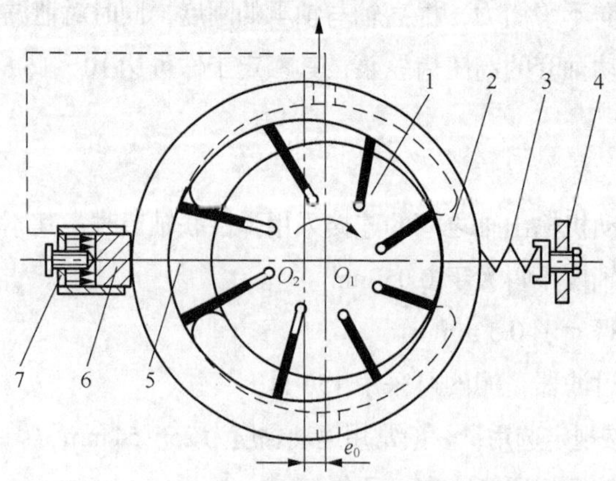

图2.7 单作用叶片泵

1—转子；2—定子；3—限压弹簧；4—限压螺钉；5—密封容积；6—柱塞；7—螺钉

2. 排量和流量

由叶片泵的工作原理可知，叶片泵每转一周所排出液体的体积即为排量。排量等于长短半径（$R-r$）所扫过的环形体体积为

$$V = \pi(R^2 - r^2)B \tag{2-12}$$

若定子内径为 D、宽度为 B、定子与转子偏心距为 e 时，排量为

$$V = 2\pi DeB \tag{2-13}$$

若泵的转速为 n，容积效率为 η_V，则泵的实际流量 q 为

$$q = 2\pi DeBn\eta_V \tag{2-14}$$

3. 单作用叶片泵的结构特点

（1）叶片采用后倾 24°安放，其目的是有利于叶片从槽中甩出。

（2）只要改变偏心距 e 的大小就可改变泵输出的流量。由式（2-13）和（2-14）可知，叶片泵的排量 V 和流量 q 均和偏心距 e 成正比。

（3）转子上所受的不平衡径向液压力，随泵内压力的增大而增大，此力使泵轴产生一定弯曲，加重了转子对定子内表面的摩擦，所以不宜用于高压。

（4）单作用叶片泵的流量具有脉动性。泵内叶片数越多，流量脉动率越小，奇数叶片泵的脉动率比偶数叶片泵的脉动率小，所以单作用泵的叶片数均为奇数，一般为 13 片或 15 片。

2.3.2 限压式变量叶片泵

1. 工作原理

限压式变量叶片泵是单作用叶片泵，其流量的改变是利用压力的反馈来实现的。它有内反馈和外反馈两种形式，其中外反馈限压式变量叶片泵是研究的重点。外反馈限压式变量泵工作原理如下：

如图 2.7 所示，转子中心 O_1 固定不动，定子中心 O_2 沿轴线可左右移动。螺钉 7 调定后，定子在限压弹簧 3 的作用下，被推向最左端与柱塞 6 靠紧，使定子 O_2 与转子中心 O_1 之间有了初始的偏心距 e_0，e_0 的大小可决定泵的最大流量。通过螺钉 7 改变 e_0 的大小就可决定泵的最大流量。当具有一定压力 p 的压力油，经一定的通道作用于柱塞 6 的定值面积 A 上时，柱塞对定子产生一个向右的作用力 pA，它与限压弹簧 3 的预紧力 kx（k 为弹簧的刚度系数，x 为弹簧的预压缩量）作用于一条直线上，且方向相反，具有压缩弹簧减小初始偏心距 e 的作用。即当泵的出口压力 p_b 小于或等于限定工作压力（$p_c = kx_0$）时，则有 $p_bA \leqslant kx_0$，定子不移动，初始偏心距 e 保持最大，泵的输出流量保持最大；随着外负载的增大，泵的出口压力逐渐增大，直到大于泵的限定压力 p_c 时，$p_bA > kx_0$，限压弹簧被压缩，定子右移，偏心距 e 减小，泵的流量随之减小。若泵建立的工作压力越高（p_bA 值越大）而 e 越小，则泵的流量就越小。当泵的压力大到某一极限压力 p_c 时，限定弹簧被压缩到最短，定子移动到最右端位置，e 减到最小，泵的流量也达到了最小，此时的流量仅用于补偿泵的泄漏量，如图 2.8 所示。

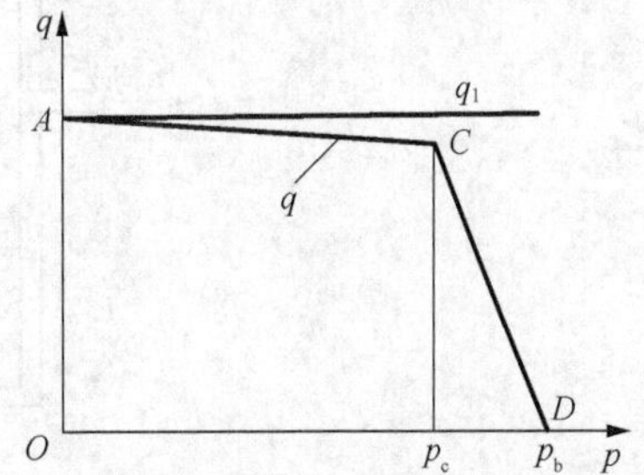

图2.8 限压式变量叶片泵流量压力的特性曲线

2. 排量和流量

限压式变量叶片泵的排量和流量可用下列近似公式计算：

$$V = 2\pi DeB$$
$$q = 2\pi DeBn\eta_V$$

上两式中，V——叶片泵的排量，m^3/r；

q——叶片泵的流量，m^3/s；

D——定子内圆直径，m；

e——偏心距，m；

B——定子的宽度，m；

n——电动机的转速，r/s；

η_V——叶片泵的容积效率。

2.3.3 双作用叶片泵

1. 结构和工作原理

双作用叶片泵的工作原理如图 2.9 所示，它由定子 1、转子 2、叶片 3、配油盘 4、转动轴 5 和泵体组成。转子和定子中心重合，定子内表面由 2 段长半径圆弧、2 段短半径圆弧和 4 段过渡曲线组成，近似椭圆柱形。建压后，叶片在离心力和作用在根部压力油的作用下从槽中伸出紧压在定子内表面。这样在两叶片之间、定子的内表面、转子的外表面和两侧配油盘间形成了一个个密封容积腔。当转子按图 2.9 所示方向旋转时，密封容积腔的容积在经过渡曲线运动到大圆弧的过程中，叶片外伸，密封容积腔的容积增大，形成部分真空而吸入油液；转子继续转动，密封容积腔的容积从大圆弧经过渡曲线运动到小圆弧时，叶片被定子内壁逐渐压入槽内，密封容积腔的容积减小，将压力油从压油口压出。在吸、压油区之间有一段封油区，将吸、压油腔分开。因此，转子每转一周，每个密封容积吸油和压油各两次，故称为双作用叶片泵。另外，这种叶片泵的两个吸油腔和两个压油腔是径向对称的，作用在转子上的径向液压力相互平衡，因此该泵又可称为平衡式叶片泵。

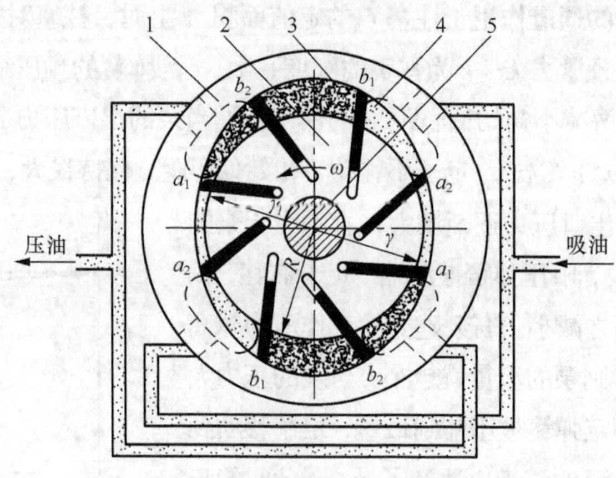

图2.9 双作用叶片泵工作原理图

1—定子；2—转子；3—叶片；4—配油盘；5—转动轴

2. 排量和流量

在不计叶片所占容积时，设定子曲线长半径为 R（m），短半径为 r（m），叶片宽度为 b（m），转子转速为 n（r/s），则叶片泵的排量近似为

$$V = 2\pi b(R^2 - r^2) \tag{2-15}$$

叶片泵的实际流量为

$$q = 2\pi b(R^2 - r^2)n\eta_V \tag{2-16}$$

3. 双作用叶片泵的结构特点与应用

（1）双作用叶片泵叶片前倾 10°～14°，其目的是减小压力角，减小叶片与槽之间的摩擦，以便利于叶片在槽内滑动，如图 2.10 所示。

（2）双作用泵不能改变排量，只作定量泵用。

（3）为使径向力完全平衡，密封容积数（即叶片数）应当为双数。

（4）为保证叶片紧贴定子内表面，可靠密封，在配油盘对应于叶片根部处开有一环形槽 c（见图 2.11），槽内有两通孔 d 与压油孔道相通，从而引入压力油作用于叶片根部。f 为泄漏孔，将泵体内的泄漏油收集回吸油腔。

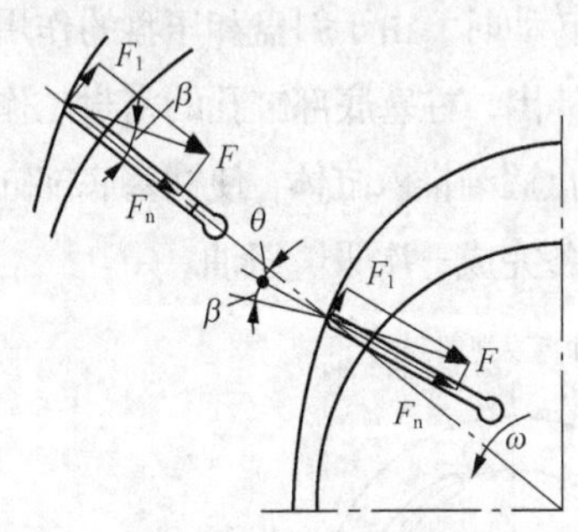

图2.10　叶片的倾角

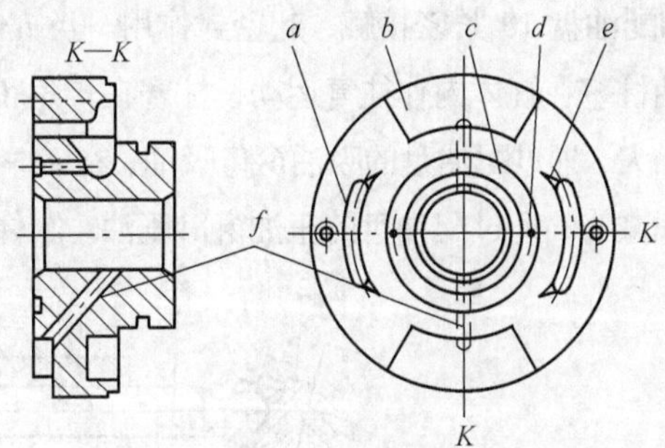

图2.11　叶片泵的配油盘

（5）定子内曲线利用综合性能较好的等加速等减速曲线作为过渡曲线，且过渡曲线与弧线交接处应圆滑过渡，为使叶片能紧压在定子内表面保证密封性，以减少冲击、噪声和磨损。

（6）双作用叶片泵具有径向力平衡、运转平稳、输油量均匀和噪声小的特点。但它的结构复杂，吸油特性差，对油液的污染也比较敏感，故一般用于中压液压系统中。

2.4 柱塞泵

柱塞泵是利用柱塞在缸体中作往复运动，使密封容积发生变化来实现吸油与压油的液压泵。与上述两种泵相比，柱塞泵具有以下优点。

（1）组成密封容积的零件为圆柱形的柱塞和缸孔，加工方便，配合精度高，密封性能好，在高压情况下仍有较高的容积效率，因此常用于高压场合。

（2）柱塞泵中的主要零件均处于受压状态，材料强度性能可得到充分发挥。

（3）柱塞泵结构紧凑，效率高，调节流量只需改变柱塞的工作行程就能实现。因此在需要高压、大流量、大功率的系统中和流量需要调节的场合（如在龙门刨床、拉床、液压机、工程机械、矿山冶金机械、船舶上）得到广泛的应用。

由于单向柱塞泵只能断续供油，因此作为实用的柱塞泵，常以多个柱塞泵组合而成。按柱塞的排列和运动方向不同，可分为径向柱塞泵和轴向柱塞泵两大类。径向柱塞泵由于径向尺寸大、结构复杂、噪声大等缺点，逐渐被轴向柱塞泵所替代。

1. 轴向柱塞泵的工作原理

图 2.12 所示为斜盘式轴向柱塞泵的工作原理图。它主要由柱塞 5、缸体 7、配油盘 10 和斜盘 1 等主要零件组成。轴向柱塞泵的柱塞平行于缸体轴心线。斜盘 1 和配油盘 10 固定不动，斜盘法线和缸体轴线间的交角为γ。缸体由轴 9 带动旋转，缸体上均匀分布着若干个轴向柱塞孔，孔内装有柱塞 5，内套筒 4 在定心弹簧 6 的作用下，通过压盘 3 使柱塞头部的滑履 2 和斜盘靠牢，同时外套筒 8 使缸体 7 和配油盘 10 紧密接触，起密封作用。当缸体按图 2.12 所示方向转动时，由于斜盘和压盘的作用，迫使柱塞在缸体内作往复运动，柱塞在转角 0～π 范围内逐渐向外伸出，柱塞底部缸孔的密封工作容积增大，通过配油盘的吸油窗口吸油；在π～2π 范围内，柱塞被斜盘逐渐推入缸体，使柱塞底部缸孔容积减小，通过配油盘的压油窗口压油。缸体每转一周，每个柱塞各完成一次吸、压油。

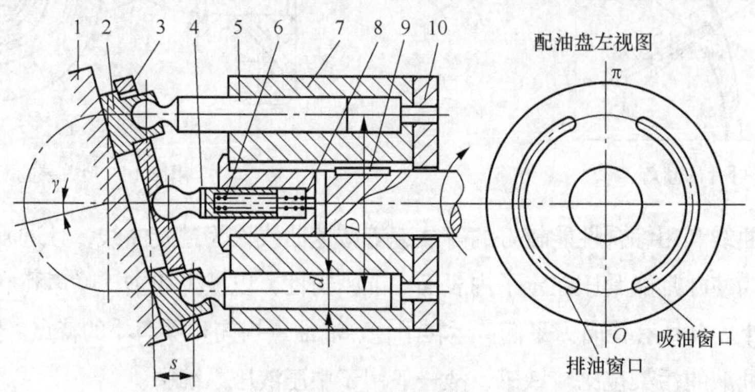

图2.12 斜盘式轴向柱塞泵的工作原理图

1—斜盘；2—滑履；3—压盘；4—内套筒；5—柱塞；6—定心弹簧；7—缸体；8—外套筒；9—轴；10—配油盘

2. 轴向柱塞泵的排量和流量计算

如图 2.12 所示，若柱塞个数为 z，柱塞的直径为 d，柱塞分布圆直径为 D，斜盘倾角为γ时，每个柱塞的行程为$L = D\tan\gamma$。z 个柱塞的排量为

$$V = \frac{\pi}{4}d^2 Dz\tan\gamma \tag{2-17}$$

若泵的转数为 n，容积效率为η_V，则泵的实际输出流量为

$$q = \frac{\pi}{4}d^2 Dzn\eta_V\tan\gamma \tag{2-18}$$

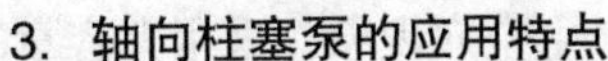

3. 轴向柱塞泵的应用特点

（1）改变斜盘倾角γ的大小，就能改变柱塞行程的长度，从而改变柱塞泵的排量和流量；改变斜盘倾角方向，就能改变吸油和压油的方向，使其成为双向变量泵。

（2）柱塞泵柱塞数一般为奇数，且随着柱塞数的增多，流量的脉动性也相应减小，因而一般柱塞泵的柱塞数为单数 $z=7$ 或 $z=9$。

*2.5 液压泵的噪声和选用

2.5.1 液压泵的噪声

噪声对人们的健康十分有害，随着工业生产的发展，工业噪声对人们的影响越来越严重，已引起人们的关注。目前液压技术正向着高压、大流量和大功率的方向发展，产生的噪声也随之增加，而在液压系统的噪声中，液压泵的噪声占有很大的比重。因此，研究减小液压系统的噪声，特别是液压泵的噪声，已引起液压界广大工程技术人员、专家学者的重视。

液压泵的噪声大小和液压泵的种类、结构、大小、转速以及工作压力等很多因素有关。

1. 产生噪声的原因

（1）泵的流量脉动和压力脉动，造成泵构件的振动。这种振动有时还可产生谐振。谐振频率可以是流量脉动频率的 2 倍、3 倍或更大，泵的基本频率及其谐振频率若和机械的或液压的自然频率相一致，则噪声便大大增加，研究结果表明，转速增加对噪声的影响一般比压力增加还要大。

（2）泵的工作腔从吸油腔突然与压油腔相通，或从压油腔突然和吸油腔相通时，产生的油液流量和压力突变，产生噪声。

（3）空穴现象。当泵吸油腔中的压力小于油液所在温度下的空气分离压时，溶解在油液中的空气要析出而变成气泡，这种带有气泡的油液进入高压腔时，气泡被击破，形成局部的高频压力冲击，从而引起噪声。

（4）泵内流道具有截面突然扩大和收缩、急拐弯，通道截面过小而导致液体湍流、旋涡及喷流，使噪声加大。

（5）由于机械原因，如转动部分不平衡、轴承不良及泵轴的弯曲等机械振动引起的机械噪声。

2. 降低噪声的措施

（1）减少和消除液压泵内部油液压力的急剧变化。

（2）可在液压泵的出口装置消声器，吸收液压泵流量及压力脉动。

（3）当液压泵安装在油箱上时，使用橡胶垫减振。

（4）压油管的一段用高压软管，对液压泵和管路的连接进行隔振。

（5）采用直径较大的吸油管，减小管道局部阻力，防止液压泵产生空穴现象；采用大容量的吸油过滤器，防止油液中混入空气；合理设计液压泵，提高零件刚度。

2.5.2 液压泵的选用

液压泵是向液压系统提供一定流量和压力的油液的动力元件，它是每个液压系统不可缺少的核心元件，合理地选择液压泵对于降低液压系统的能耗、提高系统的效率、降低噪声、改善工作性能和保证系统的可靠工作都十分重要。

选择液压泵的原则是：根据主机工况、功率大小和系统对工作性能的要求，首先确定液压泵的类型，然后按系统所要求的压力、流量大小确定其规格型号。表 2-1 列出了液压系统中常用液压泵的主要性能。

表 2.1　　液压系统中常用液压泵的性能比较

性能	外啮合齿轮泵	双作用叶片泵	限压式变量叶片泵	径向柱塞泵	轴向柱塞泵	螺杆泵
输出压力	低压	中压	中压	高压	高压	低压
流量调节	不能	不能	能	能	能	不能
效率	低	较高	较高	高	高	较高
输出流量脉动	很大	很小	一般	一般	一般	最小
自吸特性	好	较差	较差	差	差	好
对油的污染敏感性	不敏感	较敏感	较敏感	很敏感	很敏感	不敏感
噪声	大	小	较大	大	大	最小

一般来说，由于各类液压泵各自突出的特点，其结构、功用和运转方式各不相同，因此应根据不同的使用场合选择合适的液压泵。一般在机床液压系统中，往往选用双作用叶片泵和限压式变量叶片泵；而在筑路机械、港口机械以及小型工程机械中，往往选择抗污染能力较强的齿轮泵；在负载大、功率大的场合往往选择柱塞泵。

思考与练习

2.1　液压泵完成吸油、压油必须具备什么条件？

2.2　液压泵的排量和流量取决于哪些参数？理论流量和实际流量之间有什么关系？

2.3　简述齿轮泵的困油现象。可采取什么措施解决？

2.4　简述单作用叶片泵的结构特点。

2.5　为什么轴向柱塞泵适用于高压？

2.6　某液压泵的工作压力为 p=10 MPa，排量 V=100 cm^3/r，转速 n=1 450 r/min，容积效率 η_V = 0.95%，总效率 η = 9%。试求：液压泵的输出功率。

2.7　变量叶片泵的转子外径 d=83 mm，定子内径 D=89 mm，定子宽 b=30 mm。试求：当泵的排量 V=16m L/r 时，定子与转子间的偏心量 e 为多大？

第3章 液压执行元件

【内容简介】

本章主要介绍轴向柱塞式液压马达及液压缸的主要形式、结构及主要尺寸的计算。

【学习目标】

（1）掌握液压缸的类型与结构特点。

（2）了解液压马达的工作原理及主要性能参数。

【重点】

单杆活塞缸3种通油方式下的活塞运动速度和推力的计算。

液压系统的执行元件是液压缸和液压马达，它们是一种能量转换装置，可将液压能转变为机械能。液压缸主要用于实现直线的往复运动或摆动，输出力、速度或角速度；而液压马达主要用于实现连续回转运动，输出转矩与转速。

3.1 液压马达

液压马达是将液压能转化为机械能，并能输出旋转运动的液压执行元件。本节只对柱塞式液压马达的工作原理做一简要介绍。

3.1.1 液压马达的主要性能参数

从液压马达的功用来看，其主要性能转速 n、转矩 T 和效率 η。

1. 转速 n

$$n=\frac{q}{V}\eta_V \tag{3-1}$$

式中，V——液压马达的排量；

q——实际供给液压马达的流量；

η_V——容积效率。

2. 转矩 T

液压马达的输出转矩

$$T=T_t\eta_m=\frac{pV}{2\pi}\eta_m \tag{3-2}$$

式中，T_t——马达的理论输出转矩，即 $T_t=\frac{pV}{2\pi}$；

p——油液压力；

V——液压马达的排量；

η_m——机械效率。

3. 液压马达的总效率

液压马达的总效率为马达的输出效率 $2\pi nT$ 和输入效率 pq 之比，即

$$\eta=\frac{2\pi nT}{pq}=\eta_V\eta_m \tag{3-3}$$

式中，p——油液压力；

q——实际供给液压马达的流量；

η_V,η_m——分别为液压马达的容积效率和机械效率。

从式（3-3）可知，液压马达的总效率等于液压马达的机械效率与容积效率的乘积。

3.1.2 轴向柱塞式液压马达

如图 3.1 所示，当压力油经配油盘的窗口进入缸体的柱塞孔时，柱塞在压力油的作用下被顶出柱塞孔压在斜盘上，设斜盘作用在某一柱塞上的反作用力为 F，F 可分解为 F_r 和 F_t 两个分力。其中轴向分力 F_r 和作用在柱塞后端的液压力相平衡，其值为 $F_r=\frac{\pi d^2 p}{4}$，而垂直于轴向的分力 $F_t=F_r\tan\gamma$，使缸体产生一定的转矩。其大小为

$$T_i=F_t a=F_r R\sin\varphi=F_r\tan\gamma R\sin\varphi=\frac{\pi d^2}{4}pR\tan\gamma\sin\varphi \tag{3-4}$$

液压马达输出的转矩应该是处于高压腔柱塞产生转矩的总和，即

$$T = \sum \frac{\pi d^2}{4} pR \tan\gamma \sin\varphi \tag{3-5}$$

由于柱塞的瞬时方位角φ是变化的，柱塞产生的转矩也随之变化，故液压马达产生的总转矩是脉动的。若互换液压马达的进、回油路时，液压马达将反向转动；若改变斜盘倾角，液压马达的排量便随之发生改变，从而可以调节输出转矩或转速。

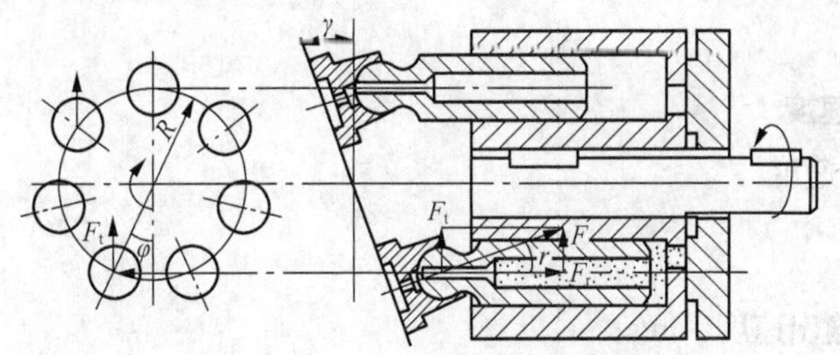

图3.1 轴向柱塞式液压马达

3.2 液压缸

3.2.1 液压缸的主要参数

1. 液压缸的压力

（1）工作压力p：油液作用在活塞单位面积上的法向力（见图3.2）。单位为Pa，其值为

$$p = \frac{F_L}{A} \tag{3-6}$$

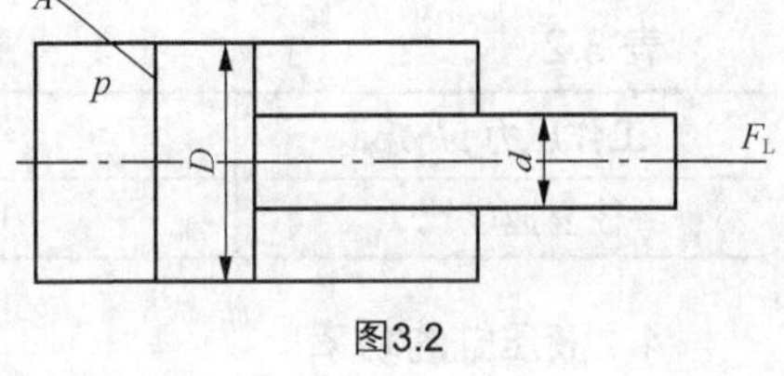

图3.2

式中，F_L——活塞杆承受的总负载，N；

A——活塞的有效工作面积，m^2。

上式表明，液压缸的工作压力是由于负载的存在而产生的，负载越大，液压缸的压力也越大。

（2）额定压力p_n：也称为公称压力，是液压缸能用以长期工作的最高压力。表3.1所示为国家标准规定的液压缸公称压力系列。

表3.1 液压缸公称压力（MPa）

0.63	1	1.6	2.5	4	6.3	10	16	20	25	31.5	40

（3）最高允许压力p_{max}：也称试验压力，是液压缸在瞬间能承受的极限压力。通常为

$$p_{max} \leqslant 1.5 p_n \tag{3-7}$$

2. 液压缸的输出力

液压缸的理论输出力 F 等于油液的压力和工作腔有效面积的乘积，即

$$F = pA \tag{3-8}$$

由于图 3.2 所示的液压缸为单活塞杆形式，因此两腔的有效面积不同，所以在相同压力条件下液压缸往复运动的输出力也不同。由于液压缸内部存在密封圈阻力、回油阻力等，故液压缸的实际输出力小于理论作用力。

3. 液压缸的输出速度

（1）液压缸的输出速度

$$v = \frac{q}{A} \tag{3-9}$$

式中，v——液压缸的输出速度，m/s；

A——液压缸工作腔的有效面积，m^2；

q——输入液压缸工作腔的流量，m^3/s。

（2）速比 λ_v。同样对图 3.2 所示的单活塞杆液压缸，由于两腔有效面积不向，液压缸在活塞前进时的输出速度 v_1 与活塞后退时的输出速度 v_2 也不相同，通常将液压缸往复运动输出速度之比称为 λ_v，所以

$$\lambda_v = \frac{v_2}{v_1} = \frac{A_1}{A_2} \tag{3-10}$$

式中，v_1——活塞前进速度，m/s；

v_2——活塞退回速度，m/s；

A_1——活塞无杆腔有效面积，m^2；

A_2——活塞有杆腔有效面积，m^2。

速比不宜过小，以免造成活塞杆过细，稳定性不好，其值如表 3.2 所示。

表 3.2 液压缸往复速度比推荐值

工作压力 p/Mpa	≤10	1.25～20	>20
往复速度比 λ_v	1.33	1.46～2	2

4. 液压缸的功率

（1）输出功率 P_0：液压缸的输出为机械能。单位为 W，其值为

$$P_0 = Fv \tag{3-11}$$

式中，F——作用在活塞杆上的外负载，N；

v——活塞的平均运动速度，m/s。

（2）输人功率 P_i：液压缸的输入为液压能。单位为 W，它等于压力和流量的乘积，即

$$P_i = pq \tag{3-12}$$

式中，p——液压缸的工作压力，Pa；

q——液压缸的输入流量，m^3/s。

由于液压缸内存在能量损失（摩擦和泄漏），因此，输出功率小于输入功率。

3.2.2 液压缸的主要形式

液压缸的类型较多，按用途可分为两大类，即普通液压缸和特殊液压缸。其中普通液压缸按结构的不同可分为单作用式液压缸和双作用式液压缸。单作用式液压缸在液压力的作用下只能向一个方向运动，其反向运动需要靠重力或弹簧力等外力来实现；双作用式液压缸靠液压力可实现正、反两个方向的运动。单作用式液压缸包括活塞式和柱塞式两大类，其中活塞式液压缸应用最广；双作用液压缸包括单活塞杆液压缸和双活塞杆液压缸两大类。而特殊液压缸包括伸缩套筒式、串联液压缸、增压缸、回转液压缸和齿条液压缸等几大类。

活塞式液压缸可分为双杆式和单杆式两种结构。

1. 双杆活塞式液压缸

（1）工作原理。图3.3所示为双杆活塞式液压缸的原理图。活塞两侧均装有活塞杆。图3.3（a）所示为缸体固定式结构，缸的左腔进油，右腔回油，则活塞向右移动；反之，活塞向左移动。图3.3（b）所示为活塞杆固定式结构，缸的左腔进油，右腔回油，油液推动缸体向左移动；反之，缸体向右移动。当两活塞杆直径相同（即有效工作面积相等）、供油压力和流量不变时，活塞（或缸体）在两个方向的推力F和运动速度v也都相等，即

$$F=(p_1-p_2)A=\frac{\pi}{4}(D^2-d^2)(p_1-p_2) \tag{3-13}$$

$$v=\frac{q}{A}=\frac{4q}{\pi(D^2-d^2)} \tag{3-14}$$

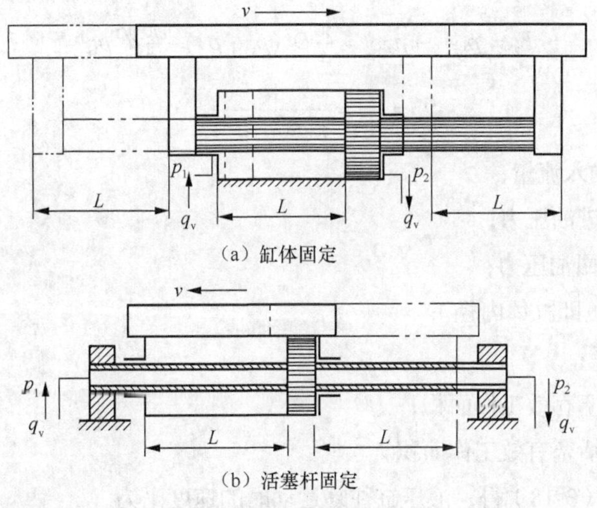

图3.3 双杆活塞式液压缸

式中，A——活塞的有效作用面积；

p_1——液压缸的进油压力；

p_2——液压缸的回油压力；

q——液压缸的输入流量；

D——缸体内径；

d——活塞杆直径。

（2）特点和应用。当两活塞杆直径相同、缸两腔的供油压力和流量都相等时，活塞（或缸体）两个方向的推力和运动速度也都相等，适用于要求往复运动速度和输出力相同的工况，如磨床液压系统。图 3.3（a）所示为缸体固定式结构，其工作台的运动范围约等于活塞有效行程的 3 倍，一般用于中小型设备，图 3.3（b）所示为活塞杆固定式结构，其工作台的运动范围约等于缸体有效行程的 2 倍，常用于大中型设备中。

2. 单杆活塞式液压缸

（1）工作原理。图 3.4 所示为双作用单杆活塞式液压缸。它只在活塞的一侧装有活塞杆，因而两腔有效工作面积不同。当向缸的两腔分别供油，且供油压力和流量不变时，活塞在两个方向的运动速度和输出推力皆不相等。

（a）无杆腔进油

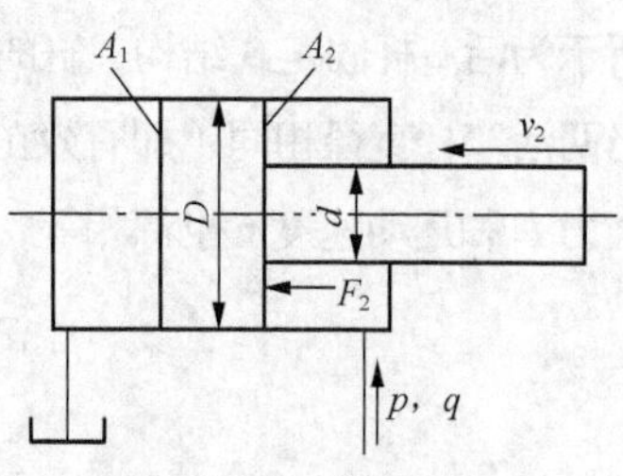

（b）有杆腔进油

图3.4 单杆活塞式液压缸

无杆腔进油时（见图 3.4（a）），活塞的推力 F_1 和运动速度 v_1 分别为

$$F_1 = p_1A_1 - p_2A_2 = \frac{\pi}{4}D^2(p_1 - p_2) + \frac{\pi}{4}d^2 p_2 \tag{3-15}$$

$$v_1 = \frac{q}{A_1} = \frac{4q}{\pi D^2} \tag{3-16}$$

有杆腔进油时（见图 3.4（b）），活塞的推力 F_2 和运动速度 v_2 处分别为

$$F_2 = p_1A_2 - p_2A_1 = \frac{\pi}{4}D^2(p_1 - p_2) - \frac{\pi}{4}d^2 p_1 \tag{3-17}$$

$$v_2 = \frac{q}{A_2} = \frac{4q}{\pi(D^2 - d^2)} \tag{3-18}$$

式中，q——液压缸的输入流量；

p_1——液压缸的进油压力；

p_2——液压缸的回油压力；

D——活塞直径（即缸体内径）；

d——活塞杆直径；

A_1——无杆腔活塞有效工作面积；

A_2——有杆腔的活塞有效工作面积。

由式（3-16）和式（3-18）得，液压缸往复运动时的速度比为

$$\lambda_v = \frac{v_2}{v_1} = \frac{D^2}{D^2 - d^2} \tag{3-19}$$

上式表明，当活塞杆直径越小时，速度比 λ_v 越接近于 1，两个方向的速度差值越小。

（2）特点和应用。比较式（3-15）～式（3-18），由于 $A_1 > A_2$，故 $F_1 > F_2$，$v_1 < v_2$。即活塞杆伸出时，推力较大，速度较小；活塞杆缩回时，推力较小，速度较大。因而它适用于伸出时承受工作

载荷，缩回时为空载或轻载的场合。如各种金属切削机床、压力机等的液压系统。

单杆活塞缸可以缸筒固定，活塞移动；也可以活塞杆固定，缸筒运动。但其工作台往复运动范围都约为活塞（或缸筒）有效行程的 2 倍，结构比较紧凑。

（3）液压缸的差动连接。单杆活塞缸的两腔同时通入压力油的油路连接方式称为差动连接，作差动连接的单杆活塞缸称为差动液压缸，如图 3.5 所示。在忽略两腔连通油路压力损失的情况下，两腔的油液压力相等。但由于无杆腔受力面积大于有杆腔，活塞向右的作用力大于向左的作用力，活塞杆作伸出运动，并将有杆腔的油液挤出，流进无杆腔，加快活塞的运动速度。

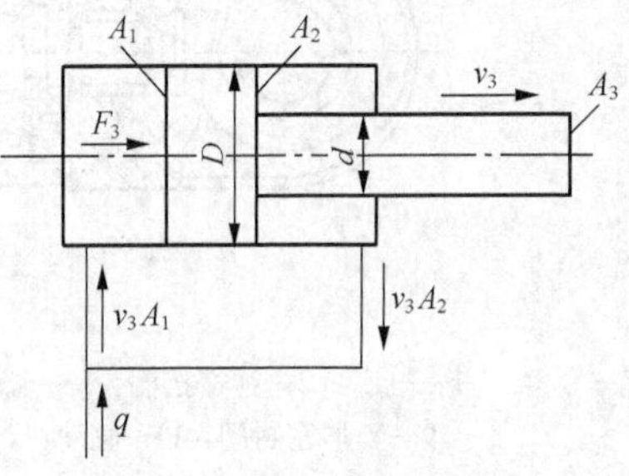

图3.5 差动连接的液压缸

若活塞的速度为 v_3，则无杆腔进油量为 v_3A_1，有杆腔的排油量为 v_3A_2，因而有 $v_3A_1 = q + v_3A_2$，故活塞杆的伸出速度 v_3 为

$$v_3 = \frac{q}{A_1 - A_2} = \frac{4q}{\pi d^2} \tag{3-20}$$

差动连接时，$p_2 \approx p_1$，活塞的推力 F_3 为

$$F_3 = p_1A_1 - p_2A_2 \approx \frac{\pi}{4}D^2p_1 - \frac{\pi}{4}(D^2 - d^2)p_1 = \frac{\pi}{4}d^2p_1 \tag{3-21}$$

由式（3-20）和式（3-21）可知，差动连接时实际起有效作用的面积是活塞杆的横截面积。由于活塞杆的截面积总是小于活塞的面积，因而与非差动连接无杆腔进油工况相比，在输入油液压力和流量相同的条件下，活塞运动速度较大而推力较小。因此，这种方式广泛用于组合机床的液压动力滑台和其他机械设备的快速运动中。

如果要使活塞往返运动速度相等，即 $v_2 = v_3$，则经推导可得 D 与 d 必存在 $D = \sqrt{2}d$ 的比例关系。

3.2.3 液压缸的结构

图 3.6 所示为一种工程用的单杆活塞式液压缸的结构图。它由缸底 1、缸筒 10、活塞 5、活塞杆 16、导向套 12 和缸盖 13 等主要零件组成。缸底与缸筒焊接成一体，缸盖与缸筒采用螺纹连接。为防止油液由高压腔向低压腔泄漏或向外泄漏，在活塞与活塞杆、活塞与缸筒、导向套与缸筒、导向套与活塞杆之间均设置有密封圈。为防止活塞快速退回到行程终端时撞击缸底，活塞杆后端设置了缓冲柱塞。为了防止脏物进入液压缸内部，在缸盖外侧还装有防尘圈。

由图 3.6 所示可知，液压缸主要由缸体组件（缸筒、端盖等）、活塞组件（活塞、活塞杆等）、密封件等基本部分组成。此外，一般液压缸还设有缓冲装置和排气装置。

1. 缸体与端盖的连接方式

缸筒是液压缸主体，端盖装在缸筒的两端，在工作时都要承受很大的液压力，因此，它们应有足够的强度和刚度，同时必须连接可靠。液压缸与端盖的连接方式很多，常见的连接形式如图 3.7 所示。

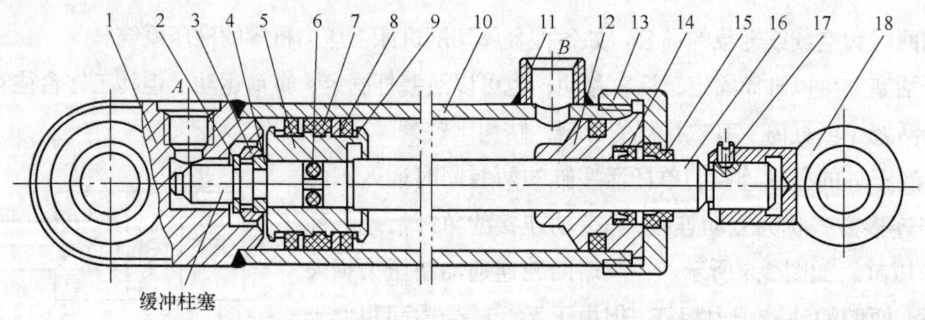

图3.6　单杆活塞式液压缸的结构

1—缸底；2—弹簧挡圈；3—卡环帽；4—轴用卡环；5—活塞；6—O 形密封圈；7—支承环；8—挡圈；9—Y 形密封圈；l0—缸筒；11—管接头；12—导向套；13—缸盖；14—Y 形密封圈；15—防尘圈；16—活塞杆；17—紧定螺钉；18—耳环

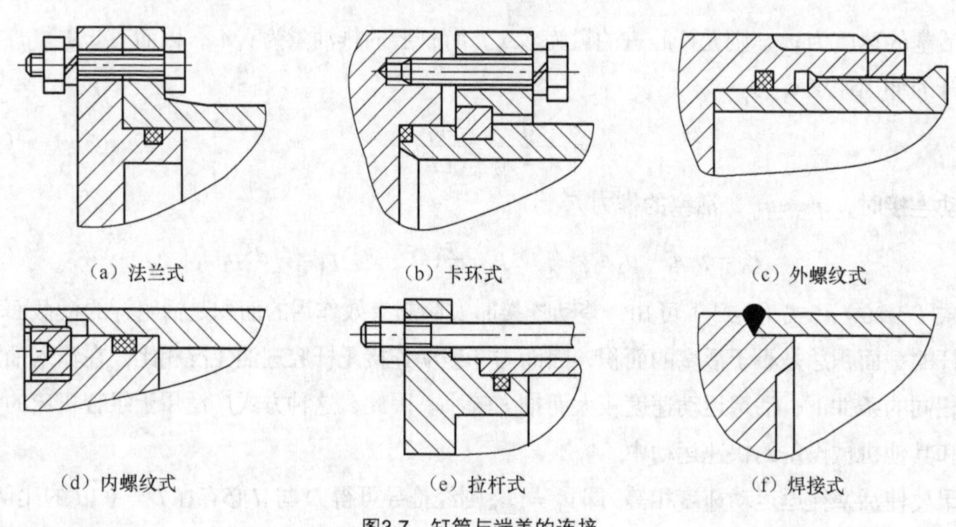

图3.7　缸筒与端盖的连接

法兰式连接（见图 3.7（a））结构较简单，加工和装拆都很方便，连接可靠，但径向尺寸和重量都较大。卡环式连接（见图 3.7（b））结构紧凑，连接可靠，装拆较方便，但卡环槽对缸筒强度有所削弱，需加厚缸筒壁厚。卡环式连接有外卡环连接和内卡环连接两种。螺纹式连接分外螺纹连接（见图 3.7（c））和内螺纹连接（见图 3.7（d））两种，其特点是重量轻，外形尺寸小，但缸筒端部结构复杂，装卸需专用工具；旋端盖时易损坏密封圈。拉杆式连接（见图 3.7（e））结构通用性好，缸筒加工容易，装拆方便，但外形尺寸较大，重量也较大，拉杆受力后会拉伸变形，影响端部密封效果。焊接式连接（见图 3.7（f））外形尺寸较小，结构简单，但焊接时易引起缸筒变形。

选用何种连接方式主要取决于液压缸的工作压力、缸筒材料和具体的工作条件等。一般铸钢、锻钢制造的大中型液压缸多采用法兰式连接，用无缝钢管制作的缸筒常采用卡环式连接，小型液压缸可用螺纹式连接或焊接式连接，较短的中低压液压缸常采用拉杆式连接。

2. 活塞的结构

（1）活塞的结构型式。活塞的结构型式是根据密封装置的型式来选定的，通常分为整体活塞和组合活塞两类。整体活塞（见图 3.8（a））结构简单，加工方便，用于安装 O 形密封圈、唇形密封圈和活塞环等。组合活塞（见图 3.8（b））可采用组合密封圈，但结构复杂，加工量较大。

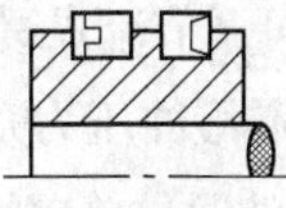
（a）整体式

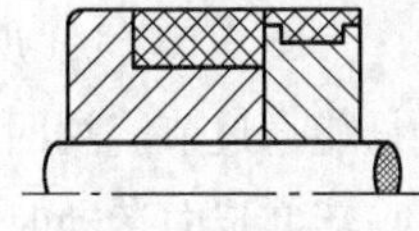
（b）组合式

图3.8 活塞结构型式

（2）活塞与活塞杆的连接形式。活塞与活塞杆的内端有多种连接形式，所有连接形式均有可靠的锁紧措施，以防止工作时由于活塞往复运动而松开。在活塞与活塞杆之间应设置静密封。活塞与活塞杆的连接形式如图 3.9 所示。

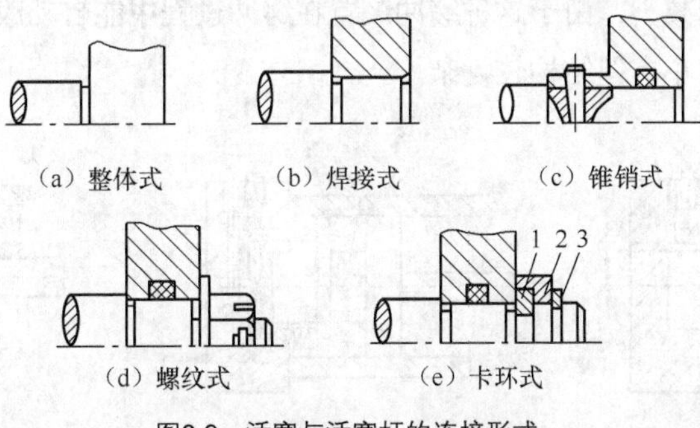

（a）整体式　（b）焊接式　（c）锥销式
（d）螺纹式　（e）卡环式

图3.9 活塞与活塞杆的连接形式

1—卡环；2—轴套；3—弹簧圈

整体式连接（见图 3.9（a））和焊接式连接（见图 3.9（b））结构简单，轴向尺寸小，但损坏后需整体更换。锥销式连接（见图 3.9（c））加工方便，装配简单，但承载能力小。螺纹式连接（见图 3.9（d））结构简单，装拆方便。卡环式连接（见图 3.9（e））装拆方便，连接可靠，但结构较复杂。

一般情况下使用螺纹式连接；轻载时可采用锥销式连接；高压和振动较大时多用卡环式连接；当活塞行程较短，且活塞与活塞杆相差不多时，可采用整体式连接。焊接式使用较少。

3. 液压缸的安装定位

液压缸在机体上的安装有法兰式、耳环式、耳轴式和底脚式等多种方式。当缸筒与机体间没有相对运动时，可采用底脚或法兰来安装定位。如果液压缸两端都有底脚时，一般固定一端，使另一端浮动，以适应热胀冷缩的需要。如果缸筒与机体间需要有相对摆动，则可采用耳轴和耳环等连接方式。具体选用时可参考有关手册。

4. 缓冲与排气

（1）缓冲装置。当液压缸驱动质量较大、移动速度较快的工作部件时，一般应在液压缸内设置缓冲装置，以免产生液压冲击、噪音，甚至造成液压缸的损坏。尽管液压缸中缓冲装置结构形式很多，但它的工作原理都是相同的，即当活塞快速运动到接近缸盖时，增大排油阻力，使液压缸的排油腔产生足够的缓冲压力，使活塞减速，从而避免与缸盖快速相撞。常见的缓冲装置如图 3.10 所示。

图 3.10（a）所示为间隙式缓冲装置，当缓冲柱塞 A 进入缸盖上的内孔时，被封闭的油液只能经环形间隙 δ 排出，缓冲油腔 B 产生缓冲压力，使活塞速度降低。这种装置在缓冲开始时产生的缓冲制动力大，但很快便降下来，最后不起什么作用，故缓冲效果很差，并且缓冲压力不可调节。但由于结构简单，所以在一般系列化的成品液压缸中多采用这种缓冲装置。

图 3.10（b）所示为可调节流式缓冲装置，当缓冲柱塞进入到缸盖内孔时，回油口被柱塞堵住，只能通过节流阀回油，*B* 腔缓冲压力升高，使活塞减速，其缓冲特性类同于间隙式，缓冲效果较差。当活塞反向运动时，压力油通过单向阀 *D* 很快进入到液压缸内，故活塞不会因推力不足而产生启动缓慢现象。这种缓冲装置可以根据负载情况调整节流阀 *C* 开度的大小。改变缓冲压力的大小，因此适用范围较广。

图 3.10（c）所示为可变节流式缓冲装置，它在缓冲柱塞 *A* 上开有三角节流沟槽，节流面积随着缓冲行程的增大而逐渐减小，由于这种缓冲装置在缓冲过程中能自动改变节流口的大小，因而使缓冲作用均匀，冲击压力小，但结构较复杂。

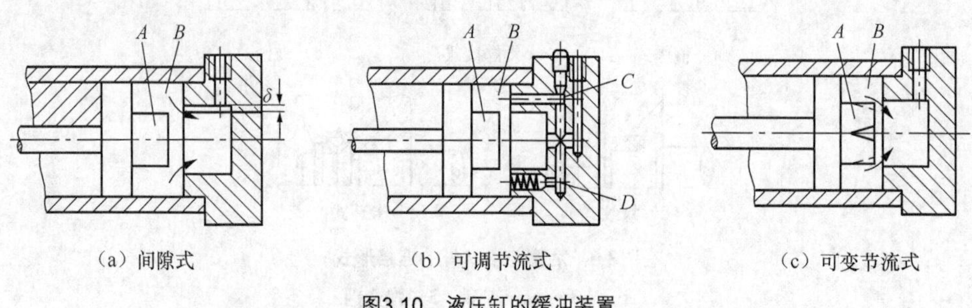

图3.10 液压缸的缓冲装置

A—缓冲柱塞；*B*—缓冲油腔；*C*—节流阀；*D*—单向阀

（2）排气装置。在安装过程中或在停止工作一段时间后，液压系统中往往会有空气渗入。液压系统，特别是液压缸中存有空气时，会使液压缸产生爬行或振动。因此液压缸上应考虑排气装置。

对于要求不高的液压缸往往不设专门的排气装置，而是将油口布置在缸筒两端的最高处，这样也能使空气随油液排往油箱，再从油面逸出；对于速度稳定性要求较高的液压缸或大型液压缸，常在液压缸两侧的最高部位设置专门的排气装置，如排气塞、排气阀等。

3.2.4 液压缸主要尺寸的计算

1. 液压缸内径计算

工程上计算液压缸内径 *D* 通常采用下面两种方法。

（1）负载大小和选定的系统压力，通过式（3-8）计算确定。

$$D=\sqrt{\frac{4F}{\pi p}\times 10^{-3}}=3.57\times 10^{-2}\sqrt{\frac{F}{p}} \tag{3-22}$$

式中，D——液压缸内径，m；

F——液压缸输出力，kN；

p——为系统工作压力，MPa。

（2）根据液压缸的输出速度和所选定的系统流量，由式（3-9）确定计算。

$$D=\sqrt{\frac{4q}{\pi v}}=1.128\sqrt{\frac{q}{v}} \tag{3-23}$$

式中，D——液压缸内径，m；

q——输入液压缸的流量，m^3/s；

v——液压缸的输出速度，m/s。

设计时，在计算求得 D 后还应按国标 GB/T 2348—1980 将计算结果圆整为最接近的标准。

2. 活塞杆直径计算

活塞杆直径 d 也有按速比和按强度要求计算两种方法。按速比 λ_v 计算时由公式（3-10）可得

$$d = D\sqrt{\frac{\lambda_v - 1}{\lambda_v}} \tag{3-24}$$

式中，λ_v——速比；

D——液压缸内径，m；

d——活塞杆直径，m。

计算求得的 d 值也应按国标圆整为标准值。λ_v 值可以根据工作压力的范围选取合适值（见表 3.2），避免不合理速比导致活塞杆强度无法保证。

而表 3.3 则列出了不同速比时 D 和 d 的关系。

表 3.3　　不同 λ_v 下 d 与 D 的关系

速比 λ_v	1.15	1.25	1.33	1.46	2
活塞杆直径 d	0.36D	0.45D	0.5D	0.56D	0.71D

活塞杆直径也可根据机械类型参考表 3.4 所示选定。

表 3.4　　机械类型参考表

机械类型	磨、珩磨、研磨	插、拉、刨	钻、镗、车、铣
活塞杆直径 d	（0.2～0.3）D	0.5D	0.7D

3. 液压缸长度

液压缸长度主要由最大行程决定，行程有国家标准系列，此外还要考虑活塞宽度、活塞杆导向长度等因素。通常活塞宽度 B=（0.6～1.0）D，而导向长度 C 则在 D < 80 mm 时为 C =（0.6～1.0）D；而在 D≥80 mm 时，C =（0.6～1.0）d。从制造角度考虑，一般液压缸长度不应超过直径 D 的 20～30 倍。

4. 液压缸的壁厚

液压缸壁厚 δ 可根据结构设计确定。但在工作压力较高或缸径较大时必须进行强度验算。一般在 $\frac{D}{\delta} \geqslant 16$ 时要按薄壁筒公式校核，而在 $\frac{D}{\delta} < 16$ 时用厚壁筒公式校核。薄壁筒公式为

$$\delta \geqslant \frac{p_y D}{2[\sigma]} \tag{3-25}$$

厚壁筒公式为

$$\delta = \frac{D}{2}\left(\sqrt{\frac{[\sigma] + 0.4p_y}{[\sigma] - 1.3p_y}} - 1\right) \tag{3-26}$$

式中，δ——液压缸壁厚；

D——液压缸内径；

p_y——实验压力（液压缸额定工作压力 $p_R \leqslant 16$ MPa 时，$p_y=1.5p_R$，$p_R>16$ MPa，$p_y=1.2p_R$；

$[\sigma]$——液压缸材料许用应力。

除此之外，往往还需要进行活塞杆强度与稳定性、螺纹连接强度等方面的校核。

3.2.5 液压缸的密封

液压缸中的压力油能够从固定部件的连接处和相对运动部件的配合处泄漏，即外泄漏和内泄漏。通过密封，利用密封件阻止泄漏，以保证液压缸的正常工作性能。

（1）O 形密封圈。如图 3.11 所示，O 形密封圈是一种截面为圆形的橡胶圈。它的主要优点是形状简单、成本低。O 形密封圈单圈即可对两个方向起密封作用，密封性能好，动摩擦阻力小。对油液温度、压力的适应性好，其工作压力可达 70 MPa 甚至更高，使用温度范为-30℃～120℃。使用速度范围为 0.005～0.3 m/s。O 形密封圈应用广泛，既可作为静密封，又可作为动密封；既可用于外径密封，又可用于内径密封和端面密封。密封部位结构简单，占用空间小，装拆方便。其缺点是密封圈安装槽的精度要求高，在作动密封时启动摩擦阻力较大，寿命较短。

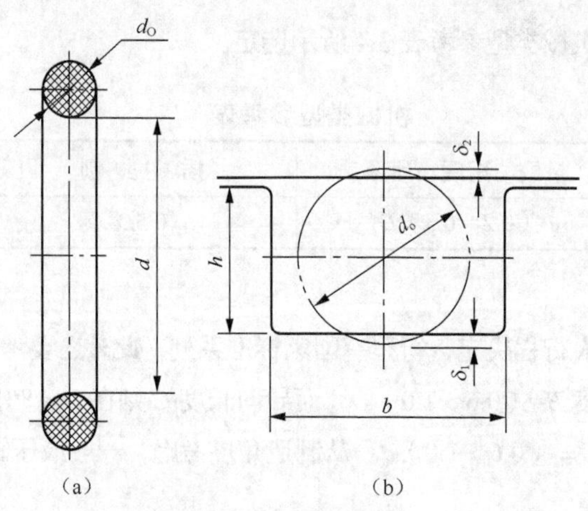

图3.11　O形密封圈

使用 O 形密封圈时应注意以下几点。

① O 形密封圈在安装时必须保证适当的预压缩量，压缩量的大小直接影响 O 形密封圈的使用性能和寿命，过小不能密封，过大则摩擦力增大，且易损坏。为了保证密封圈有一定的预压缩量，安装槽的宽度 b 大于 O 形密封圈直径 d_0，而深度 h 则比 d_0 小，其尺寸和表面精度应按有关手册给出的数据严格保证。

② 在静密封中，当压力大于 32 MPa 时，或在动密封中，当压力大于 10 MPa 时，O 形密封圈就会被挤入间隙中而损坏，以致密封效果降低或失去密封作用。为此需在 O 形密封圈低压侧安

放 1.2～2.5 mm 厚的聚四氟乙烯或尼龙制成的挡圈。双向受高压时，两侧都要加挡圈，如图 3.12 所示。

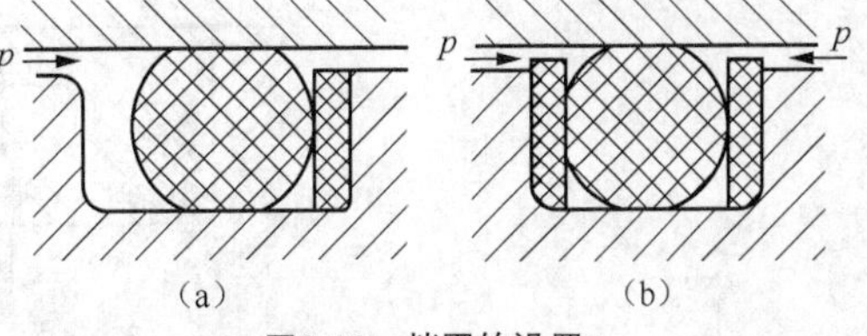

图3.12 挡圈的设置

③ O 形密封圈一般用丁晴橡胶制成，它与石油基液压油有良好的相容性。当采用磷酸脂基液压油时，应选用其他材料制作的 O 形密封圈。

④ 在安装过程中，不能划伤 O 形密封圈，所通过的轴端、轴肩必须倒角或修圆。通过外螺纹时应用金属导套。

（2）Y 形密封圈。Y 形密封圈的截面呈 Y 形（见图 3.13），属唇形密封圈。一般用丁腈橡胶制成。它依靠略为张开的唇边贴于偶合面，在油压作用下，接触压力增大，使唇边贴得更紧而保持密封，且在唇边磨损后有一定的自动补偿能力。因此，Y 形圈从低压到高压的压力范围内都有良好的密封性，稳定性和耐压性好，滑动摩擦阻力和启动摩擦阻力小，运动平稳，使用寿命长。但在工作压力波动大、滑动速度较高时，该圈易翻转。Y 形密封圈主要用于往复运动的密封，适用工作温度为-30℃～100℃，工作压力小于 20 MPa，使用速度小于 0.5 m/s。

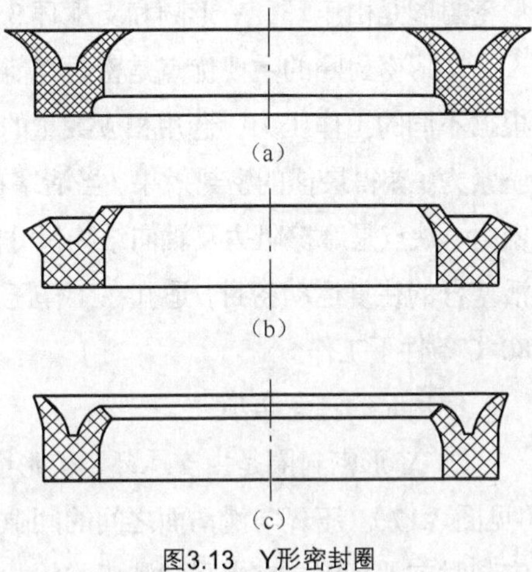

图3.13 Y形密封圈

另一种小 Y 形密封圈是 Y 形密封圈的改型产品，与 Y 形相比宽度较大，其宽度为长度的 2 倍以上，因而在沟槽中不易翻转（见图 3.14）。它有等高唇和不等高唇两种，后者又有孔用和轴用之分。其低唇与密封面接触，滑动摩擦阻力小，耐磨性好，寿命长；高唇与非运动表面有较大的预压缩量，摩擦阻力大，工作时不易窜动。小 Y 形圈常用聚氨酯橡胶制成，低速和快速运动时均有良好的密封性能，一般适用于工作压力小于 32 MPa，使用温度为-30℃～80℃的场合。

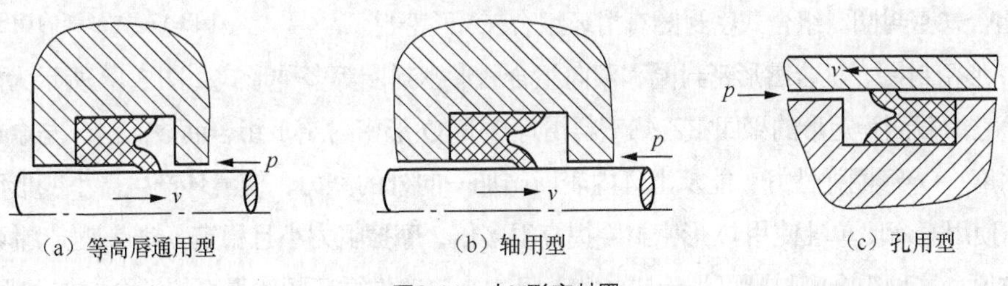

图3.14 小Y形密封圈

使用注意事项：

① Y 形圈安装时，唇口端应对着液压力高的一侧。若活塞两侧都有高压油一般应成对使用。

② 当压力变化较大、滑动速度较高时，为避免翻转，要使用支承环，以固定 Y 形密封圈，如图 3.15 所示。

③ 安装密封圈所通过的各部位，应有 15°～30°的倒角，并在装配通过部位涂上润滑脂或工作油。通过外螺纹或退力槽等时，应套上专用套筒。

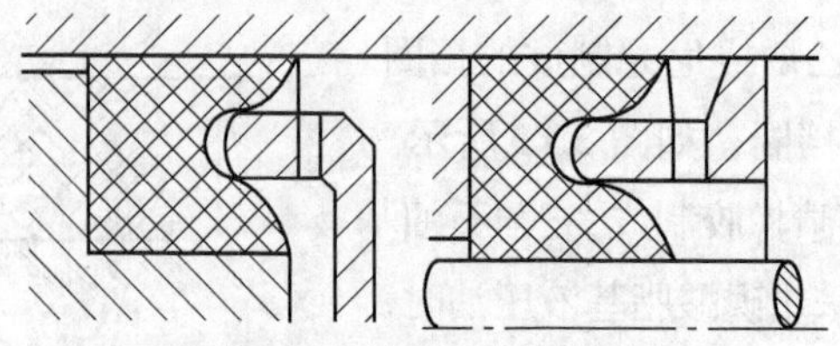

图3.15 Y形密封圈带支承环安装

（3）V 形密封圈。V 形密封圈的截面为 V 形，如图 3.16 所示。V 形密封圈是由压环、V 形圈和支承环 3 部分组合而成。

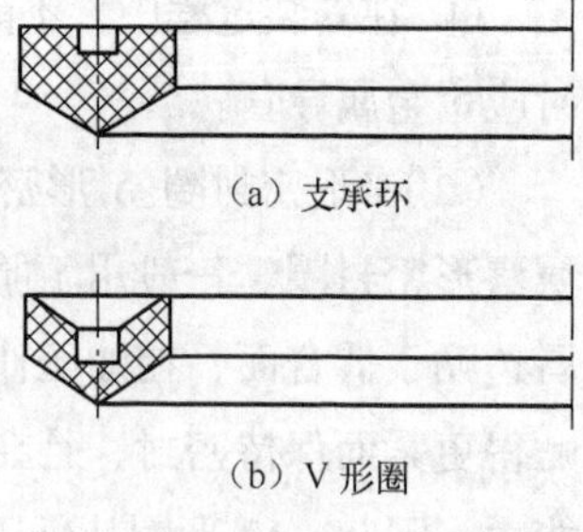

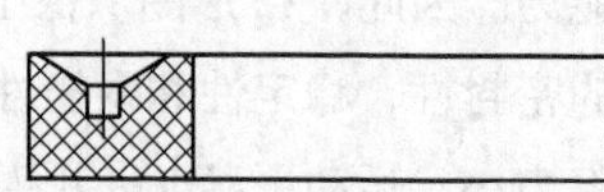

图3.16 V形密封圈

V 形密封圈的主要优点是密封性能良好，耐高压，使用寿命长。可根据不同的工作压力，选用相应数量的 V 形圈重叠使用，并通过调节压紧力，获得最佳的密封效果。当活塞在偏载下运动时仍能获得很好的密封。缺点是摩擦阻力及轴向结构尺寸较大，拆换不方便。它主要用于活塞杆的往复运动密封，适宜在工作压力小于 50 MPa、温度在−40℃～80 ℃条件下工作。

使用时的注意事项：

① V 形密封圈是由支承环、V 形圈和压环 3 个圈叠在一起使用的（见图 3.17）。压环与滑动面之间的间隙应尽可能小，支承环与孔和轴的间隙一般为 0.25～0.4 mm，安装时支承环应放在承受油液压力的一侧。V 形圈常用纯橡胶和夹织橡胶制成，使用时应交替组装，其数量可根据使用压力选定。

② 由于 V 形圈在使用中，会逐渐变形磨损，必须经常调节其压紧力，如图 3.17 所示，一般采用加调整垫片或用螺母进行调节。

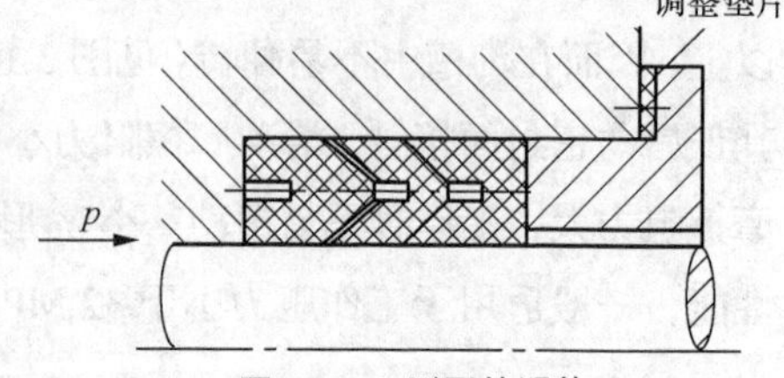

图3.17 V形圈的调整

③ 密封圈安装槽的入口处应加工倒角或圆角，以便安装。

（4）组合式密封圈。组合式密封圈有滑环组合 O 形密封圈、组合 U 形密封圈、复合唇形密封圈和双向组合唇形密封圈等多种形式。图 3.18 所示为滑环组合 O 形密封圈，它由截面为矩形的聚四氟乙烯塑料滑环 2 和 O 形密封圈 1 组合而成。滑环与金属摩擦系数小，因而耐磨；O 形圈弹性好，能从滑环内表面施加一向外的涨力，使滑环产生微小变形而紧贴密封面。故它的使用寿命比单独使用 O 形密封圈提高很多倍，摩擦阻力小且稳定。缺点是抗侧倾能力稍差，安装不够方便。这种组合密封圈可用于要求滑动阻力小、动作循环频率很高的场合，如伺服液压缸等。

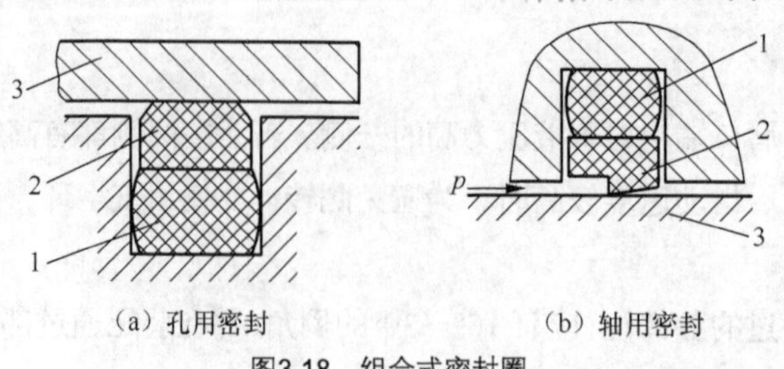

图3.18 组合式密封圈

1—O 形圈；2—滑环；3—被密封零件

（5）防尘圈。防尘圈设置在活塞杆或柱塞密封圈的外部，防止外界灰尘、砂粒等异物进入液压缸内，以避免影响液压系统的工作和液压系统元件的使用寿命。目前常用的防尘圈一般为唇形，按其有无骨架分为骨架式和无骨架式两种。其中以无骨架式防尘圈应用最普遍，其工作状态如图3.19所示。其特点是支承部分的尺寸较大，强度好，没有必要增设骨架，因此结构简单，装卸方便，除尘效果好。安装时防尘圈的唇部对活塞杆应有一定的过盈量，以便当活塞杆往复运动时，唇口刃部能将粘附在杆上的灰尘、砂粒等清除掉。

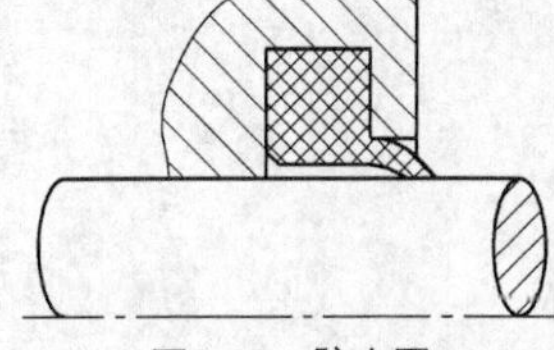

图3.19 防尘圈

思考与练习

3.1 活塞式液压缸有几种形式?有什么特点?它们分别用在什么场合?

3.2 以单杆活塞式液压缸为例，说明液压缸的一般结构形式。

3.3 图3.20为两个结构相同相互串联的液压缸，无杆腔的面积 $A_1=100\times10^{-4}\,m^2$，有杆腔的面积 $A_2=80\times10^{-4}\,m^2$，缸1的输入压力 $p_1=0.9$ MPa，输入流量 $q=12$ L/min，不计摩擦损失表泄漏，求：

（1）两缸承受相同负载（$F_1=F_2$）时，该负载的数值及两缸的运动速度；

（2）缸2的输入压力是缸1的一半（$p_1=2p_2$）时，两缸各能承受多少负载?

（3）缸1不承受负裁（$F_1=0$）时，缸位2能承受多少负载?

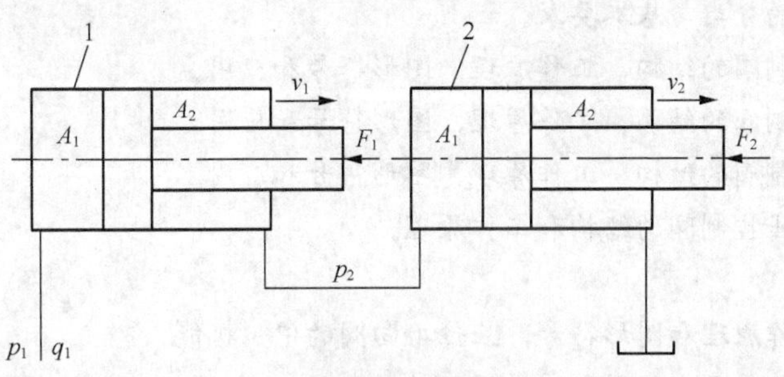

图3.20 题3.3图

3.4 简述差动液压缸的原理。若输入的油压及流量完全相同，差动与非差动对所承受的负载、运动速度有什么不同?

3.5 液压缸为什么要设置排气装置?

3.6 液压缸为什么要设置缓冲装置? 通常采用什么样的缓冲装置?

3.7 设计一单杆活塞式液压缸，已知外载 $F=2\times10^4$ N。活塞和活塞处密封圈摩擦阻力为 $F_f=12\times10^2$ N，液压缸的工作压力为5 MPa，试计算液压缸内径 D。

第4章 | 液压控制元件 |

【内容简介】

本章主要介绍液压控制元件的结构、工作原理、图形符号及应用。

【学习目标】

（1）掌握液压阀的分类与基本要求。

（2）掌握方向控制阀的结构、工作原理、图形符号和应用。

（3）掌握压力控制阀的结构、工作原理、图形符号和应用。

（4）掌握流量控制阀的结构、工作原理、图形符号和应用。

（5）了解其他液压控制阀的结构和工作原理。

【重点】

（1）换向阀的工作原理和图形符号，三位换向阀的中位机能。

（2）溢流阀的工作原理、应用和流量压力特性。

（3）减压阀的工作原理及应用。

（4）流量控制阀节流口的特性和形式。

（5）调速阀的工作原理。

液压控制元件（简称液压阀）是控制液流方向、压力和流量的元件。其性能好坏直接影响液压系统的工作过程和工作特性，它是液压系统中的重要元件。

4.1 概述

尽管各类液压阀的形式不同，功能各异，但都具有共性。在结构上，所有阀都是由阀体、

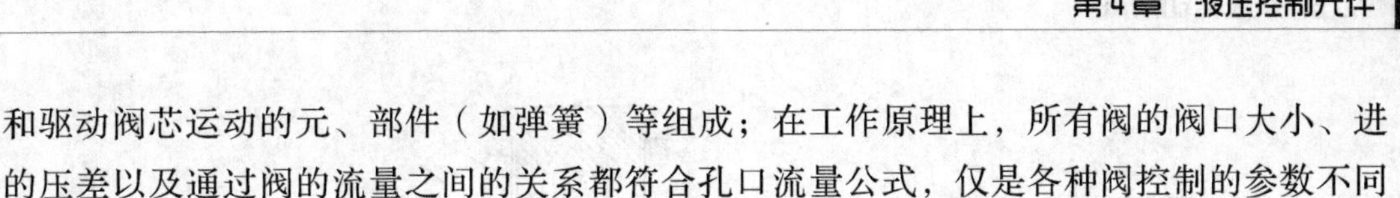

阀芯和驱动阀芯运动的元、部件（如弹簧）等组成；在工作原理上，所有阀的阀口大小、进出口的压差以及通过阀的流量之间的关系都符合孔口流量公式，仅是各种阀控制的参数不同而已。

4.1.1 液压阀的分类

液压阀按用途可分为方向控制阀、压力控制阀和流量控制阀；按控制原理又可分为定值或开关控制阀、电液比例阀、伺服控制阀和数字控制阀；按安装连接方式也可分为管式阀、板式阀、叠加阀和插装阀；按结构还可分为滑阀、转阀、座阀和射流管阀等。

4.1.2 液压阀的基本要求

（1）动作灵敏、使用可靠，工作时冲击和震动要小。

（2）油液通过时，压力损失要小。

（3）密封性能好。

（4）结构紧凑，安装、调节、使用及维护方便，且通用性和互换性要好，使用寿命长。

4.2 方向控制阀

方向控制阀通过控制液压系统中液流的通断或流动方向，从而控制执行元件的启动、停止及运动方向。它可分为单向阀和换向阀两种。

4.2.1 单向阀

单向阀是控制油液单方向流动的方向控制阀。常用的单向阀有普通单向阀和液控单向阀两种。

1. 普通单向阀

普通单向阀只允许液流沿着一个方向流动，反向被截止，故又称为止回阀。按流道不同，普通单向阀有直通式和直角式两种，如图 4.1（a）、（b）所示。当液流从进油口 P_1 流入时，克服作用在阀芯 2 上的弹簧 3 的作用力以及阀芯 2 与阀体 1 之间的摩擦力而顶开阀芯，并通过阀芯上的径向孔 a、轴向孔 b 从出油口 P_2 流出；当液流反向从 P_2 口流入时，在液压力和弹簧力共同作用下，使阀芯压紧在阀座上，使阀口关闭，实现反向截止。图形符号如图 4.1（c）所示。

单向阀中的弹簧仅用于克服阀芯的摩擦阻力和惯性力，所以其刚度较小，开启压力很小，一般为 0.035～0.05 MPa。若将单向阀中的弹簧换成刚度较大的弹簧时，可用作背压阀，开启压力为 0.2～0.6 MPa。

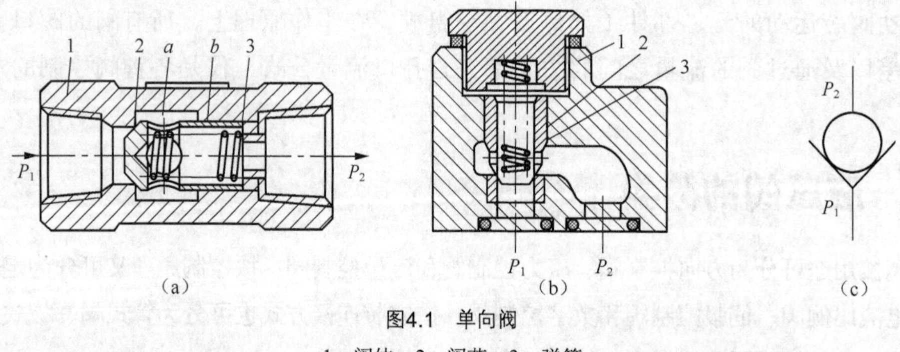

图4.1 单向阀

1—阀体；2—阀芯；3—弹簧

2. 液控单向阀

液控单向阀与普通单向阀相比，在结构上增加了一个控制活塞 1 和控制油口 K，如图 4.2（a）所示。除了可以实现普通单向阀的功能外，还可以根据需要由外部油压来控制，以实现逆向流动。当控制油口 K 没有通入压力油时，它的工作原理与普通单向阀完全相同，压力油从 P_1 流向 P_2，反向被截止；当控制油口 K 通入控制压力油 P_K 时，控制活塞 1 向上移动，顶开阀芯 2，使油口 P_1 和 P_2 相通，使油液反向通过。为了减小控制活塞移动时的阻力，设一外泄油口 L，控制压力 P_K 最小应为主油路压力的 30%～50%。

图 4.2（b）所示为带卸荷阀芯的液控单向阀。当控制油口通入压力油 P_K 时，控制活塞先顶起卸荷阀芯 3，使主油路的压力降低，然后控制活塞以较小的力将阀芯 2 顶起，使 P_1 和 P_2 相通。可用于压力较高的场合。其图形符号如图 4.2（c）所示。

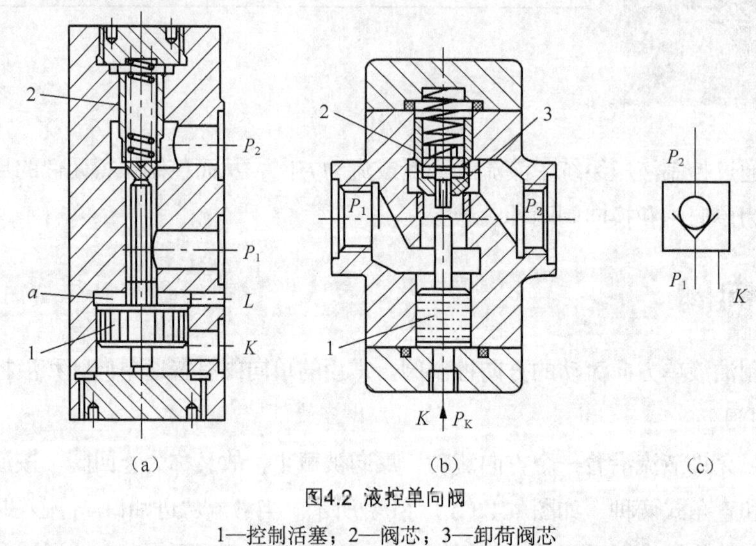

图4.2 液控单向阀

1—控制活塞；2—阀芯；3—卸荷阀芯

液控单向阀在机床液压系统中应用十分普遍，常用于保压、锁紧和平衡回路。

4.2.2 换向阀

换向阀是利用阀芯相对阀体位置的改变，使油路接通、断开或改变液流方向，从而控制执行元件的启动、停止或改变其运动方向的液压阀。

1. 分类

换向阀的种类很多，具体类型见表 4.1。

表 4.1 换向阀的类型

分类方式	类型
按阀芯结构分	滑阀式、转阀式、球阀式
按工作位置数量分	二位、三位、四位
按通路数量分	二通、三通、四通、五通
按操纵方式分	手动、机动、电磁、液动、电液动

2. 换向阀的工作原理、结构和图形符号

图 4.3 所示为滑阀式换向阀的工作原理图。当阀芯向右移动一定距离时，液压泵的压力油从阀的 P 口经 A 口进入液压缸左腔，推动活塞向右移动，液压缸右腔的油液经 B 口流回油箱；反之，活塞向左运动。换向阀的结构原理和图形符号详见表 4.2。

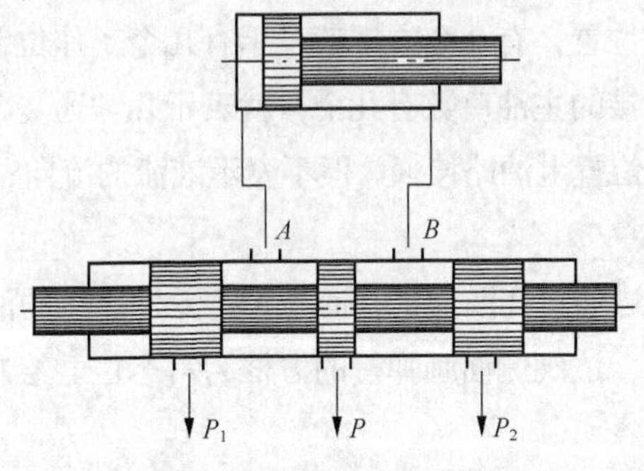

图4.3 换向阀的工作原理图

表 4.2 常用滑阀式换向阀的结构原理图和图形符号

<table>
<tr><th>名称</th><th>结构原理图</th><th>图形符号</th><th colspan="3">备注</th></tr>
<tr><td>二位二通阀</td><td>A P</td><td>A P</td><td colspan="3">控制油路的接通与切断（相当于一个开关）</td></tr>
<tr><td>二位三通阀</td><td>A P B</td><td>A B P</td><td colspan="3">控制液流方向（从一个方向变换成另一个方向）</td></tr>
<tr><td>二位四通阀</td><td>A P B T</td><td>A B P T</td><td>控制执行元件换向</td><td>不能使执行元件在任一位置处停止运动</td><td>执行元件正反向运动时回油方式相同</td></tr>
</table>

续表

名称	结构原理图	图形符号	备注		
三位四通阀	A P B T	A B P T	控制执行元件换向	能使执行元件在任一位置处停止运动	执行元件正反向运动时回油方式相同
二位五通阀	T_1 A P B T_2	A B T_1 P T_2		不能使执行元件在任一位置处停止运动	执行元件正反向运动时可以得到不同的回油方式
三位五通阀	T_1 A P B T_2	A B T_1 P T_2		能使执行元件在任一位置处停止运动	

表 4.2 中图形符号的含义如下：

（1）用方框表示阀的工作位置，有几个方框就表示有几个工作位置。

（2）一个方框与外部相连接的主油口数有几个，就表示几“通”。

（3）方框内的箭头表示该位置上油路接通，但不表示液流的流向；方框内的符号“⊥”或“⊤”表示此通路被阀芯封闭。

（4）*P* 和 *T* 分别表示阀的进油口和回油口，而与执行元件连接的油口用字母 *A*、*B* 表示。

（5）三位阀的中间方框和二位阀侧面画弹簧的方框为常态位。绘制液压系统图时，油路应连接在换向阀的常态位上。

（6）控制方式和复位弹簧应画在方框的两端。

3. 换向阀的中位机能

换向阀各阀口的连通方式称为阀的机能，不同的机能可满足系统的不同要求，对于三位阀，阀芯处于中间位置时（即常态位）各油口的连通形式称为中位机能。表 4-3 所示为常见的三位四通、三位五通换向阀中位机能的形式、结构简图和中位符号。由表 4.3 可以看出，不同的中位机能是通过改变阀芯的形状和尺寸得到的。

表 4.3　　　　三位换向阀都中位机能

类型	结构简图	中间位置符号		作用、特点
		三位四通	三位五通	
O 形	A B T P	A B P T	A B T_1 P T_2	换向精度高，但有冲击，缸被锁紧，泵不卸荷，并联缸可运动

续表

类型	结构简图	中间位置符号		作用、特点
		三位四通	三位五通	
H形				换向平稳，但冲击量大，缸浮动。泵卸荷，其他缸不能并联使用
Y形				换向较平稳，冲击量较大，缸浮动，泵不卸荷，并联缸可运动
P形				换向最平稳，冲击量较小，缸浮动，泵不卸荷，并联缸可运动
M形				换向精度，但有冲击，缸被锁紧，泵卸荷，其他缸不能并联使用

在分析和选择阀的中位机能时，通常考虑以下几点。

（1）系统保压与卸荷。当 P 口被堵塞时，如O形、Y形，系统保压，液压泵能用于多缸液压系统。当 P 口和 T 口相通时，如H形、M形，这时整个系统卸荷。

（2）换向精度和换向平稳性。当工作油口 A 和 B 都堵塞时，如O形、M形，换向精度高，但换向过程中易产生液压冲击，换向平稳性差。当油口 A 和 B 都通 T 口时，如H形、Y形，换向时液压冲击小，平稳性好，但换向精度低。

（3）启动平稳性。阀处于中位时，A 口和 B 口都不通油箱，如O形、P形、M形启动时，油液能起缓冲作用，易于保证启动的平稳性。

（4）液压缸“浮动”和在任意位置处锁住。当 A 口和 B 口接通时，如H形、Y形，卧式液压缸处于“浮动”状态，可以通过其他机构使工作台移动，调整其位置。当 A 口和 B 口都被堵塞时，如O形、M形，则可使液压缸在任意位置处停止并被锁住。

4. 几种常用的换向阀

（1）机动换向阀。机动换向常用于控制机械设备的行程，又称为行程阀。它是利用安装在运动部件上的凸轮或铁块使阀芯移动而实现换向的。机动换向阀通常是二位阀，有二通、三通、四通和五通几种。二位二通阀又分为常开和常闭两种形式。

图 4.4（a）所示为二位二通机动换向阀的结构图。图示位置在弹簧 4 的作用下，阀芯 3 处于左端位置，油口 P 和 A 不连通；当挡铁压住滚轮 2 使阀芯 3 移到右端位置时，油口 P 和 A 接通。图 4.4（b）所示为其图形符号。

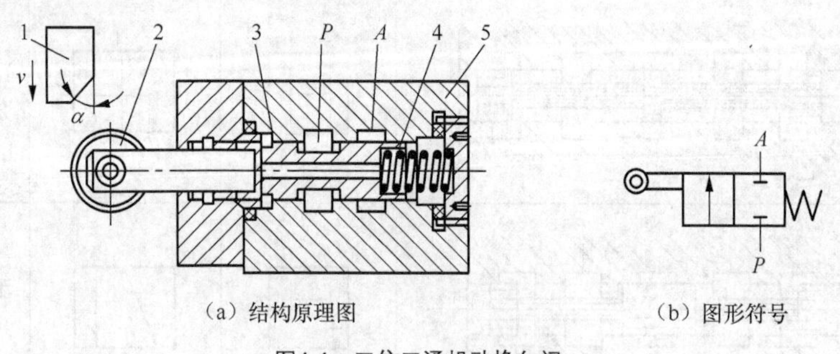

（a）结构原理图　　（b）图形符号

图4.4　二位二通机动换向阀

1—挡铁；2—滚轮；3—阀芯；4—弹簧；5—阀体

机动换向阀具有结构简单、工作可靠、位置精度高等优点。若改变挡铁的斜角 α 就可改变换向时阀芯的移动速度，即可调节换向过程的时间。机动换向阀必须安装在运动部件附近，故连接管路较长。

（2）电磁换向阀。电磁换向阀是利用电磁铁的吸力来推动阀芯移动，从而改变阀芯位置的换向阀。一般有二位和三位，通道数有二通、三通、四通和五通。

电磁换向阀按使用的电源不同，有交流型和直流型两种。交流电磁铁的使用电压多为 220 V，换向时间短（0.01～0.03 s），启动力大，电气控制线路简单。但工作时冲击和噪声大，阀芯吸不到位容易烧毁线圈，所以寿命短，其允许切换频率一般为 10 次/min。直流电磁铁的电压多为 24 V，换向时间长（0.05～0.08 s），启动力小，冲击小，噪声小，对过载或低电压反应不敏感，工作可靠，寿命长，切换频率可达 120 次/min，故需配备专门的直流电源，因此费用较高。

图 4.5（a）所示为二位三通电磁换向阀的结构。图示位置电磁铁不通电，油口 P 和 A 连通，油口 B 断开；当电磁铁通电时，衔铁 1 吸合，推杆 2 将阀芯 3 推向右端，使油口 P 和 A 断开，与 B 接通。图 4.5（b）所示为其图形符号。

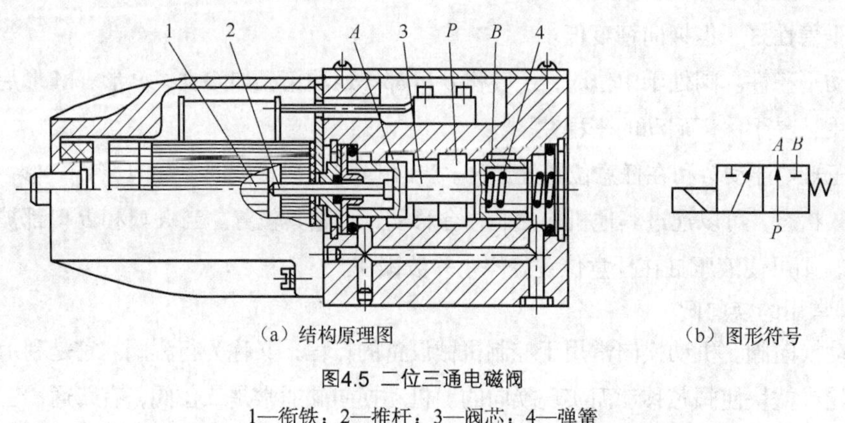

（a）结构原理图　　（b）图形符号

图4.5　二位三通电磁阀

1—衔铁；2—推杆；3—阀芯；4—弹簧

图 4.6（a）所示为三位四通电磁铁换向阀。当两边电磁铁都不通电时，阀芯 3 在两边对中弹簧 4 的作用下处于中位，*P*、*T*、*A*、*B* 油口互不相通；当左边电磁铁通电时，左边衔铁吸合，推杆 2 将阀芯 3 推向左端，油口 *P* 和 *B* 接通，*A* 与 *T* 接通；当右边电磁铁通电时，则油口 *P* 和 *A* 接通，*B* 与 *T* 接通。其图形符号如图 4.6（b）所示。

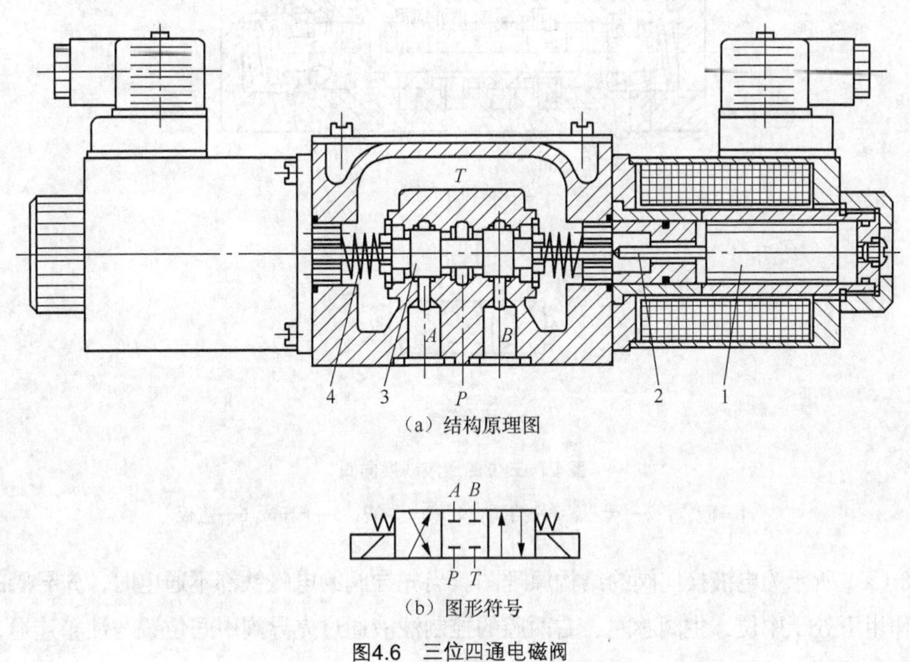

（a）结构原理图

（b）图形符号

图4.6　三位四通电磁阀

1—衔铁；2—推杆；3—阀芯；4—弹簧

电磁换向阀因具有换向灵敏、操作方便、布置灵活、易于实现设备的自动化等特点，因而应用最为广泛。但由于电磁铁吸力有限，因而要求切换的流量不能太大，一般在 63 L/min 以下，且回油口背压不宜过高，否则易烧毁电磁铁线圈。

（3）液动换向阀。液动换向阀是利用控制油路的压力油来推动阀芯移动，从而改变阀芯位置的换向阀。图 4.7（a）所示为三位四通液动换向阀的结构原理图。阀上设有两个控制油口 K_1 和 K_2；当两个控制油口都未通压力油时，阀芯 2 在两端对中弹簧 4、7 的作用下处于中位，油口 *P*、*T*、*A*、*B* 互不相通；当 K_1 接压力油、K_2 接油箱时，阀芯在压力油的作用下右移，油口 *P* 与 *B* 接通，*A* 与 *T* 接通；反之，当 K_2 通压力油、K_1 接油箱时，阀芯左移，油口 *P* 与 *A* 接通，*B* 与 *T* 接通。其图形符号如图 4.7（b）所示。

液动换向阀常用于切换流量大、压力高的场合。液动换向阀常与电磁换向阀组合成电液换向阀，以实现自动换向。

（4）电液换向阀。电液换向阀是由电磁换向阀和液动换向阀组合而成的复合阀。电磁换向阀起先导阀的作用，用来改变液动换向阀的控制油路的方向，从而控制液动换向阀的阀芯位置；液动换向阀为主阀，实现主油路的换向。由于推动主阀芯的液压力可以很大，故主阀芯的尺寸可以做大，允许大流量液流通过。这样就可以实现小规格的电磁铁方便地控制着大流量的液动换向阀。

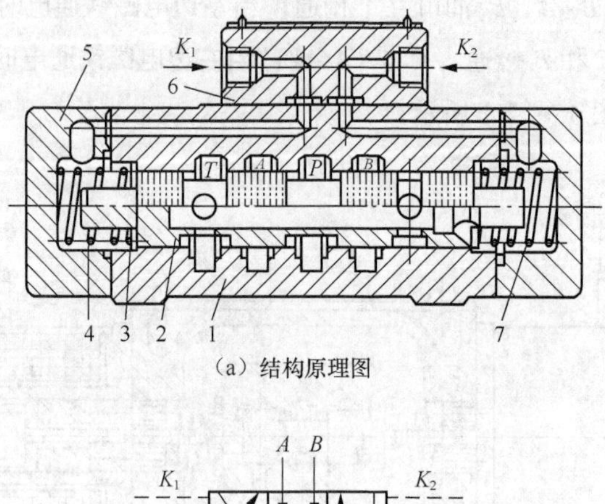

（a）结构原理图

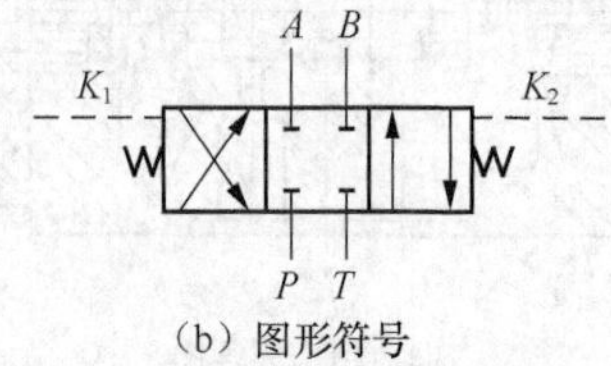

（b）图形符号

图4.7 三位四通液动换向阀

1—阀体；2—阀芯；3—挡圈；4、7—弹簧；5—端盖；6—盖板

图 4.8（a）所示为电液换向阀的结构原理图。当先导阀的电磁铁都不通电时，先导阀的阀芯在对中弹簧作用下处于中位，主阀芯左、右两腔的控制油液通过先导阀中间位置与油箱连通，主阀芯在对中弹簧作用下也处于中位，主阀的 P、A、B、T 油口均不通。当先导阀左边电磁铁通电时，先导阀芯右移，控制油液经先导阀再经左单向阀进入主阀左腔，推动主阀芯向右移动，这时主阀右腔的油液经右边的节流阀及先导阀流回油箱，使主阀 P 与 A 接通，B 与 T 接通；反之，先导阀右边电磁铁通电，可使油口 P 与 B 接通，A 与 T 接通（主阀芯移动速度可由节流阀的开口大小调节）。图 4.8（b）所示为电液换向阀的图形符号和简化符号。

（5）手动换向阀。手动换向阀是利用手动杠杆操纵阀芯运动，以实现换向的换向阀。它有弹簧自动复位和钢球定位两种。图 4.9（a）所示为自动复位式手动换向阀。向右推动手柄 4 时，阀芯 2 向左移动，使油口 P 与 A 接通；B 与 T 接通。若向左推动手柄，阀芯向右运动，则 P 与 B 相通，A 与 T 相通。松开手柄后，阀芯依靠复位弹簧的作用自动弹回到中位，油口 P、T、A、B 互不相通。图 4.9（c）所示为其图形符号。

自动复位式手动换向阀适用于动作频繁、持续工作时间较短的场合，操作比较安全，常用于工程机械的液压系统中。

若将该阀右端弹簧的部位改为图 4.9（b）所示的形式，即可成为在左、中、右 3 个位置定位的手动换向阀。当阀芯向左或向右移动后，就可借助钢球使阀芯保持在左端或右端的工作位置上。图 4.9（d）所示为其图形符号。该阀适用于机床、液压机和船舶等需保持工作状态时间较长的场合。

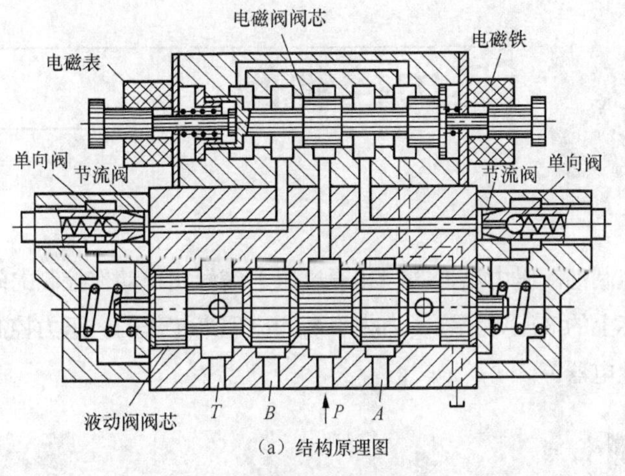

（a）结构原理图

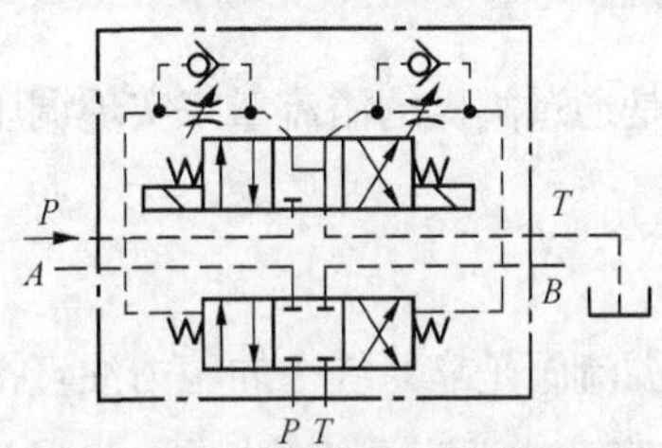

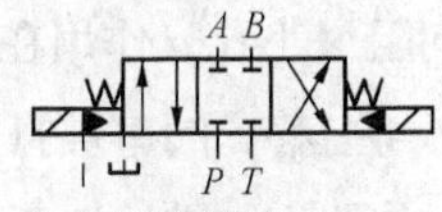

（b）图形符号

图4.8 电液换向阀

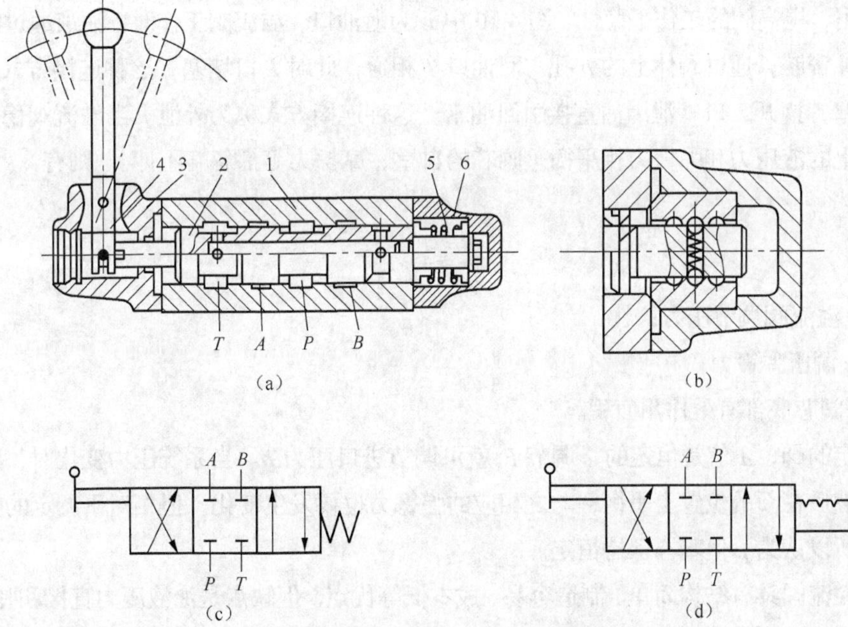

图4.9 三位四通手动换向阀（自动复位式）

1—阀体；2—阀芯；3—前盖；4—手柄；5—弹簧；6—后盖

4.3 压力控制阀

在液压系统中，控制油液压力高低的阀和通过压力信号实现动作控制的阀统称为压力控制阀。它们是利用作用在阀芯上的液压力和弹簧力相平衡的原理来工作的。压力控制阀主要有溢流阀、减压阀、顺序阀和压力继电器等。

4.3.1 溢流阀

溢流阀在液压系统中的作用是通过阀口的溢流量来实现调压、稳压或限压，按其结构不同可分为直动式和先导式两种。

1. 工作原理

（1）直动式溢流阀。直动式溢流阀是靠系统中的压力油直接作用于阀芯上和弹簧力相平衡的原理来工作的。图 4.10（a）所示为直动式溢流阀的结构图。P 是进油口，T 是回油口，压力油从 P 口进入，经阀芯 4 上的径向小孔 c 和轴向阻尼小孔 d 作用在阀芯底部 a 上，当进油压力升高，阀芯所受的液压力 pA 超过弹簧力 F_s 时，阀芯 4 上移，阀口被打开，油口 P 和 T 相通实现溢流。阀口的开度经过一个过渡过程后，便稳定在某一位置上，进油口压力 p 也稳定在某一调定值上。调整螺母 1，可以改变弹簧 2 的预紧力，这样就可调节进油口的压力 p。阀芯上的阻尼小孔 d 的作用是对阀芯的动作产生阻尼，提高阀的工作平稳性。图 4.10 中 L 为泄油口，溢流阀工作时，油液通过间隙泄漏到阀芯上端的弹簧腔，通过阀体上的 b 孔与回油口 T 相通，此时 L 口堵塞，这种连接方式称为内泄；若将 b 孔堵塞，打开 L 口，泄漏油直接引回油箱，这种连接方式称为外泄。当溢流阀稳定工作时，作用在阀芯上的液压力和弹簧力相平衡（阀芯的自重、摩擦力等都忽略不计），则有

$$pA = F_s$$

$$p = \frac{F_s}{A} \tag{4-1}$$

式中，p ——溢流阀调节压力；

F_s——调压弹簧力；

A——阀芯底部有效作用面积。

对于特定的阀，A 值是恒定的，调节 F_s 就可调节进口压力 p。当系统压力变化时，阀芯会做相应的波动，然后在新的位置上平衡；与之相应的弹簧力也要发生变化，但相对于调定的弹簧力来说变化很小，所以认为 p 值基本保持恒定。

直动式溢流阀具有结构简单、制造容易、成本低等优点。但缺点是油液压力直接和弹簧力平衡，所以压力稳定性差。当系统压力较高时，要求弹簧刚度大，使阀的开启性能差，故一般只用于低压小流量场合。图 4.10（b）所示为直动式溢流阀的图形符号。

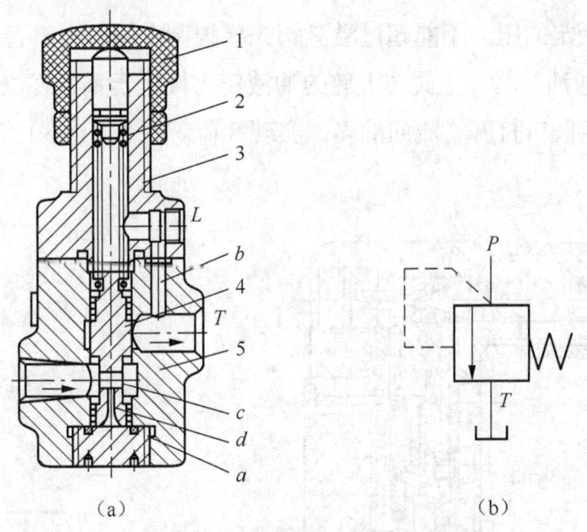

图4.10 滑阀式直动溢流阀

1—调压螺母；2—调压弹簧；3—上盖；4—主阀芯；5—阀体；
a—锥孔；b—内泄孔道；c—径向小孔；d—轴向阻尼小孔

（2）先导式溢流阀。先导式溢流阀由先导阀和主阀两部分组成。它是利用主阀芯上、下两端的压力差所形成的作用力和弹簧力相平衡的原理来进行工作的。其结构如图 4.11（a）所示。P 是进油口，T 是回油口，压力油从 P 口进入，通过阀芯轴向小孔口 a 进入 A 腔，同时经 b 孔进入 B 腔，又经 d 孔作用在先导阀的锥阀芯 8 上。当进油压力 p 较低，不足以克服调压弹簧 6 的弹簧力 F_s 时，锥阀芯 8 关闭，主阀芯 2 上、下两端压力相等，主阀芯 2 在复位弹簧 3 的作用下处于最下端位置，阀口 P 和 T 不通，溢流口关闭。当进油压力升高，作用在锥阀芯上的液压力大于 F_s 时，锥阀芯 8 被打开，压力油便经 c 孔、回油口 T 流回油箱。由于阻尼孔 b 的作用，使主阀芯 2 上端的压力 p_1 小于下端压力 p，当这个压力差超过复位弹簧 3 的作用力 F_s 时，主阀芯上移，进油口 P 和回油口 T 相通，实现溢流。所调节的进口压力 p 也要经过一个过渡过程才能达到平衡状态。当溢流阀稳定工作时，作用在主阀芯上的液压力和弹簧力相平衡（阀芯的自重、摩擦力等忽略不计），则有

$$pA = p_1 A + F_s \tag{4-2}$$

式中，p ——进口压力；

p_1 ——主阀芯上腔压力；

F_s —主阀芯弹簧力；

A ——主阀芯有效作用面积。

由式（4-2）可知，由于 p_1 是由先导阀弹簧凋定，基本为定值；主阀芯上腔的复位弹簧 3 的刚度可以较小，且 F_s 的变化也较小。所以当溢流量发生变化时，溢流阀进口压力 p 的变化较小。因此先导式溢流阀相对直动式溢流阀具有较好的稳压性能。但它的反应不如直动式溢流阀灵敏，一般适用于压力较高的场合。

先导式溢流阀有一个远程控制口 K，如果将此口连接另一个远程调压阀（其结构和先导阀部分相同），调节远程调压阀的弹簧力，即可调节主阀芯上腔的液压力，从而对溢流阀的进口压力实现远

程调压。但远程调压阀调定的压力不能超过溢流阀先导阀调定的压力，否则不起作用。当远程控制口 K 通过二位二通阀接通油箱时，主阀芯上腔的油液压力接近于零，复位弹簧很软，溢流阀进油口处的油液以很低的压力将阀口打开，流回油箱，实现卸荷。图 4.11（b）所示为其图形符号。

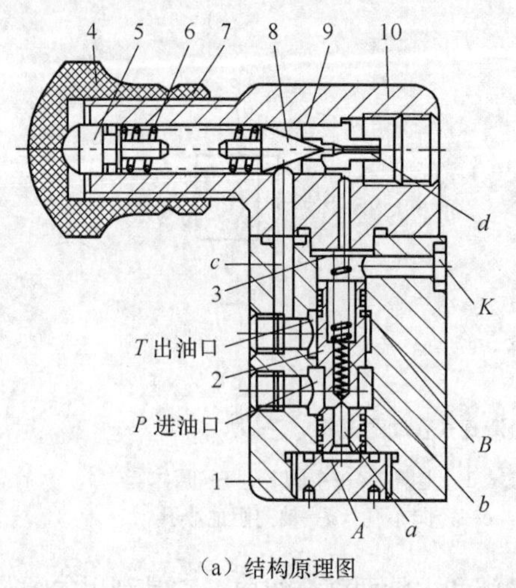

（a）结构原理图

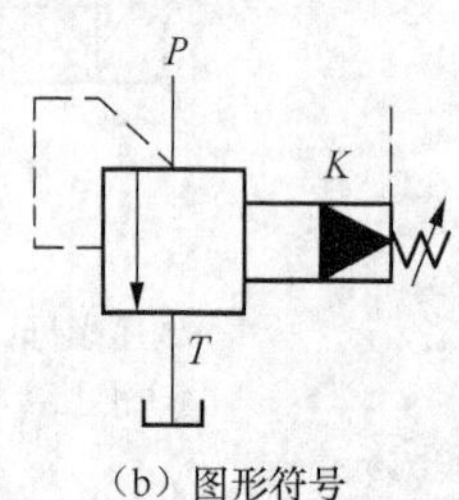

（b）图形符号

图4.11　先导式溢流阀

1—主阀体；2—主阀芯；3—复位弹簧；4—调节螺母；5—调节杆；6—调压弹簧；7—螺母；8—锥阀芯；9—锥阀座；10—阀盖；a、b—轴向小孔；c—流道；d—小孔

2. 溢流阀的性能

溢流阀的性能包括静态性能和动态性能两类，下面只对其静态性能作简单介绍。

（1）调压范围。溢流阀的调压范围是指阀所允许使用的最小和最大压力值。在此范围内所调压力能平稳上升或下降，且压力无突跳和迟滞现象。

（2）流量—压力特性（启闭特性）。启闭特性是溢流阀最重要的静态特性，是评价溢流阀定压精度的重要指标。它是指溢流阀从关闭状态到开启，然后又从全开状态到关闭的过程中，压力与溢流量之间的关系。图 4.12 所示为直动式溢流阀与先导式溢流阀启闭特性曲线图。由于开启和闭合时，阀芯摩擦力方向不同，故阀的开启特性曲线和闭合特性曲线不重合。一般认为通过 1% 额定溢流量时的压力为溢流阀的开启压力和闭合压力。开启压力与额定压力的比值称为开启比，闭合压力与额定压力的比值称为闭合比。比值越大，它的调压偏差 p_S-p_B、p_S-p_K 的值越小，阀的定压精度越高。

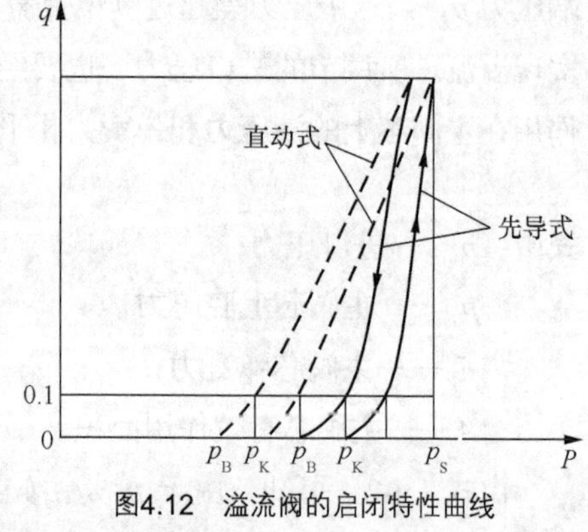

图4.12　溢流阀的启闭特性曲线

（3）卸荷压力。卸荷压力是指溢流阀的远程控制口与油箱接通，系统卸荷，溢流阀的进、出油口的压力差。卸荷压力越小，流经阀时压力损失就越小。

3. 溢流阀的应用场合

（1）定压溢流。在定量泵供油的节流调速系统中，在泵的出口处并联溢流阀，和流量控制阀配

合使用，将液压泵多余的油液溢流回油箱，保证泵的工作压力基本不变。图 4.13（a）所示为溢流阀作定压溢流用。

（2）防止系统过载。在变量泵调速的系统中，系统正常工作时，溢流阀常闭，当系统过载时，阀口打开，使油液排入油箱而起到安全保护作用，如图 4.13（b）所示。

（3）作背压阀用。在液压系统的回油路上串接一个溢流阀，可以形成一定的回油阻力，这种压力称为背压。它可以改善执行元件的运动平稳性，如图 4.13（c）所示。

（4）实现远程调压。将先导式溢流阀的远程控制口与直动式溢流阀连接，可实现远程调压，如图 4.13（d）所示。

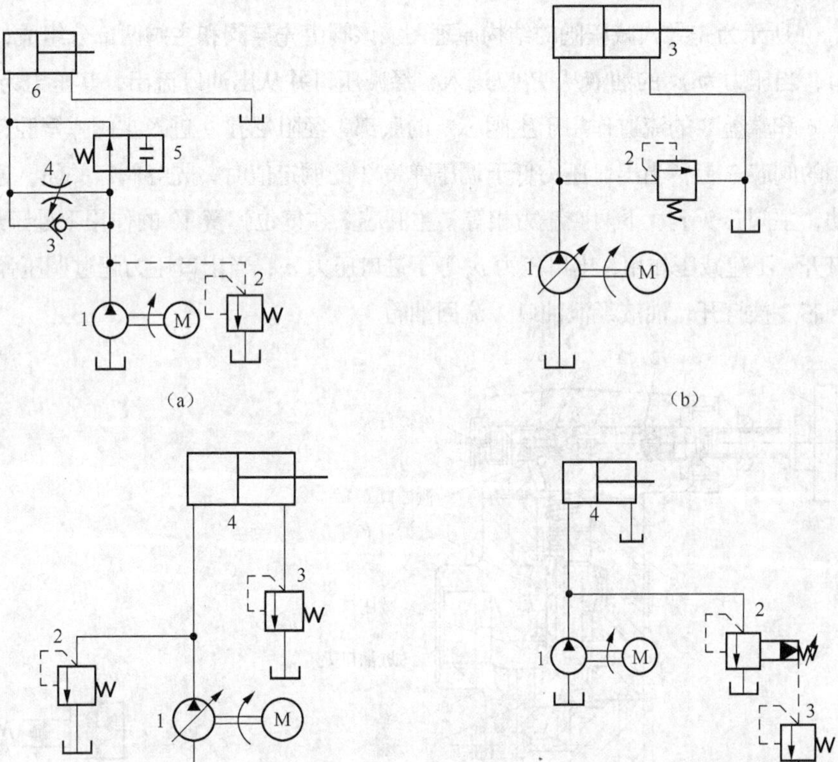

（a）　（b）

（c）　（d）

至系统

（e）

图4.13　溢流阀的应用场合

（5）使泵卸荷。将二位二通电磁阀接先导式溢流阀的远程控制口，可使液压泵卸荷，降低功率消耗，减少系统发热，如图 4.13（e）所示。

4.3.2 减压阀

减压阀是利用压力油流经缝隙时产生的压力损失，使其出口压力低于进口压力，并保持压力恒定的一种压力控制阀（又称为定值减压阀）。它和溢流阀类似，也有直动式和先导式两种，直动式减压阀较少单独使用，而先导式减压阀性能良好，使用广泛。

1. 先导式减压阀的工作原理

图 4.14（a）所示为先导式减压阀的结构原理图。该阀由先导阀和主阀两部分组成，P_1、P_2 分别为进、出油口，当压力为 p_1 的油液从 P_1 口进入，经减压口并从出油口流出，其压力为 p_2，出口的压力油经阀体 6 和端盖 8 的流道作用于主阀芯 7 的底部，经阻尼孔 9 进入主阀弹簧腔，并经流道 a 作用在先导阀的阀芯 3 上，当出口压力低于调压弹簧 2 的调定值时，先导阀口关闭，通过阻尼孔 9 的油液不流动，主阀芯 7 上、下两腔压力相等，主阀芯 7 在复位弹簧 10 的作用下处于最下端位置，减压口全部打开，不起减压作用，出口压力 p_2 等于进口压力 p_1；当出口压力超过调压弹簧 2 的调定值时，先导阀芯 3 被打开，油液经泄油口 L 流回油箱。

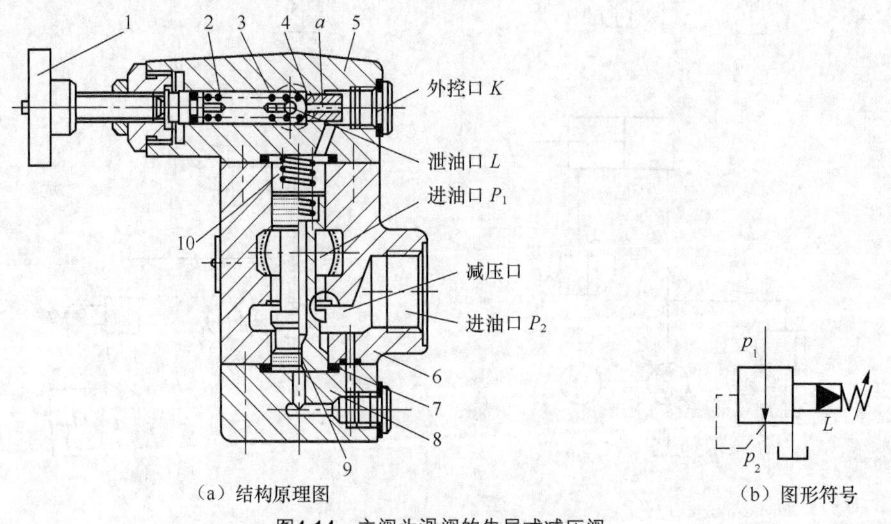

（a）结构原理图　　（b）图形符号

图4.14　主阀为滑阀的先导式减压阀

1—调压手轮；2—调压弹簧；3—先导阀芯；4—先导阀座；5—阀盖；6—阀体；7—主阀芯；8—端盖；9—阻尼孔；10—复位弹簧；a—流道

由于油液流经阻尼孔 9 时，会产生压力降，使主阀芯下腔压力大于上腔压力，当此压力差所产生的作用力大于复位弹簧力时，主阀芯上移，作用力使减压口关小，减压增强，出口压力 p_2 减小。经过一个过渡过程，出口压力 p_2 便稳定在先导阀所调定的压力值上。调节调压手轮 1 即可调节减压阀的出口压力 p_2。

由于外界干扰，如果使进口压力 p_1 升高，出口压力 p_2 也升高，主阀芯受力不平衡，向上移动，阀口减小，压力降增大，出口压力 p_2 降低至调定值，反之亦然。

先导式减压阀有外控口 K，可实现远程调压，原理与溢流阀的远程控制原理相同。图 4.14（b）所示为其图形符号。

2. 减压阀的应用

（1）减压稳压。在液压系统中，当几个执行元件采用一个油泵供油时，而且各执行元件所需的工作压力不尽相同时，可在支路中串接一个减压阀，就可获得较低而稳定的工作压力。图 4.15（a）所示为减压阀用于夹紧油路的工作原理图。

（2）多级减压。利用先导式减压阀的远程控制口 K 外接远程调压阀，可实现二级、三级等减压回路。图 4.15（b）所示为二级减压回路，泵的出口压力由溢流阀调定，远程调压阀 2 通过二位二通换向阀 3 控制，才能获得二级压力，但必须满足阀 2 的调定压力小于先导阀 1 的调定压力的要求，否则不起作用。

除此之外，减压阀还可限制工作部件的作用力引起的压力波动，从而改善系统的控制特性。

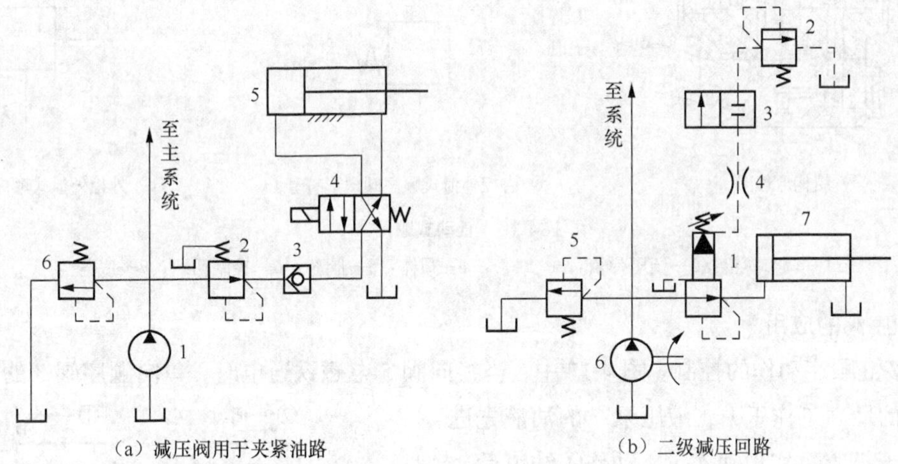

图4.15 减压阀的应用

4.3.3 顺序阀

顺序阀利用系统中油液压力的变化来控制油路的通断，从而控制多个执行元件的顺序动作。按照工作原理和结构的不同，顺序阀可分为直动式和先导式两类；按照控制方式的不同，又可分内控式和外控式两种。

1. 工作原理

图 4.16（a）所示为直动式顺序阀的结构原理图。P_1 为进油口，P_2 为出油口，当压力油由 P_1 流入，经阀体 4、底盖 7 的通道，作用到控制活塞 6 的底部，使阀芯 5 受到一个向上的作用力。当进油压力 P_1 低于调压弹簧 2 的调定压力时，阀芯 5 在弹簧 2 的作用下处于下端位置，进油口 P_1 和出油口 P_2 不通；当进口油压增大到大于弹簧 2 的调定压力时，阀芯 5 上移，进油口 P_1 和出油口 P_2 连通，油液从顺序阀流过。顺序阀的开启压力可由调压弹簧 2 调节。在阀中设置控制活塞，活塞面积小，可减小调压弹簧的刚度。

图 4.16（a）中控制油液直接来自进油口，这种控制方式称为内控式；若将底盖旋转 90°安装，并将外控口 *K* 打开，可得到外控式。外泄油口 *L* 单独接回油箱，这种形式称为外泄；当阀出油口 P_2 接油箱，还可经内部通道接油箱，这种泄油方式称为内泄。图 4.16（b）、（c）所示为其图形符号。

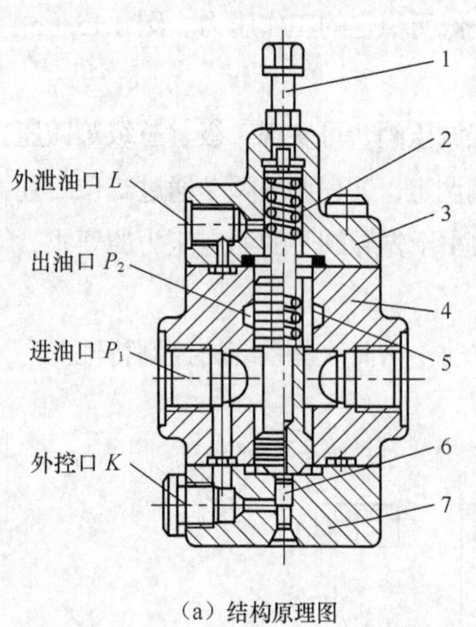

（a）结构原理图

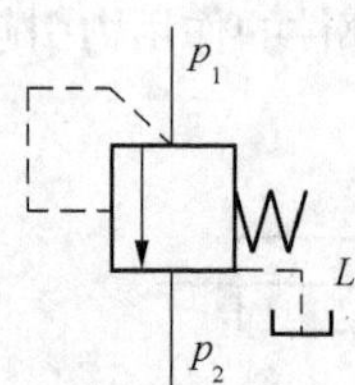

（b）内控外泄式顺序阀图形符号

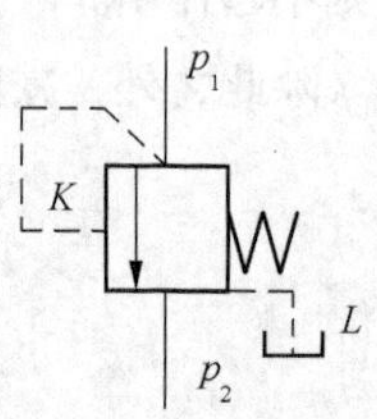

（c）外控外泄式顺序阀图形符号

图4.16 直动式顺序阀

1—调节螺钉；2—调压弹簧；3—端盖；4—阀体；5—阀芯；6—控制活塞；7—底盖

2. 顺序阀的应用

（1）多缸顺序动作的控制。图 4.17 中，当换向阀 5 电磁铁通电时，单向顺序阀 3 的调定压力大于缸 2 的最高工作压力，液压泵 7 的油液先进入缸 2 的无杆腔，实现动作①，动作①结束后，系统压力升高，达到单向顺序阀 3 的调定压力，打开阀 3 进入缸 1 的无杆腔，实现动作②。同理，当阀 5 的电磁铁失电后，且阀 4 的调定压力大于缸 1 返回最大工作压力时，先实现动作③后实现动作④。

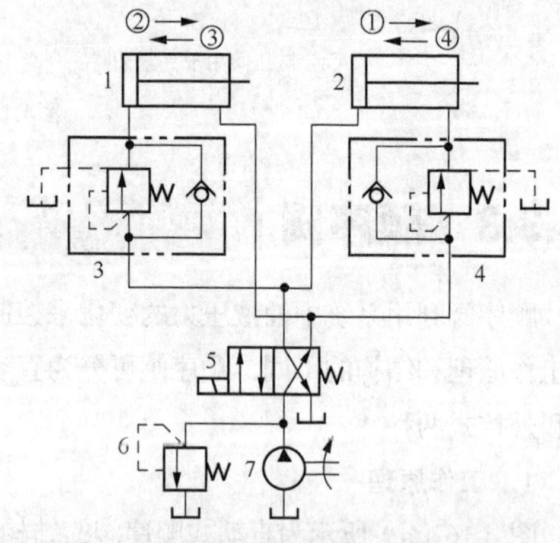

图4.17 用单向顺序阀的双缸顺序动作回路

1、2—液压缸；3、4—单向顺序阀；5—二位四通换向阀；6—溢流阀；7—定量液压泵

（2）立式液压缸的平衡。在图 4.18 中，调节顺序阀 2 的压力，可使液压缸下腔产生背压，平衡活塞及重物的自重，防止重物因自重产生超速下降。

（3）双泵供油的卸荷。图 4.19 所示为双泵供油的液压系统，泵 1 为低压大流量泵，泵 2 为高压小流量泵，当执行元件快速运动时，两泵同时供油。当执行元件慢速运动时，油路压力升高，外控顺序阀 3 被打开，泵 1 卸荷，泵 2 供油，满足系统需求。

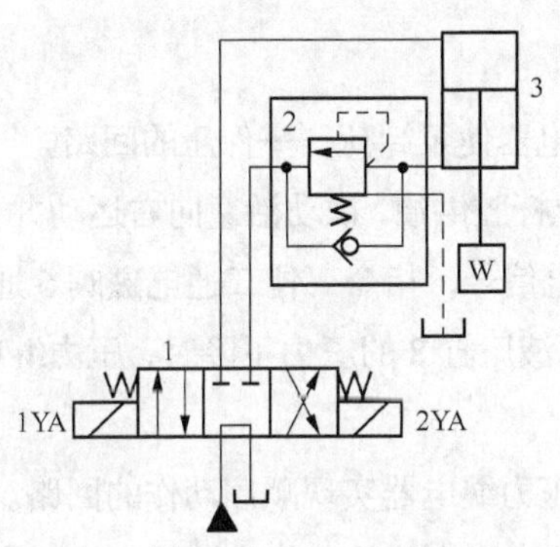

图4.18 用内控式单向顺序阀的平衡回路

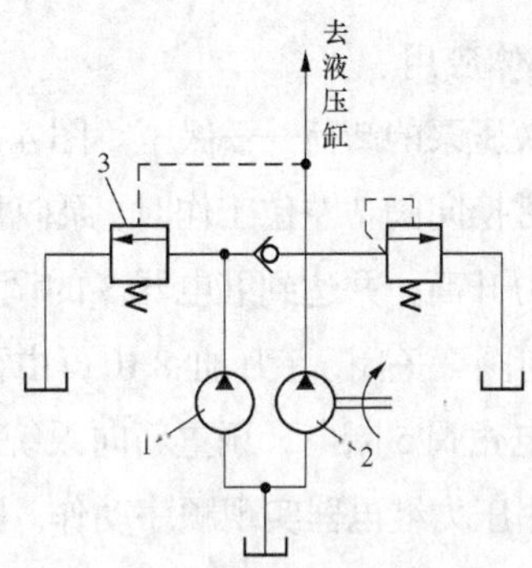

图4.19 双泵供油液压系统的卸荷

4.3.4 压力继电器

压力继电器是利用油液的压力来启闭电气微动开关触点的液—电转换元件。当油液的压力达到压力继电器的调定压力时，发出电信号，控制电气元件（如电动机、电磁铁等）动作，实现泵的加载或卸荷、执行元件的顺序动作或系统的安全保护和互锁等。

1. 工作原理

压力继电器有柱塞式、薄膜式、弹簧管式和波纹管式 4 种结构。图 4.20（a）所示为柱塞式压力继电器的结构。当从压力继电器下端进油口 P 进入的油液压力达到弹簧的调定值时，作用在柱塞 1 上的液压力推动柱塞上移，使微动开关 4 切换，发出电信号。图 4.20（a）中 L 为泄油口，调节螺钉 3 即可调节弹簧的大小。图 4.20（b）所示为其图形符号。

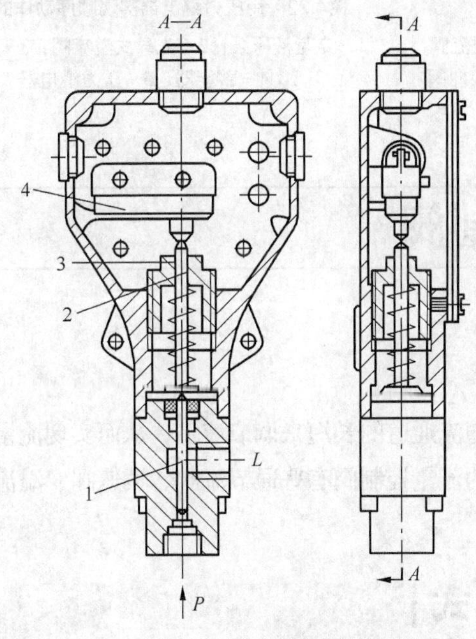

（a）柱塞式压力继电器结构原理图

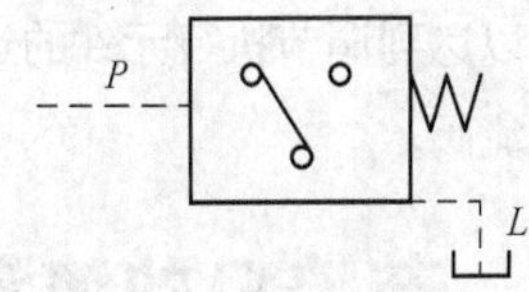

（b）图形符号

图4.20 压力继电器

1—柱塞；2—顶杆；3—螺钉；4—微动开关

2. 具体应用

（1）液压泵的卸荷——保压。图 4.21 所示为压力继电器使泵卸荷——保压的回路。

当电磁换向阀 7 左位工作时，泵向蓄能器 6 和缸 8 无杆腔供油，推动活塞向右运动并夹紧工件；当供油压力升高，并达到继电器 3 的调整压力时，发出电信号，指令二位二通电磁阀 5 通电，使泵卸荷，单向阀 2 关闭，液压缸 8 由可由蓄能器 6 保压。当液压缸 8 的压力下降时，压力继电器复位，二位二通电磁阀 5 断电，泵重新向系统供油。

（2）用压力继电器实现顺序动作。图 4.22 所示为用压力继电器实现顺序动作的回路。当支路工作中，油液压力达到压力继电器的调定值时，压力继电器发出电信号，使主油路主作；当主油路压力低于支路压力时，单向阀 3 关闭，支路由蓄能器保压并补偿泄漏。

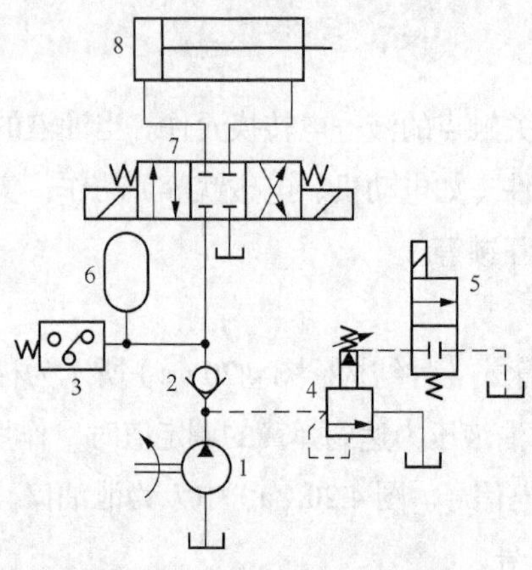

图4.21 液压泵的卸荷——保压回路

1—定量液压泵；2—单向阀；3—压力继电器；4—先导式溢流阀
5—二位二通电磁换向阀；6 一蓄能器；7—三位四通电磁换向阀
8—液压缸

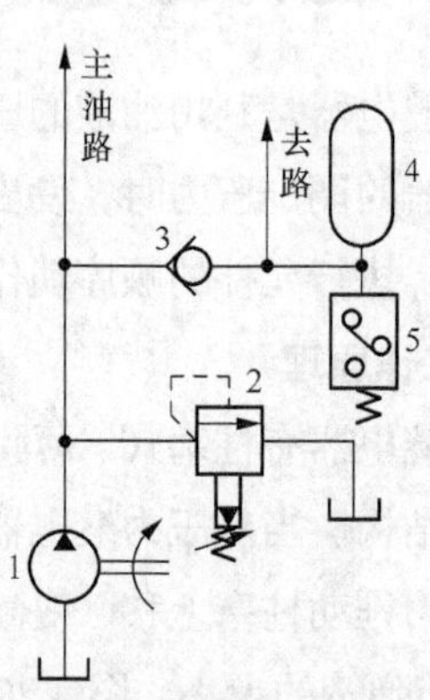

图4.22 用压力继电器实现顺序动作的回路

1—定量液压泵；2—先导式溢流阀；3—单向阀
4—蓄能器；5—压力继电器

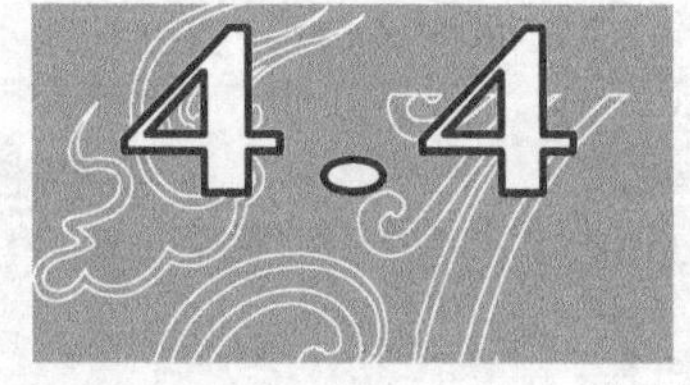

4.4 流量控制阀

流量控制阀通过改变阀口通流面积的大小或通流通道的长短来调节液阻，从而实现流量的控制和调节，以达到调节执行元件的运动速度。常用的流量控制阀有普通节流阀、调速阀、溢流节流阀和分流集流阀。

4.4.1 节流口的流量特性和形式

1. 流量特性

由流体力学可知，液体流经孔口的流量可用特性公式表示如下。

$$q = KA\Delta p^{m} \tag{4-3}$$

式中，K——由节流口形状、流动状态、油液性质等因素决定的系数；

A——节流口的通流面积；

Δp——节流口的前后压力差；

m——压差指数，$0.5 \leqslant m \leqslant 1$。对于薄壁小孔：$m=0.5$；对于细长小孔：$m=1$。

由式（4-3）可知：在压差Δp一定时，改变节流口面积A，可改变通过节流口的流量。而节流口的流量稳定性则与节流口前后压差、油温和节流口形状等因素有关。

（1）压差Δp变化、流量不稳定，且m越大，Δp的变化对流量的影响越大，故节流口宜制成薄壁小孔。

（2）油温会引起黏度的变化，从而对流量产生影响。对于薄壁小孔，油温的变化对流量的影响不明显，故节流口应采用薄壁孔口。

（3）在压差Δp一定时，通流面积很小时，节流阀会出现阻塞现象。为减小阻塞现象，可采用水力直径大的节流口。另外应选择化学稳定性和抗氧化性好的油液，以及保持油液的清洁度，这样能提高流量稳定性。

2．节流口的形式

节流阀的结构主要取决于节流口的形式，图4.23所示为几种常用的节流口形式。

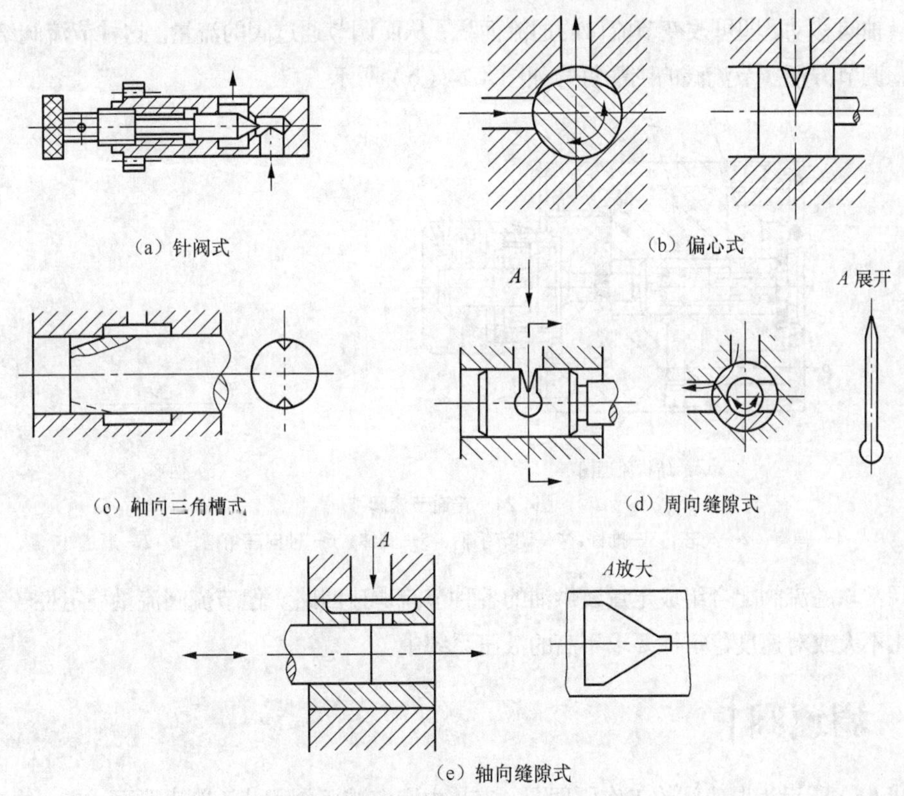

图4.23　典型节流口的形式

图 4.23（a）所示为针阀式节流口。当阀芯轴向移动时，就可调节环形通道的大小，即可改变流量。这种结构加工简单，但通道长，易堵塞，流量受油温影响较大。一般用于对性能要求不高的场合。

图 4.23（b）所示为偏心式节流口。阀芯上开有一个偏心槽，当转动阀芯时，就可改变通道的大小，即可调节流量。这种节流口容易制造，但阀芯上的径向力不平衡，旋转费力，一般用于压力较低、流量较大及流量稳定性要求不高的场合。

图 4.23（c）所示为轴向三角槽式节流口。阀芯的端部开有一个或两个斜的三角槽，轴向移动阀芯就可改变通流面积，即可调节流量。这种节流口可以得到较小的稳定流量，目前被广泛使用。

图 4.23（d）所示为周向缝隙式节流口。阀芯上开有狭缝，转动阀芯就可改变通流面积大小，从而调节流量。这种节流口可以做成薄刃结构，适用于低压小流量场合。

图 4.23（e）所示为轴向缝隙式节流口。在套筒上开有轴向缝隙，阀芯轴向移动即可改变通流面积的大小，从而调节流量。这种节流口小流量时稳定性好，可用于性能要求较高的场合。但在高压下易变形，使用时应改善结构刚度。

4.4.2 节流阀

图 4.24（a）所示为节流阀的结构图。压力油从进油口 P_1 流入，经阀芯 2 左端的轴向三角槽 6，由出油口 P_2 流出。阀芯 2 在弹簧 1 的作用下始终紧贴在推杆 3 上，旋转调节手柄 4，可通过推杆 3 使阀芯 2 沿轴向移动，即可改变节流口的通流面积，从而调节通过阀的流量。这种节流阀结构简单，价格低廉，调节方便。节流阀的图形符号如图 4.24（b）所示。

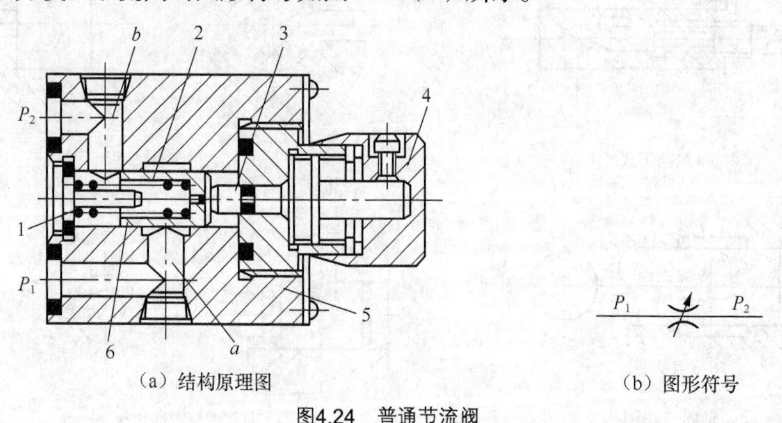

（a）结构原理图　　（b）图形符号

图4.24　普通节流阀

1—弹簧；2—阀芯；3—推杆；4—调节手柄；5—阀体；6—轴向三角槽；*a*、*b*—通道

节流阀常与溢流阀配合组成定量泵供油的各种节流调速回路。但节流阀流量稳定性较差，常用于负载变化不大或对速度稳定性要求不高的液压系统中。

4.4.3 调速阀

图 4.25（a）所示为调速阀的工作原理图。它是由定差减压阀和节流阀串联而成的，由减压阀来进行压力补偿，使节流口前后压差基本保持恒定，从而稳定流量。压力为 p_1 的油液经减压口后，压

力降为p_2，并分成两路。一路经节流口压力降为p_3，其中一部分到执行元件，另一部分经孔道a进入减压阀芯上端b腔；另一路分别经孔道e、f进入减压阀芯下端d腔和c腔。这样节流口前后的压力油分别引到定差减压阀阀芯的上端和下端。定差减压阀阀芯两端的作用面积相等，减压阀的阀芯在弹簧力F_s和油液压力p_2与p_3的共同作用下处于平衡位置时，其阀芯的力平衡方程为（忽略摩擦力等）

$$p_3A+F_s=p_2A_1+p_2A_2$$

式中，A、A_1、A_2——分别为b腔、c腔和d腔的压力油作用于阀芯的有效面积，且$A=A_1+A_2$，所以有

$$p_2-p_3=\frac{F_s}{A} \tag{4-4}$$

式（4-4）说明节流口前后压差始终与减压阀芯的弹簧力相平衡而保持不变，通过节流阀的流量稳定。若负载增加，调速阀出口压力p_3也增加，作用在减压阀芯上端的液压力增大，阀芯失去平衡向下移动，于是减压口h增大，通过减压口的压力损失减小，p_2也增大，其差值p_2-p_3基本保持不变；反之亦然。若p_1增大，减压阀芯来不及运动，p_2在瞬间也增大，阀芯失去平衡向上移动，使减压口h减小，液阻增加，促使p_2又减小，即p_2-p_3仍保持不变。总之，由于定差减压阀的自动调节作用，节流阀前、后压力差总保持不变，从而保证流量稳定。其图形符号如图4.25（b）所示。

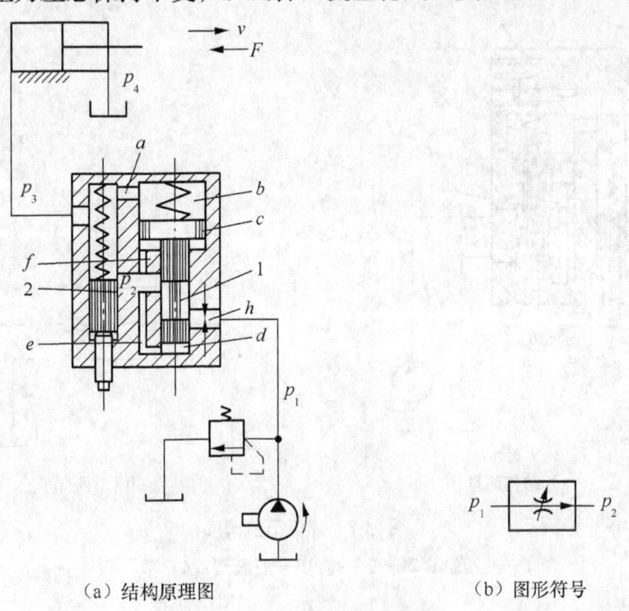

（a）结构原理图　　（b）图形符号

图4.25　调速阀的工作原理

调速阀正常工作时，至少要求有0.4～0.5 MPa以上的工作压差。当压差小时，减压阀阀芯在弹簧力作用下处于最下端位置，阀口全开，不能起到稳定节流阀前、后压差的作用。图4.26所示为调速阀和节流阀流量特性比较。由于调速阀能使流量不受负载变化的影响，所以适用于负载变化较大或对速度稳定性要求较高的场合。

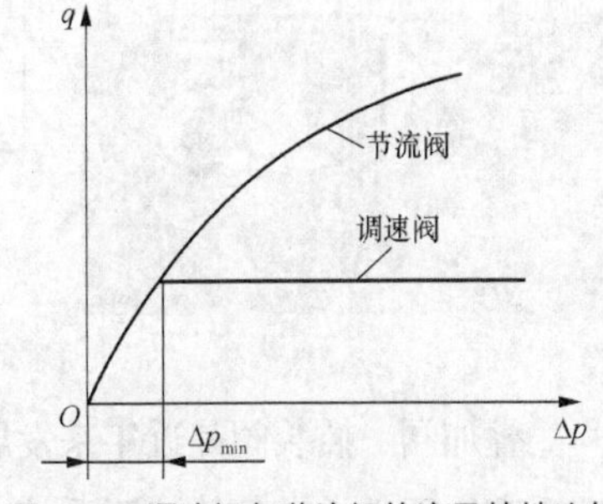

图4.26　调速阀与节流阀的流量特性比较

4.4.4 溢流调速阀

图 4.27（a）所示为溢流节流阀的结构原理图。它是由节流阀和定差溢流阀并联而成的，定差溢流阀可使节流阀两端压力差保持恒定，从而保证通过节流阀的流量恒定。从泵输出的压力为 p_1 的油液，一部分通过节流阀 4 压力降为 p_2，进入液压缸 1 的左腔；另一部分则通过溢流阀 3 的溢流口溢回油箱。溢流阀 3 的阀芯上端 a 腔与节流阀口后的压力油 p_2 相通，而溢流阀芯下端 b 腔和 c 腔则与节流口前的压力油 p_1 相通。这样溢流阀阀芯在弹簧力和油液压力 p_1 和 p_2 的共同作用下处于平衡。当负载发生变化时，p_2 变化，定差溢流阀使供油压力 p_1 也相应变化，保持节流口前后压力差 p_1-p_2 基本不变，使通过节流口的流量恒定。图 4.27 中 2 为安全阀，用以避免系统过载。图 4.27（b）所示为其图形符号。

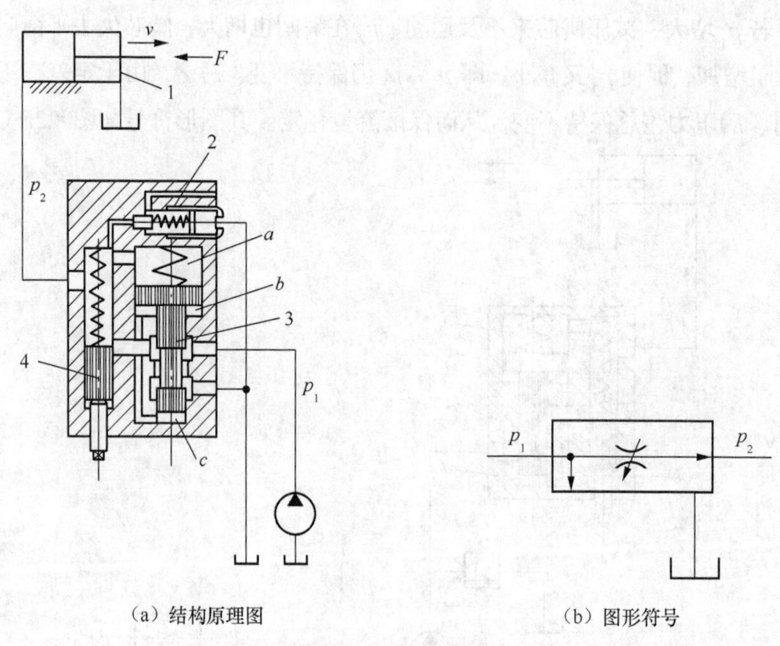

（a）结构原理图　　（b）图形符号

图4.27　溢流节流阀

1—液压缸；2—安全阀；3—溢流阀；4—节流阀

*4.5 插装阀和叠加阀

叠加阀、插装阀是近年来发展起来的新型液压元件。与普通液压阀相比较，它有许多优点，被广泛应用于各类设备的液压系统中。

4.5.1 插装阀

插装阀又称为逻辑阀，它的基本核心元件是插装元件。插装元件是一种将液控型、单控制口装于油路主级中的液阻单元。若将一个或若干个插装元件进行不同组合，并配以相应的先导控制级，就可以组成各种控制阀，插装阀（如方向控制阀、压力控制阀和流量控制阀等）在高压大流量的液压系统中应用很广。

1. **插装阀的工作原理**

图 4.28 所示为插装阀。它由插装元件、先导元件、控制盖板和插装块体 4 部分组成。插装元件 3 插装在插装块体 4 中，通过它的开启、关闭动作和开启量的大小来控制液流的通断或压力的高低、流量的大小，以实现对执行元件的方向、压力和速度的控制。

插装单元的工作状态由各种先导元件控制，先导元件是盖板式二通插装阀的控制级。常用的控制元件有电磁球阀和滑阀式电磁换向阀等。先导元件除了以板式连接或叠加式连接安装在控制盖板以外，还经常以插入式的连接方式安装在控制盖板内部，有时也安装在阀体上。控制盖板不仅起盖住和固牢插装件的作用，还起着连接插装件与先导元件的作用；此外，它还具有各种控制机能，与先导元件一起共同构成插装阀的先导部分。插装阀体上加工有插装单元和控制盖板等的安装连接孔口和各种流道。由于插装阀主要采用集成式连接形式，所以有时也称插装阀体为集成块体。

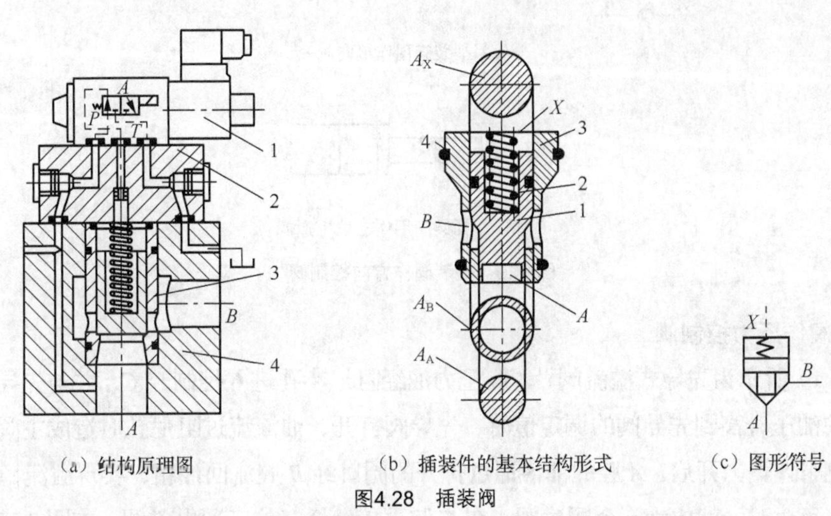

（a）结构原理图　（b）插装件的基本结构形式　（c）图形符号

图4.28 插装阀

1—先导元件；2—控制盖板；3—插装元件；4—插装块体

图 4.28 中 A、B 为主油路接口，X 为控制油腔，三者的油压分别为 p_A、p_B 转和 p_X，各油腔的有效作用面积分别为 A_A、A_B 和 A_X，其中

$$A_X = A_A + A_B$$

面积比为

$$\alpha_{AX} = \frac{A_A}{A_X} \tag{4-5}$$

根据阀的用途不同，有$\alpha_{AX}<1$和$\alpha_{AX}=1$两种情况。

设F_s为弹簧力，F_Y为阀芯所受的稳态液动力，不计阀芯的重量和摩擦阻力。

当$F_S+F_Y+p_XA_X>p_AA_A+p_BA_B$时，插装阀关闭，$A$、$B$油口不通。

当$F_S+F_Y+p_XA_X<p_AA_A+p_BA_B$时，插装阀开启，$A$、$B$油口连通。图4.28（c）所示为其图形符号。

2. 插装阀作方向控制阀

图4.29所示为几个插装阀作方向控制阀的实例。图4.29（a）所示为插装阀用作单向阀。设A、B两腔的压力分别为p_A和p_B。当$p_A>p_B$时，阀口关闭，A和B不通；当$p_A<p_B$时，且p_B达到一定开启压力时，阀口打开，油液从B流向A。

图4.29（b）所示为插装阀用作二位三通阀。图中用一个二位四通阀来转换两个插装阀控制腔中的压力，当电磁阀断电时，A和T接通，A和P断开；当电磁阀通电时，A和P接通，A和T断开。

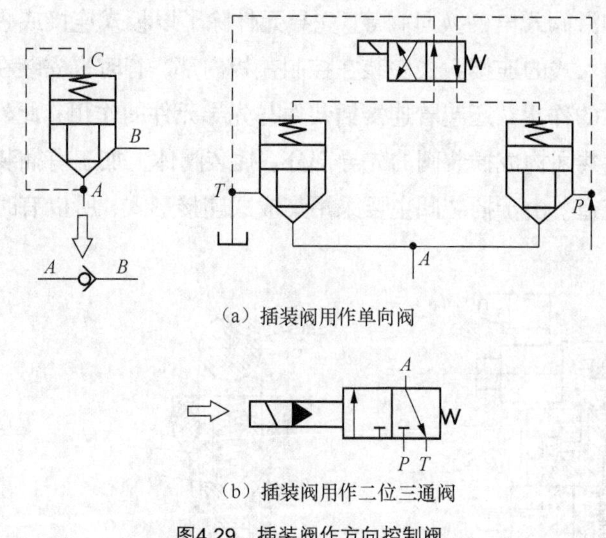

（a）插装阀用作单向阀

（b）插装阀用作二位三通阀

图4.29 插装阀作方向控制阀

3. 插装阀作压力控制阀

图4.30（a）所示为先导式溢流阀，A腔压力油经阻尼小孔进入控制腔C，并与先导阀的进口相通，当A腔的油压升高到先导阀的调定值时，先导阀打开，油液流过阻尼孔时造成主阀芯两端压力差，主阀芯克服弹簧力开启，A腔的油液通过打开的阀口经B腔流回油箱，实现溢流稳压。当B腔不接油箱而接负载时，就成为一个顺序阀。在C腔再接一个二位二通电磁阀，如图4.30（b）所示，成为一个电磁溢流阀，当二位二通阀通电时，可作为卸荷阀使用。

4. 插装阀用作流量控制阀

图4.31（a）所示为插装阀用作流量控制的节流阀。用行程调节器调节阀芯的行程，可以改变阀口通流面积的大小，插装阀可起流量控制阀的作用。如图4.31（b）所示，在节流阀前串接一个减压阀，减压阀阀芯两端分别与节流阀进出油口相通，利用减压阀的压力补偿功能来保证节流阀两端的压差不随负载的变化而变化，这样就成为一个流量控制阀。

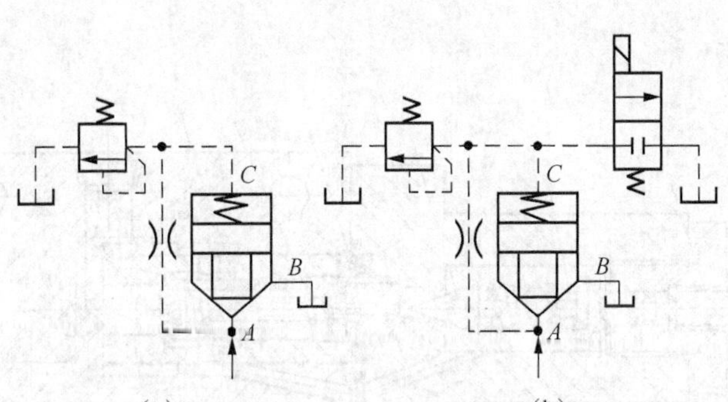

图4.30 插装阀用作压力阀

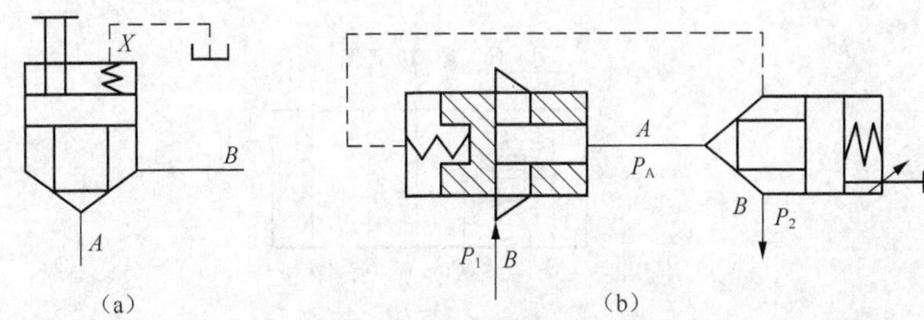

图4.31 插装阀用作流量控制阀

4.5.2 叠加阀

叠加式液压阀简称叠加阀，其阀体既是元件又是具有油路通道的连接体，阀体的上、下面做成连接面。由叠加阀组成的液压系统，阀与阀之间不需要另外的连接体，而是以叠加阀阀体自身作为连接体，直接叠合再用螺栓结合而成。一般来说，同一通径的各种叠加阀的油口和螺钉孔的大小、位置、数量都与相匹配的板式换向阀相同。因此，同一通径的叠加阀只要按一定次序叠加起来，加上电磁控制换向阀，即可组成各种典型液压系统。

叠加阀的分类与一般液压阀相同，可分为压力控制阀、流量控制阀和方向控制阀3类。其中方向控制阀仅有单向阀类，换向阀不属于叠加阀。

1. 叠加式溢流阀

图 4.32（a）所示为叠加式溢流阀，它由主阀和先导阀两部分组成。主阀芯为二级同心式结构，先导阀为锥阀式结构。其工作原理与一般的先导式溢流阀相同。图 4.32 中 P 为进油口，T 为出油口，A、B、T 油口是为了沟通上、下元件相对应的油口而设置的。图 4.32（b）所示为其图形符号。

2. 叠加式调速阀

图 4.33（a）所示为叠加式调速阀。单向阀 1 插装在叠加阀阀体中。叠加阀右端安装了一个板式连接的调速阀。其工作原理与一般单向调速阀工作原理基本相同。图 4.33（b）所示为其图形符号。

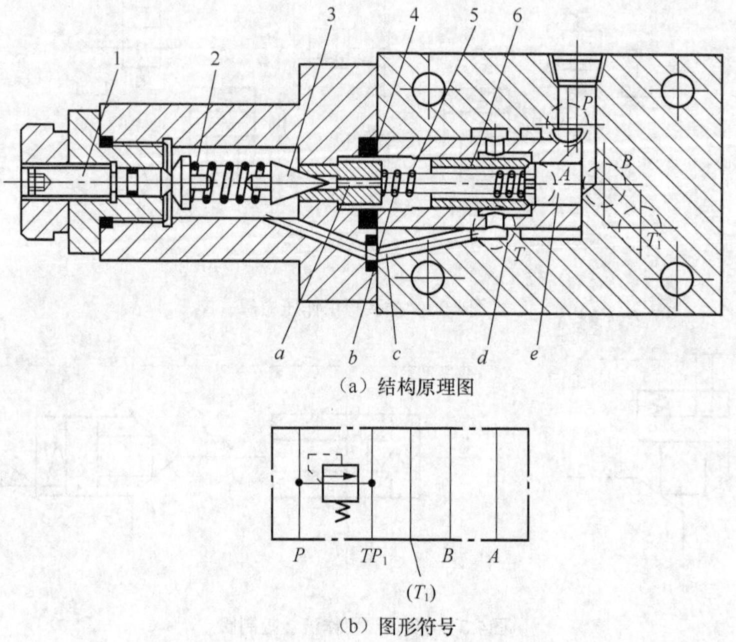

（a）结构原理图

（b）图形符号

图4.32 叠加式溢流阀

1—推杆；2—弹簧；3—锥阀；4—阀座；5—弹簧；6—主阀芯

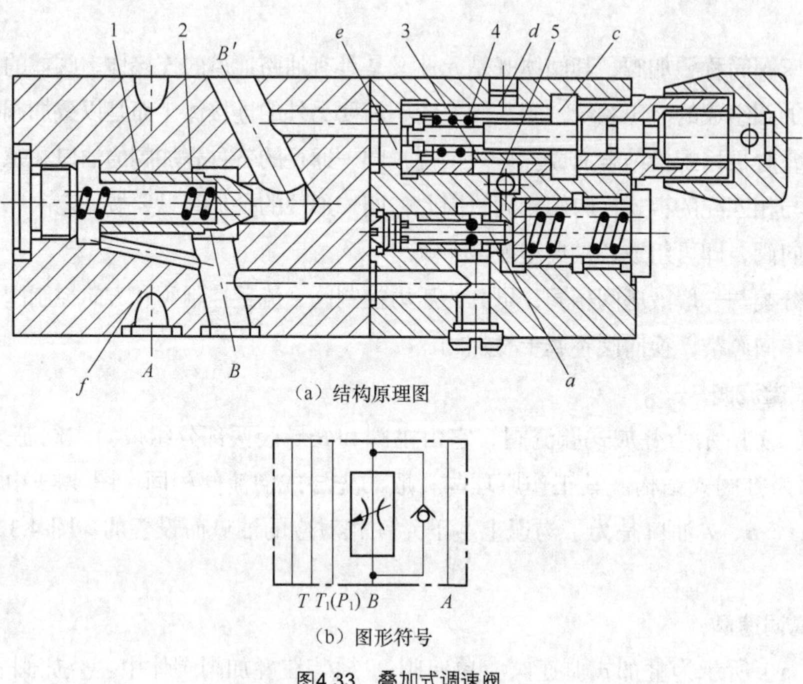

（a）结构原理图

（b）图形符号

图4.33 叠加式调速阀

1—单向阀；2—弹簧；3—节流阀；4—弹簧

*4.6 比例阀

电液比例阀简称比例阀，它是根据输入电气信号的指令，连续成比例地控制系统的压力、流量等参数，使之与输入电气信号成比例地变化。

比例阀多用于开环液压控制系统中，实现对液压参数的遥控，也可以作为信号转换与放大元件，用于闭环控制系统。与普通的液压阀相比，比例阀明显简化液压系统，能实现复杂程序和运动规律的控制，通过电信号实现远距离控制，大大提高液压系统的控制水平。

比例阀由电—机械比例转换装置和液压阀本体两部分组成，分为压力阀、流量阀和方向阀3类。

1. 电液比例压力阀

图4.34（a）所示为直动式电液比例压力阀。当比例电磁铁输入电流时，推杆2通过弹簧3把电磁推力传给锥阀，与作用在锥阀芯上的液压力相平衡，决定了锥芯与阀座之间的开口量。当通过阀口的流量变化时，弹簧变形量的变化很小，可认为被控制油液压力与输入的控制电流近似成正比。这种直动式压力阀可以直接使用，也可作为先导阀组成先导式比例溢流阀和先导式比例减压阀等。图4.34（b）所示为其图形符号。

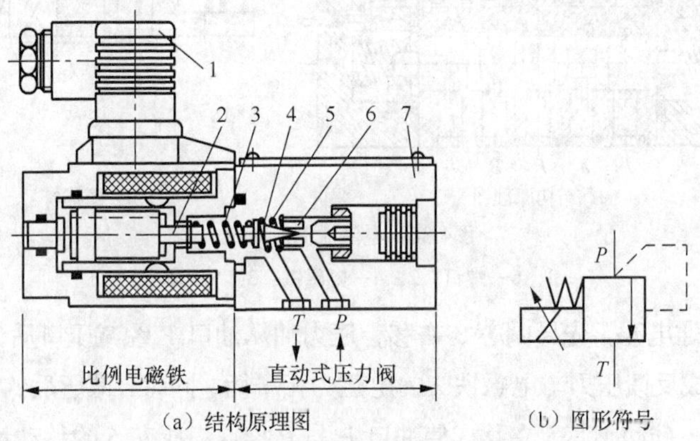

（a）结构原理图　　（b）图形符号

图4.34　不带电反馈的直动式电液比例压力阀

1—插头；2—衔铁推杆；3—传力弹簧；4—锥阀芯；5—防振弹簧；6—阀座；7—方向阀式阀体

2. 电液比例调速阀

图4.35所示为电液比例调速阀。当比例电磁铁1通电后，产生的电磁推力作用在节流阀芯2上，与弹簧力相平衡，一定的控制电流对应一定的节流口开度。只要改变输入电流的大小，就可调节通过调速阀的流量。定差减压阀3用来保持节流口前后压差基本不变。图4.35（b）所示为其图形符号。

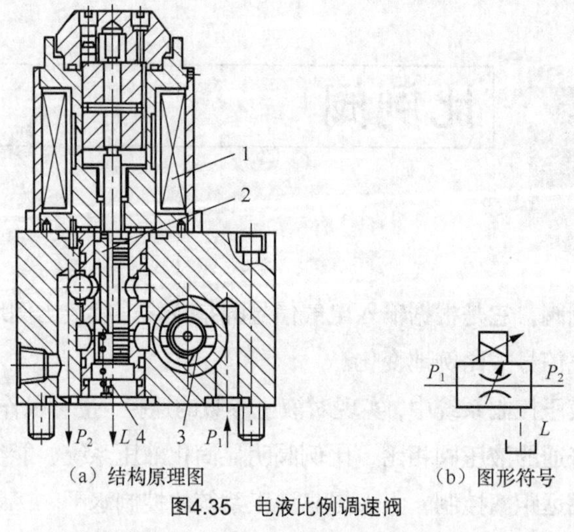

（a）结构原理图　　（b）图形符号

图4.35　电液比例调速阀

1—比例电磁铁；2—节流阀芯；3—定差减压阀；4—弹簧

3. 电液比例换向阀

图 4.36（a）所示为电液比例换向阀。它由比例电磁铁操纵的减压阀和液动换向阀组成。利用先导阀能够与输入电流成比例地改变出口压力，从而控制液动换向阀的正反向开口量的大小，从而控制系统液流的方向和流量。

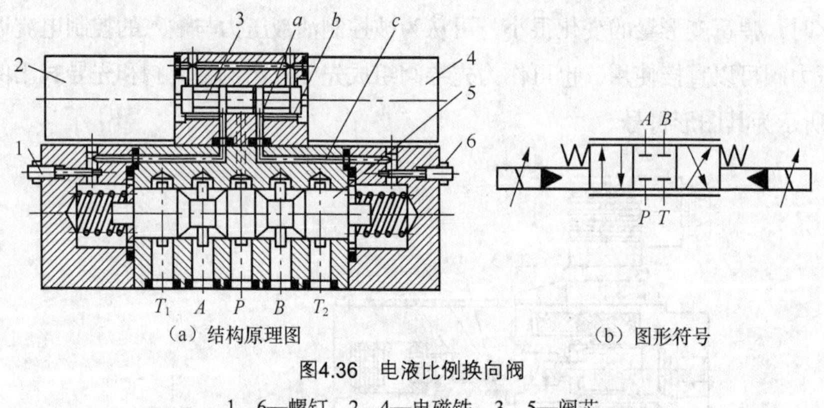

（a）结构原理图　　（b）图形符号

图4.36　电液比例换向阀

1、6—螺钉；2、4—电磁铁；3、5—阀芯

当比例电磁铁 2 通电时，先导阀芯 3 右移，压力油从油口 P 经减压口后，并经孔道 *a*、*b* 反馈至阀芯 3 的右端，形成反馈压力与电磁铁 2 的电磁力相平衡，同时，减压后的油液经孔道 *a*、*c* 进入换向阀阀芯 5 的右端，推动阀芯 5 左移，使油口 *P* 与 *B* 接通。阀芯 5 的移动量与输入电流成正比。若比例电磁铁 4 通电，则可以使油口 *P* 与 *A* 接通。图 4.36（b）所示为其图形符号。先导式比例方向阀主要用于大流量（50L/min 以上）的场合。

思考与练习

4.1　液控单向阀的工作原理是什么？

4.2　三位换向阀有哪些常用的中位机能？并说明中位机能的作用和特点。

4.3 先导式溢流阀和直动式溢流阀相比较有何特点?

4.4 有一个溢流阀和一个减压阀，若两阀的铭牌不清楚时，不能拆开阀，如何判断哪个是溢流阀?哪个是减压阀?

4.5 图 4.37 所示溢流阀 1 的调节压力 p_1=4 MPa，溢流阀 2 的调节压力为 p_2=2 MPa。问：

(1) 当在图 4.37 所示位置时，泵的出口压力为多少?

(2) 当 1YA 通电时，p 等于多少?

(3) 当 1YA 与 2YA 均通电时，p 等于多少?

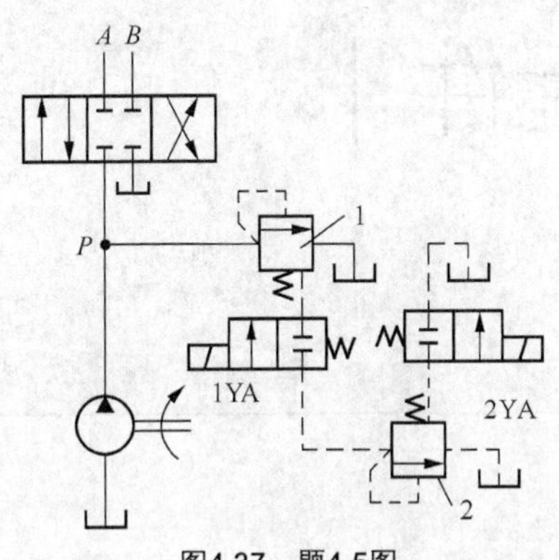

图4.37 题4.5图

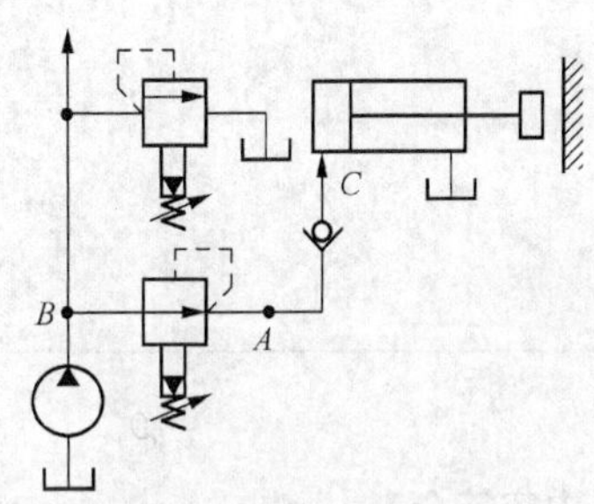

图4.38 题4.6图

4.6 图 4.38 所示回路中，溢流阀的调整压力为 5.0 MPa，减压阀的调整压力为 2.5 MPa，试分析下列各情况，并说明减压阀阀口处于什么状态。

(1) 当泵压力等于溢流阀调定压力时，夹紧缸使工件夹紧后，A、C 点的压力各为多少?

(2) 夹紧缸在夹紧工件前作空载运动时，A、B、C 三点的压力各为多少?

4.7 调速阀与节流阀在结构和性能上有何异同?

第5章 液压辅助元件

【内容简介】

本章主要介绍液压系统的油管、管接头及滤油器、蓄能器的结构及功用。

【学习目标】

（1）了解油管、管接头的分类和特点。

（2）了解滤油器、油箱和蓄能器的结构和功用。

（3）了解流量计、压力表的结构和功用。

【重点】

（1）滤油器的类型和功用。

（2）油箱的类型和功用。

液压辅助装置是液压系统不可缺少的组成部分，在液压系统中起辅助作用，它把组成液压系统的各种液压元件连接起来，并保证液压系统正常工作。它包括蓄能器、过滤器、油箱、油管、管接头、密封件、压力计、压力开关和热交换器等液压辅助元件。

实践证明，辅助元件虽起辅助作用，但由于我们在设计、安装和使用时，对辅助装置的疏忽大意，往往造成液压系统不能正常工作。因此我们应对辅助装置的正确设计、选择和使用应给予足够的重视。

除油箱和蓄能器需根据机械装置和工作条件来进行必要的设计外，常用辅助元件已标准化、系列化，选用时可按系统的最大压力和最大流量注意合理选用。

5.1 油管和管接头

5.1.1 油管

液压系统中使用的油管，有钢管、铜管、尼龙管、塑料管和橡胶软管等多种类型，应根据液压元件的安装位置、使用环境和工作压力等进行选择。钢管能承受高压（25～32 MPa）、价格低廉、耐油、抗腐蚀、刚性好，但装配时不能任意弯曲，因而多用于中、高压系统的压力管道。一般中、高压系统用10号、15号冷拔无缝钢管，低压系统可用焊接钢管。

紫铜管装配时易弯曲成各种形状，但承压能力较低（一船不超过6.5～10 MPa）。铜是贵重材料，抗震能力较差，又易使油液氧化，应尽量少用。紫铜管一般只用在液压装置内部配接不便之处。黄铜管可承受较高的压力（25 MPa），但不如紫钢管那样容易弯曲成形。

尼龙管是一种新型的乳白色半透明管，承压能力因材料而异，自2.5～8 MPa不等。目前大都在低压管道中使用。将尼龙管加热到140℃左右后可随意弯曲和扩口，然后浸入冷水冷却定形，因而它有着广泛的使用前途。

耐油塑料管价格便宜，装配方便，但承压能力差，只适用于工作压力小于0.5 MPa的管道，如回油路、泄油路等处。塑料管长期使用后会变质老化。

橡胶软管用于两个相对运动件之间的连接，分为高压和低压两种。高压橡胶软管由夹有几层钢丝编织的耐油橡胶制成，钢丝层数越多耐压越高。低压橡胶软管由夹有帆布的耐油橡胶或聚氯乙烯制成，多用于低压回油管道。

5.1.2 管接头

液压系统中油液的泄漏多发生在管路的连接处，所以管接头的重要性不容忽视。管接头必须在强度足够的条件下能在震动、压力冲击下保持管路的密封性。在高压处不能向外泄漏，在有负压的吸油管路上不允许空气向内渗入。常用的管接头有以下几种。

1. 焊接式管接头

如图5.1所示，这种管接头多用于钢管连接中。它连接牢固，利用球面进行密封，简单而可靠；缺点是装配时球形头1与油管焊接，因而必须采用厚壁钢管。

2. 卡套式管接头

如图5.2所示，这种管接头亦用在钢管连接中。它利用卡套2卡住油管1进行密封，轴向尺寸要求不严，装拆简便，不必事先焊接或扩口，但对油管的径向尺寸精度要求较高，一般用精度较高的冷拔钢管作油管。

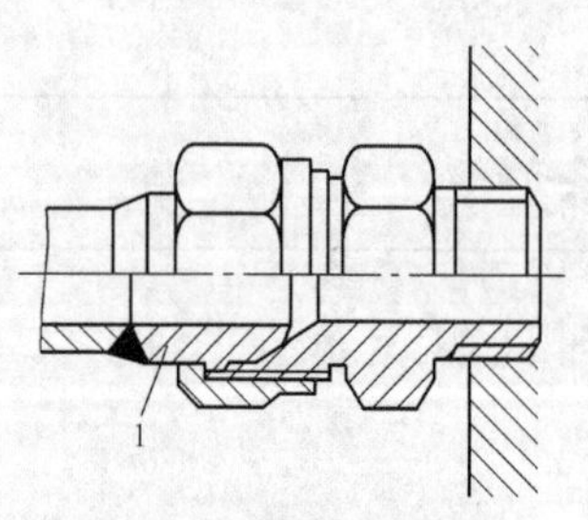

图5.1　焊接式管接头

1—球形头

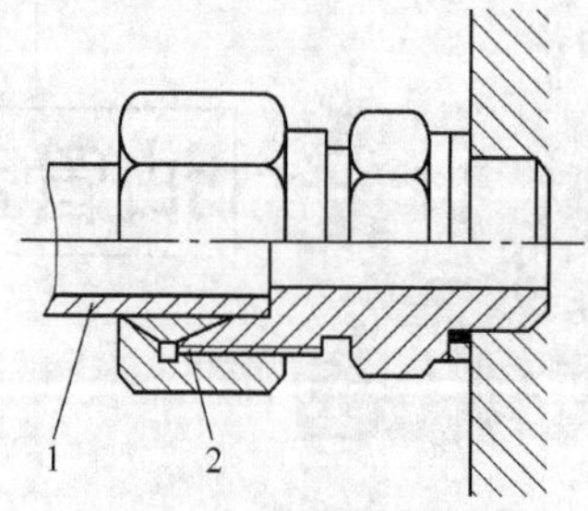

图5.2　卡套式管接头

1—油管；2—卡套

3. 扩口式管接头

如图 5.3 所示，扩口式管接头由接头体 1、管套 2 和接头螺母 3 组成。它只适用于薄壁铜管、工作压力不大于 8 MPa 的场合。拧紧接头螺母，通过管套就使带有扩口的管子压紧密封，适用于低压系统。

4. 胶管接头

胶管接头有可拆式和扣压式两种，各有 A、B、C 三种形式。随管径不同可用于工作压力在 6～40 MPa 的液压系统中，图 5.4 所示为扣压式管接头，这种管接头的连接和密封部分与普通的管接头是相同的，只是要把接管加长，成为芯管 1，并和接头外套 2 一起将软管夹住（需在专用设备上扣压而成），使管接头和胶管连成一体。

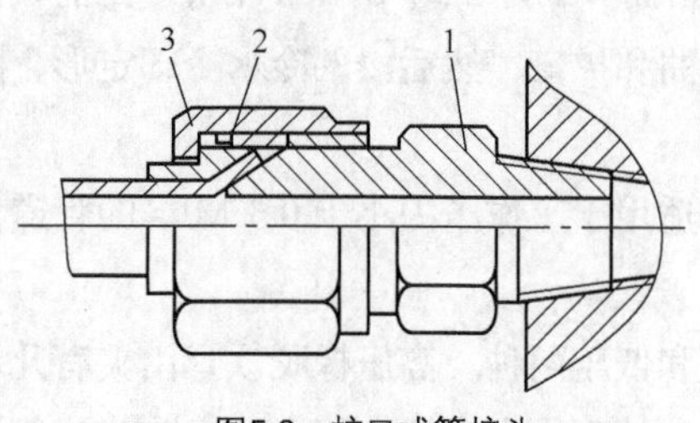

图5.3　扩口式管接头

1—接头体；2—管套；3—接头螺母

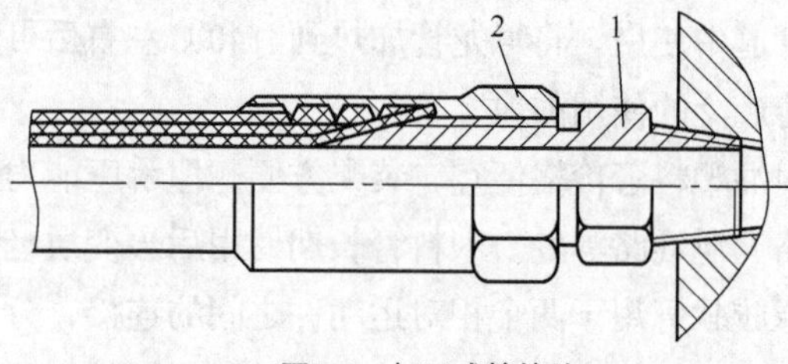

图5.4　扣压式管接头

1—芯管；2—接头外套

5. 快速接头

快速接头全称为快速装拆管接头，无需装拆工具，适用于经常装拆处。图 5.5 所示为油路接通的工作位置，需要断开油路时，可用力把外套 4 向左推，再拉出接头体 5，钢球 3（有 6～12 颗）即从接头体槽中退出，与此同时，单向阀的锥形阀芯 2 和 6 分别在弹簧 1 和 7 的作用下将两个阀口关闭，油路即断开。这种管接头结构复杂，压力损失大。

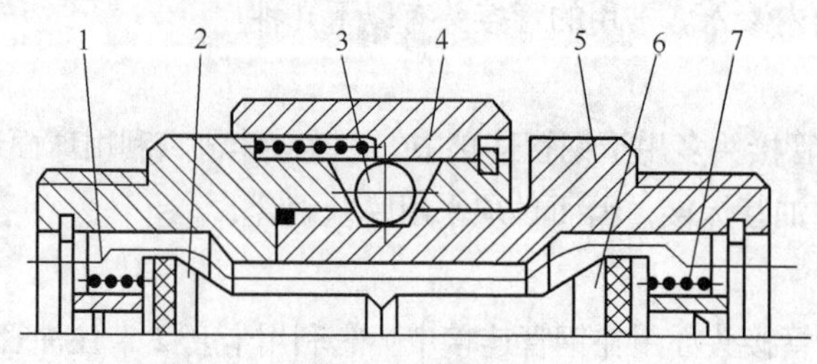

图5.5　快速接头

1、7—弹簧；2、6—锥形阀芯；3—钢球；4—外套；5—接头体

6. 伸缩管接头

如图 5.6 所示，这种接头用于两个元件有相对直线运动要求时管道连接的场合。这种管接头的结构类似一个柱塞缸，在这里，移动管的外径必须精密加工，固定管的管口处则需加粗，并设置导向部分和密封装置。

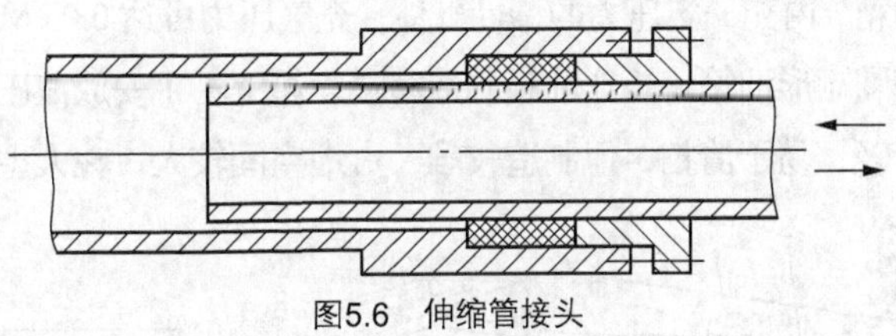

图5.6 伸缩管接头

5.1.3 压力表

系统中各工作点如油泵出口、减压阀后的压力，一般都借助压力表来观察，以调整到要求的工作压力。

图 5.7 所示为压力表，它由测压弹性元件 1、放大机构 2、指示器 3 及基座 4 等组成。当弹性元件弹簧管通入压力油时，弹簧管由于存在内外面积差，受液压力作用后要伸张，通过放大机构中的杠杆、扇形齿轮及小齿轮使指针偏摆，其偏角的大小取决于通入压力油的压力高低。

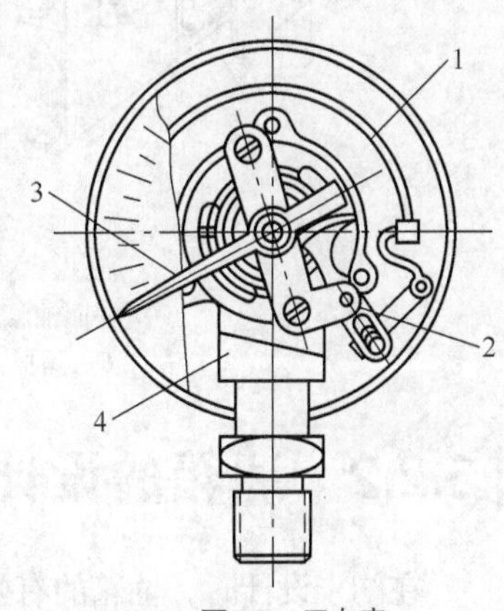

图5.7 压力表

连接压力表的管接头，表径小的（ϕ60mm）为 M10×1，M14×1.5，表径大的（ϕ100mm、ϕ150mm）为 M20×1.5。

压力表的测量上限分为 0.16，0.25，0.4，0.6，1，1.6，2.5，4，6，10，25 MPa 等几种。

5.2 油箱

5.2.1 油箱的功用与分类

1. 主要功用

油箱的基本功能是储存工作介质，散发系统工作中产生的热量，分离油液中混入的空气，沉淀污染物及杂质。油箱中安装有很多辅件，如冷却器、加热器、空气过滤器及液位计等。

2. 分类

按油面是否与大气相通可分为开式油箱与闭式油箱。开式油箱（见图 5.8）广泛用于一般的液压系统，闭式油箱则用于水下和高空无稳定气压的场合，这里仅介绍开式油箱。开式油箱，箱中液面与大气相通，在油箱盖上装有空气过滤器。开式油箱结构简单，安装维护方便，液压系统普遍采用这种形式。闭式油箱一般用于压力油箱，内充一定压力的惰性气体，充气压力可达 0.05 MPa。如果按油箱的形状来分，还可分为矩形油箱和圆罐形油箱。矩形油箱制造容易，箱上易于安放液压器件，所以被广泛采用。圆罐形油箱强度高，质量轻，易于清扫，但制造较难，占地空间较大，在大型冶金设备中经常采用。

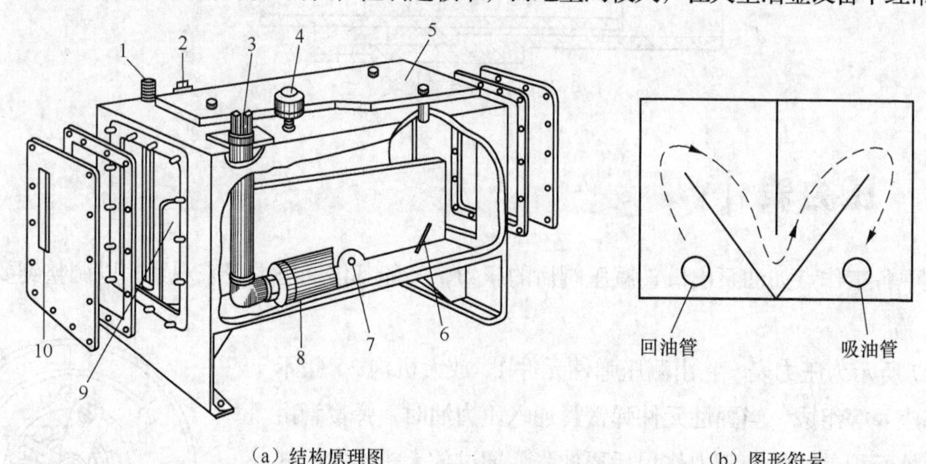

（a）结构原理图　（b）图形符号

图5.8　油箱结构示意图

1—回油管；2—泄油管；3—吸油管；4—空气过滤器；5—安装板；
6—隔板；7—放油口；8—吸油过滤器；9—清洗窗；10—液位计

5.2.2 油箱的设计要点

在初步设计时，油箱的有效容量可按下述经验公式确定。

$$V = mq_p \tag{5-1}$$

式中，V——油箱的有效容量；

q_p——液压泵的流量，L/min；

m——系数，min。低压系统为 2～4 min，中压系统为 5～7 min，中高压或高压系统为 6～12 min。

对功率较大且连续工作的液压系统，必要时还要进行热平衡计算，以最后确定油箱容量。

图 5.9 所示为油箱简图，设计油箱时应考虑如下几点。

（1）油箱必须有足够大的容积。一方面尽可能地满足散热的要求，另一方面在液压系统停止工作时应能容纳系统中的所有工作介质，而工作时又能保持适当的液位。

（2）吸油管及回油管应插入最低液面以下，以防止吸空和回油飞溅产生气泡。管口与箱底、箱壁距离一般不小于管径的 3 倍。吸油管可安装 100 μm 左右的网式或线隙式过滤器，安装位置要便于装卸和清洗过滤器。回油管口要斜切 45° 角并面向箱壁，以防止回油冲击油箱底部的沉积物，同时也有利于散热。

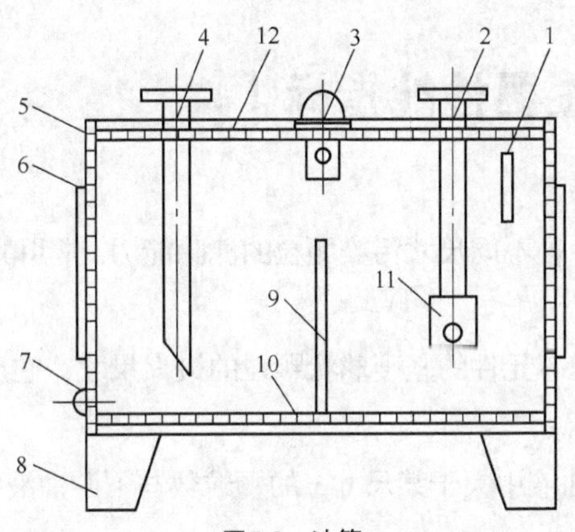

图5.9 油箱

1—液位计；2—吸油管；3—空气过滤器；4—回油管；5—侧板；6—人孔盖；7—放油塞；8—地脚；9—隔板；10—底板；11—吸油过滤器；12—盖板

（3）吸油管和回油管之间的距离要尽可能地远些，它们之间应设置隔板，以加大液流循环的途径，这样能提高散热、分离空气及沉淀杂质的效果。隔板高度为液面高度的 2/3～3/4。

（4）为了保持油液清洁，油箱应有周边密封的盖板，盖板上装有空气过滤器，注油及通气一般都由一个空气过滤器来完成。为便于放油和清理，箱底要有一定的斜度，并在最低处设置放油阀。对于不易开盖的油箱，要设置清洗孔，以便于油箱内部的清理。

（5）油箱底部应距地面 150 mm 以上，以便于搬运、放油和散热。在油箱的适当位置要设吊耳，以便吊运，还要设置液位计，以监视液位。

（6）对油箱内表面的防腐处理要给予充分的注意。常用的方法如下。

① 酸洗后磷化。适用于所有介质，但受酸洗磷化槽限制，油箱不能太大。

② 喷丸后直接涂防锈油。适用于一般矿物油和合成液压油，不适合含水液压液。因不受处理条件限制，大型油箱较多采用此方法。

③ 喷砂后热喷涂氧化铝。适用于除水—乙二醇外的所有介质。

④ 喷砂后进行喷塑。适用于所有介质。但受烘干设备限制，油箱不能过大。

考虑油箱内表面的防腐处理时，不但要顾及与介质的相容性，还要考虑处理后的可加工性、制造到投入使用之间的时间间隔以及经济性，条件允许时最理想的选择是采用不锈钢制油箱。

5.3 过滤器

5.3.1 过滤器的功用

清除油液中的固体杂质，使油液保持清洁，延长液压元件使用寿命，保证系统工作可靠。

5.3.2 过滤器的主要性能指标

1. 过滤精度

过滤精度表示过滤器对各种不同尺寸污染颗粒的滤除能力。常用的评定指标为：绝对过滤精度、过滤比。

绝对过滤精度指能通过滤芯元件的坚硬球状颗粒的最大尺寸，它反映滤芯的最大通孔尺寸。它是选过滤器最重要的性能指标。

过滤比 β_x 指过滤器上游油液中大于某尺寸 x 的颗粒数与下游油液中大于 x 的颗粒数之比。β_x 越大，过滤精度越高。

2. 压降特性和纳垢容量

压降特性指油液通过过滤器滤芯时所产生的压力损失。过滤精度越高，压降越大。

纳垢容量指过滤器的压降达到规定值前，可以滤除或容纳的污染物数量。

5.3.3 过滤器的主要类型

1. 网式过滤器

图 5.10 所示为网式过滤器，它的结构是在周围开有很多窗孔的塑料或金属筒形骨架 1 上包着一层钢丝网 2。过滤精度由网孔大小和层数决定。网式过滤器结构简单，通流能力大，清洗方便，压降小（一般为 0.025 MPa），但过滤精度低，常用于泵入口处，用来滤去混入油液中较大颗粒的杂质，保护液压泵免遭损坏。因为需要经常清洗，安装时需要注意便于拆装。

2. 线隙式过滤器

图 5.11 所示为线隙式过滤器，它用铜线或铝线 2 密绕在筒形心架的外部组成滤芯，并装在壳体 3 内（用于吸油管路上的过滤器则无壳体）。线隙式过滤器依靠铜（铝）丝间的微小间隙来滤除固体颗粒，油液经线间缝隙和心架槽孔流入过滤器内，再从上部孔道流出。这种过滤器结构简单，通流能力大，不易清洗，过滤精度高于网式过滤器，一般用于低压回路或辅助回路。

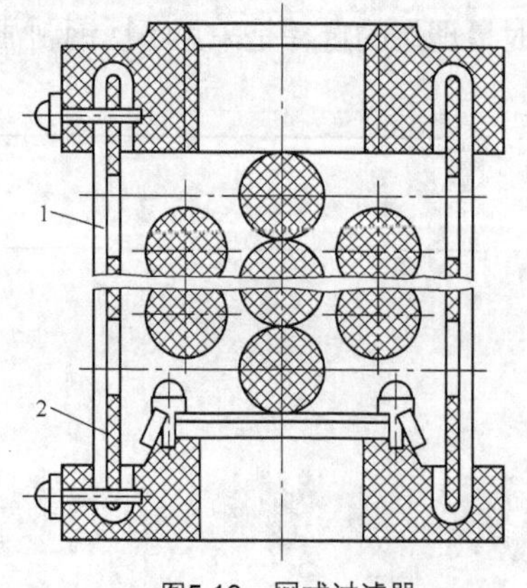

图5.10 网式过滤器

1—筒形骨架；2—铜丝网

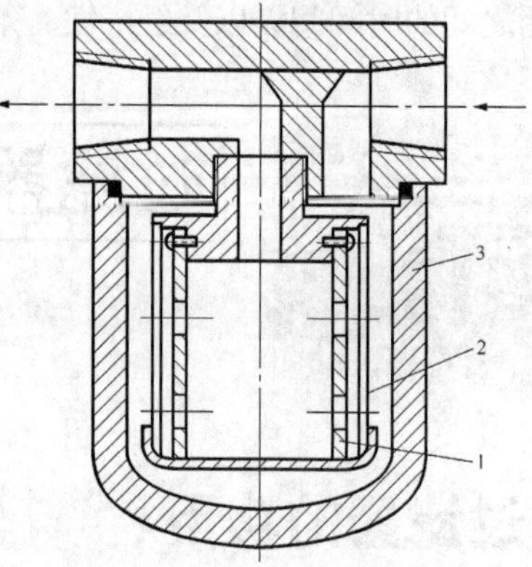

图5.11 线隙式过滤器

1—心架；2—线圈；3—壳体

3. 纸芯式过滤器

纸芯式过滤器又称纸质过滤器，其结构类同于线隙式，只是滤芯为滤纸。图 5.12 所示为纸质过滤器的结构。油液经过滤芯时，通过滤纸的微孔滤去固体颗粒。为了增大滤芯强度，一般滤芯由 3 层组成：外层 2 为粗眼钢板网，中间层 3 为折叠成 W 形的滤纸，里层 4 由金属网与滤纸一并折叠而成。滤芯中央还装有支承弹簧 5。纸芯式过滤器过滤精度高，可在高压下工作，结构紧凑，重量轻，通流能力大，但易堵塞，无法清洗，需经常更换滤芯，常用于过滤质量要求高的高压系统。

4. 烧结式过滤器

图 5.13 所示为金属烧结式过滤器，选择不同粒度的粉末烧结成不同厚度的滤芯可以获得不同的过滤精度。油液从侧孔进入，依靠滤芯颗粒之间的微孔滤去油液中的杂质，再从中孔流出。烧结式过滤器的过滤精度较高，滤芯强度高，抗冲击性能好，能在高温下工作，有良好的抗腐蚀性，且制造简单。易堵塞难清洗，使用过程中烧结颗粒可能会脱落。一般用于要求过滤精度较高的系统中。

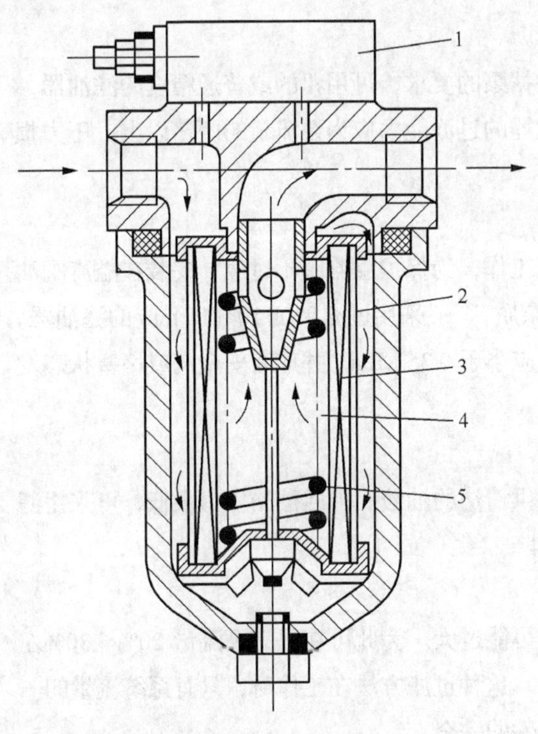

图5.12 纸芯式过滤器

1—污染指示器；2—滤芯外层；3—滤芯中层；4—滤芯里层；5—支承弹簧

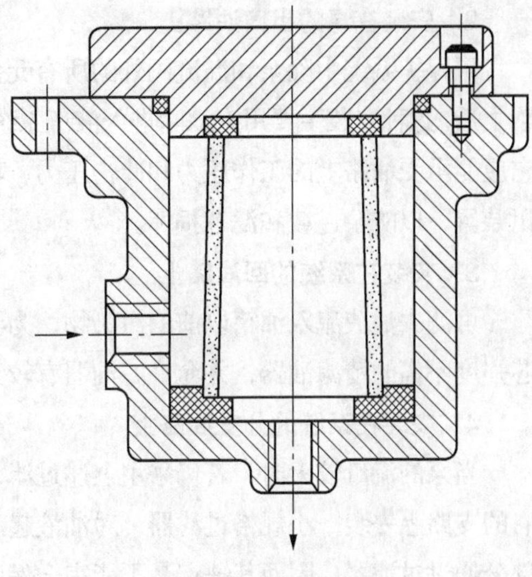

图5.13 烧结式过滤器

5. 磁性过滤器

利用磁铁吸附铁磁微粒，对其他污染物不起作用，故一般不单独使用。过滤器的图形符号如图 5.14 所示。

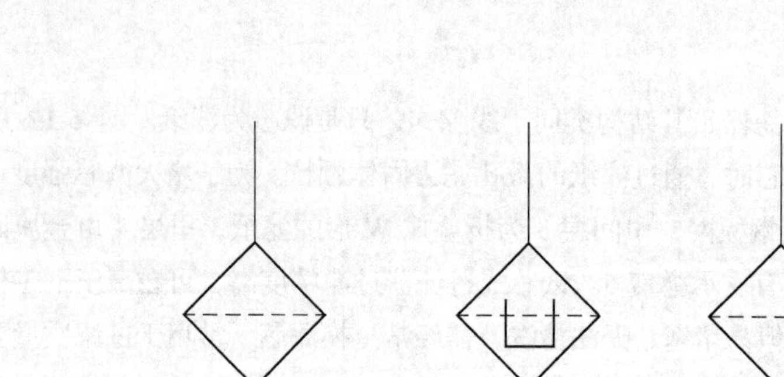

图5.14　过滤器的图形符号

5.3.4　过滤器的安装位置

1. 安装在泵的吸油口

用来保护泵，使其不致吸入较大的机械杂质，根据泵的要求，可用粗的或普通精度的滤油器，为了不影响泵的吸油性能，防止发生气穴现象，滤油器的过滤能力应为泵流量的两倍以上，压力损失不得超过 0.01～0.035 MPa。

2. 安装在泵的出口油路上

可保护系统中除泵和溢流阀外的所有元件，高压工作，为保护溢流阀不过载，安装在溢流阀油路之后。这种安装主要用来滤除进入液压系统的污染杂质，一般采用过滤精度 10～15 mm 的滤油器。它应能承受油路上的工作压力和冲击压力，其压力降应小于 0.35 MPa，并应有安全阀或堵塞状态发讯装置，以防泵过载和滤芯损坏。

3. 安装在系统的回油路上

可滤去油液流入油箱以前的污染物，为液压泵提供清洁的油液。因回油路压力很低，可采用滤芯强度不高的精滤油器，并允许滤油器有较大的压力降。

4. 安装在系统的分支油路上

当泵的流量较大时，若仍采用上述过滤，过滤器可能过大。为此可在只有泵流量 20%～30%左右的支路上安装一小规格过滤器，对油液起滤清作用。这种过滤方法在工作时，只有系统流量的一部分通过过滤器，因而其缺点是不能完全保证液压元件的安全。

5. 安装在系统外的过滤回路上

大型液压系统可专设一液压泵和滤油器构成的滤油子系统，滤除油液中的杂质，以保护主系统。过滤车即是这种单独过滤系统。

安装滤油器时应注意，一般滤油器只能单向使用，即进、出口不可互换。以利于滤芯清洗和安全。因此，过滤器不要安装在液流方向可能变换的油路上。必要时可增设单向阀和过滤器。

5.4 热交换器

液压系统中油液的工作温度一般以 40℃～60℃为宜，最高不超过 65℃，最低不低于 15℃。油温过高或过低都会影响系统正常工作。为控制油液温度，油箱上常安装冷却器和加热器。

1. 冷却器

液压系统中用得较多的冷却器是强制对流式多管冷却器，如图 5.15 所示，油液从进油口 *a* 流入，从出油口 *b* 流出，冷却水从进水口流入，通过多根水管后由出水口流出，油液在水管外部流动时，它的行进路线因冷却器内设置了隔板而加长，因而增加了散热效果。近来出现一种翅片管式冷却器，水管外面增加了许多横向或纵向散热翅片，大大扩大了散热面积和热交换效果，其散热面积可达光滑管的 8～10 倍。

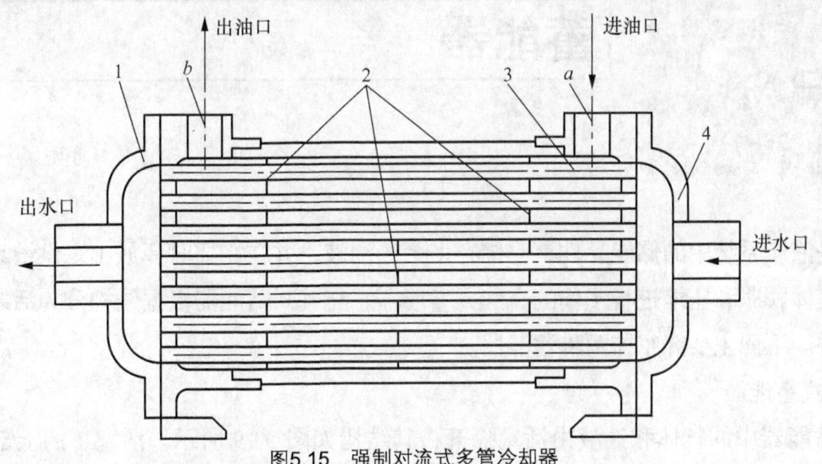

图5.15 强制对流式多管冷却器

1—左端盖；2—隔板；3—水管；4—右端盖；*a*—进油口；*b*—出油口

当液压系统散热量较大时，可使用化工行业中的水冷式板式换热器，它可及时地将油液中的热量散发出去，其参数及使用方法见相应的产品样本。

一般冷却器的最高工作压力在 1.6 MPa 以内，使用时应安装在回油管路或低压管路上，所造成的压力损失一般为 0.01～0.1 MPa。图 5.16 所示为冷却器常用的一种连接方式。

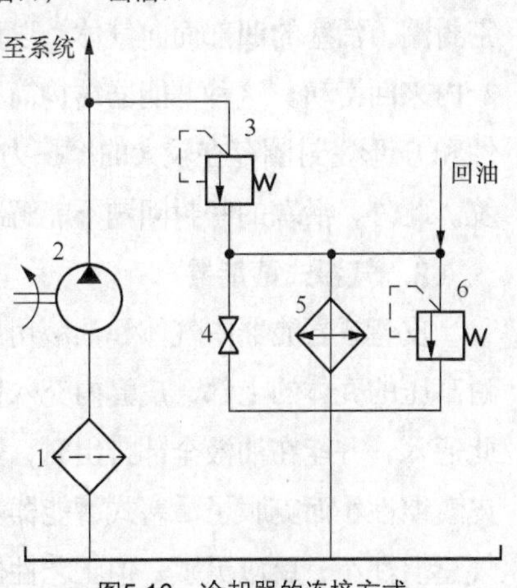

图5.16 冷却器的连接方式

2. 加热器

液压系统的加热一般采用电加热器，这种加热器的安装方式如图 5.17 所示，它用法兰盘水平安装在油箱侧壁上，发热部分全部浸在油液内，加热器应安装在油液流动处，以利于热量

的交换。由于油液是热的不良导体，单个加热器的功率容量不能太大，以免其周围油液的温度过高而发生变质现象。

冷却器和加热器的图形符号如图 5.18 所示。

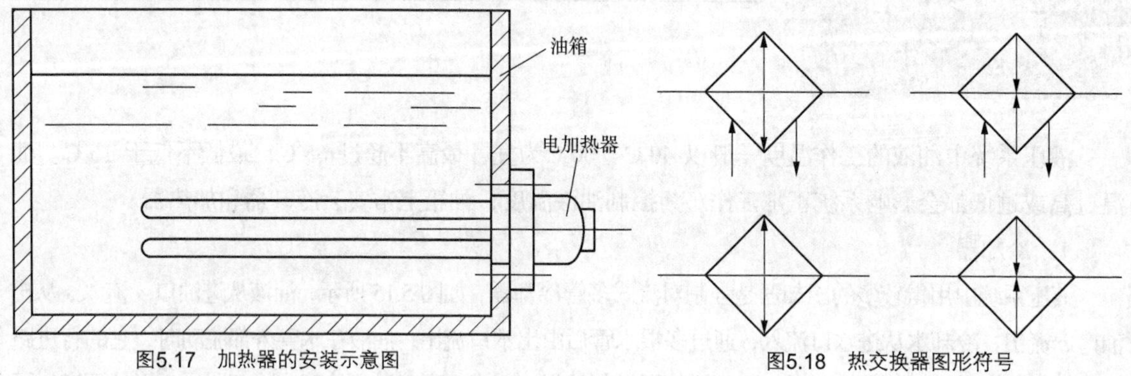

图5.17　加热器的安装示意图

图5.18　热交换器图形符号

5.5 蓄能器

蓄能器是液压系统中的储能元件，它储存多余的油液，并在需要时释放出来供给系统。目前常用的是利用气体膨胀和压缩进行工作的充气式蓄能器。充气式蓄能器根据结构分为活塞式、气囊式和隔膜式 3 种。下面主要介绍前两种蓄能器。

1. 活塞式蓄能器

活塞式蓄能器中的气体和油液由活塞隔开，其结构如图 5.19 所示。活塞 1 的上部为压缩气体（一般为氮气），下部是高压油。气体由阀 3 充入，其下部经油孔 *a* 通向液压系统，活塞上装有 O 形密封圈，活塞的凹部面向气体，以增加气体室的容积。活塞 1 随下部压力油的储存和释放而在缸筒 2 内来回滑动。这种蓄能器结构简单、寿命长，它主要用于大体积和大流量。但因活塞有一定的惯性和 O 形密封圈存在较大的摩擦力，所以反应不够灵敏，不宜用于吸收脉动和液压冲击以及低压系统。此外，活塞的密封问题不能解决，密封件磨损后，会使气液混合，影响系统工作稳定性。

2. 气囊式蓄能器

皮囊式蓄能器中气体和油液用皮囊隔开，其结构如图 5.20 所示。皮囊用耐油橡胶制成，固定在耐高压的壳体的上部，皮囊内充入惰性气体，壳体下端的提升阀 4 由弹簧加菌形阀构成，压力油由此通入，并能在油液全部排出时，防止皮囊膨胀挤出出油口。这种结构使气、液密封可靠，并且因皮囊惯性小而克服了活塞式蓄能器响应慢的弱点，因此，这种蓄能器油气完全隔离，气液密封可靠，气囊惯性小，反应灵敏，但工艺性较差。它的应用范围非常广泛，主要用于蓄能和吸收冲击液压系统中。

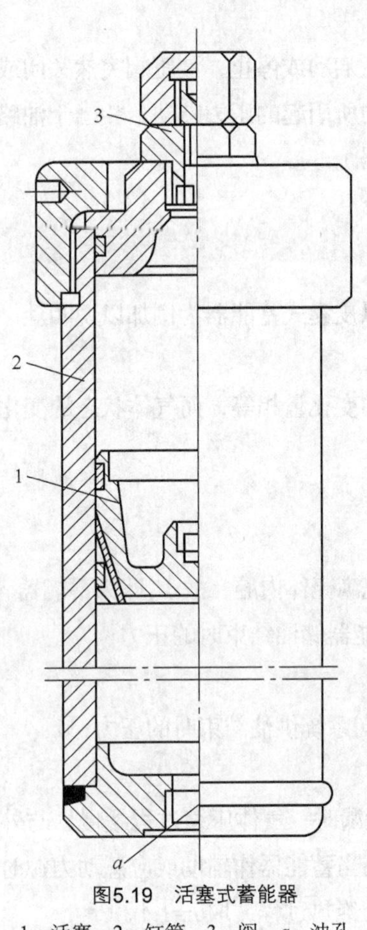

图5.19 活塞式蓄能器

1—活塞；2—缸筒；3—阀；*a*—油孔

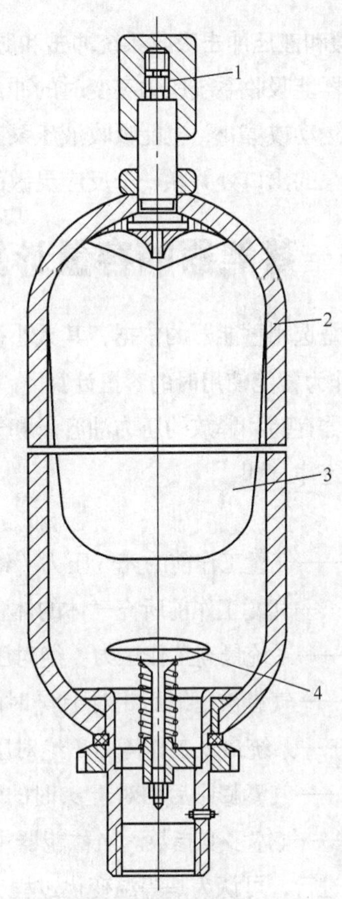

图5.20 皮囊式蓄能器

1—充气阀；2—壳体；3—气囊；4—提升阀

5.5.1 蓄能器的功用

1．作辅助动力源

在间歇工作或实现周期性动作循环的液压系统中，蓄能器可以把液压泵输出的多余压力油储存起来。当系统需要时，由蓄能器释放出来。这样可以减少液压泵的额定流量，从而减小电动机功率消耗，降低液压系统温升。

2．保压补漏

若液压缸需要在相当长的一段时间内保压而无动作，可用蓄能器保压并补充泄漏，这时可令泵泄荷。

3．作应急动力源

有些系统（如静压轴承供油系统），当泵出现故障或停电不能正常供油时，可能会发生事故，或有的系统要求在供油突然中断时，执行元件应继续完成必要的动作（如为了安全起见，液压缸活塞杆应缩回缸内）。因此应在系统中增设蓄能器作应急动力源，以便在短时间内维持一定压力。

4. 缓和液压冲击吸收系统冲击和脉动

蓄能器能吸收系统压力突变时的冲击，如液压泵突然启动或停止，液压阀突然关闭或开启，液压缸突然运动或停止，也能吸收液压泵工作时的流量脉动所引起的压力脉动，相当于油路中的平滑滤波（在泵的出口处并联一个反应灵敏而惯性小的蓄能器）。

5.5.2 蓄能器的容量计算

容量是选用蓄能器的依据，其大小视用途而异，现以皮囊式蓄能器为例加以说明。

1. 作为蓄能使用时的容量计算

蓄能器存储和释放的压力油容量和气囊中气体体积的变化量相等，而气体状态的变化应符合波义耳气体定律，即

$$p_0V_0^{\,n}=p_1V_1^{\,n}=p_2V_2^{\,n} \tag{5-2}$$

式中，p_0——气囊工作前的充气压力（绝对压力）；

V_0——气囊工作前所充气体的体积，因此时气囊充满壳体内腔，故 V_0 即为蓄能器容量；

p_1——系统最高工作压力（绝对压力），即泵对蓄能器储油结束时的压力；

V_1——气囊被压缩后相对于 p_0 时的气体体积；

p_2——系统最低工作压力（绝对压力），即蓄能器向系统供油结束时的压力；

V_2——气囊膨胀后相对于 p_0 时的气体体积；

n——气体多变指数。当蓄能器用于保压和补充泄漏时，气体压缩过程缓慢，与外界热交换得以充分进行，可认为是等温变化过程，这时取 n=1；而当蓄能器作辅助或应急动力源时，释放液体的时间短，气体快速膨胀，热交换不充分，这时可视为绝热过程，取 n=1.4。

体积差 $\Delta V=V_2-V_1$ 为供给系统的油液体积，代入式（5-2）可得

$$V_0=\left(\frac{p_2}{p_0}\right)^{\frac{1}{n}}V_2=\left(\frac{p_2}{p_0}\right)^{\frac{1}{n}}(V_1+\Delta V)=\left(\frac{p_2}{p_0}\right)^{\frac{1}{n}}\left[\left(\frac{p_2}{p_1}\right)^{\frac{1}{n}}V_0+\Delta V\right]$$

故得

$$V_0=\frac{\Delta V(\frac{p_2}{p_0})^{\frac{1}{n}}}{1-(\frac{p_2}{p_1})^{\frac{1}{n}}} \tag{5-3}$$

若已知 V_0，也可反过来求出储能时的供油体积 $\Delta V=V_2-V_1$，即

$$\Delta V=p_0^{\frac{1}{n}}V_0[(\frac{1}{p_2})^{\frac{1}{n}}-(\frac{1}{p_1})^{\frac{1}{n}}] \tag{5-4}$$

关于充气压力 p_0 的确定：在理论上 $p_0=p_2$，但是为保证在 p_2 时蓄能器仍有能力补偿系统泄漏，则应使 $p_0<p_2$，一般 p_0=（0.8～0.85）p_2 或 $0.9p_2>p_0>0.25p_1$。

2. 作缓和液压冲击时的容量计算

当蓄能器用于吸收冲击时，其容量的计算与管路布置、液体流态、阻尼及泄漏大小等因素有关，

准确计算比较困难。一般按经验公式计算缓冲最大冲击力户，时所需要的蓄能器最小容量，即

$$V_0 = \frac{0.004qp_1(0.0164L - t)}{p_1 - p_2} \tag{5-5}$$

式中，V_0——蓄能器容量，L；

q——阀口关闭时管内流量，L/min；

p_2——阀口关闭前管内压力（绝对压力），MPa；

p_1——系统允许的最大冲击压力（绝对压力），MPa；

L——发生冲击的管长，即压力油源到阀口的管道长度，m；

t——阀口关闭时间，s，突然关闭时 t=0。

当计算结果为正值时，才有安装蓄能器的必要。

5.5.3　蓄能器的安装

安装蓄能器时应考虑以下几点。

（1）气囊式蓄能器应垂直安装，油口向下。

（2）作降低噪声、吸收脉动和液压冲击的蓄能器，应尽可能靠近振动源处。

（3）蓄能器和泵之间应安装单向阀，以免泵停止工作时，蓄能器储存的压力油倒流使泵反转。

（4）必须将蓄能器牢固的固定在托架或基础上。

（5）蓄能器必须安装于便于检查、维修的位置，并远离热源。

思考与练习

5.1　在油箱结构设计中应注意哪些问题？

5.2　过滤器安装在系统的什么位置上？它的安装特点是什么？

5.3　蓄能器有什么用途？有哪些类型？

5.4　有一气囊式蓄能器用作动力源，容量为 3 L，充气压力 p_0=3.2 MPa。系统的最高压力 p_1=6 MPa，最低压力 p_2=4 MPa，求蓄能器能够输出的油液体积。

第6章 | 液压基本回路 |

【内容简介】

本章主要介绍液压压力控制回路、速度控制回路、方向控制回路、多缸动作回路等常用回路的组成、工作原理和性能、分析方法、功能及在实际液压系统中的应用。

【学习目标】

（1）了解液压压力控制回路、速度控制回路、方向控制回路和多缸动作回路等常用回路的组成、工作原理和性能。

（2）理解压力控制回路、速度控制回路、方向控制回路和多缸动作回路等的分析方法。

（3）掌握压力控制回路、速度控制回路、方向控制回路和多缸动作回路的功能及在实际液压系统中的应用。

【重点】

液压压力控制回路、速度控制回路、方向控制回路和多缸动作回路等回路的工作原理。

6.1 概述

任何一个液压系统，无论它所要完成的动作有多么复杂，总是由一些基本回路组成的。所谓基本回路，就是由一些液压元件组成，用来完成特定功能的油路结构。熟悉和掌握这些基本回路的组成、工作原理及应用，是分析、设计和使用液压系统的基础。

液压系统按照工作介质的循环方式可分为开式系统和闭式系统。常见的液压系统大多为开式系统。开式系统液的特点：液压泵从油箱吸油，经控制阀进入执行元件，执行元件的回油再经控制阀流回油箱，工作油液在油箱中冷却、分离空气和沉淀杂质后再进入工作循环。开式系统结构简单，但因油箱内的油液直接与空气接触，空气易进入系统，导致系统运行时产生一些不良后果。闭式系统的特点为液压泵输出的压力油直接进入执行元件，执行系统的回油直接与液压泵的吸油管相连。在闭式系统中，由于油液基本上都在闭合回路内循环，油液温升较高，但所用的油箱容积小，系统结构紧凑。闭式系统的结构较复杂，成本较高，通常适用于功率较大的液压系统。

液压基本回路按其在液压系统中的功能可分为压力控制回路、速度控制回路、方向控制回路以及其他控制回路。

6.2 压力控制回路

压力控制回路是用压力阀来控制和调节液压系统主油路或某一支路的压力，以满足执行元件所需的力或力矩的要求。利用压力控制回路可实现对系统进行调压、减压、增压、卸荷、保压与工作机构的平衡等各种控制。

6.2.1 调压回路

当液压系统工作时，液压泵应向系统提供所需压力的液压油，同时，又能节省能源，减少油液发热，提高执行元件运动的平稳性。所以，应设置调压或限压回路。当液压泵一直工作在系统的调定压力时，就要通过溢流阀调节并稳定液压泵的工作压力。在变量泵系统中或旁路节流调速系统中用溢流阀（当安全阀用）限制系统的最高安全压力。当系统在不同的工作时间内需要有不同的工作压力，可采用二级或多级调压回路。

1. 单级调压回路

如图 6.1 所示，通过液压泵 1 和溢流阀 2 的并联连接，即可组成单级调压回路。通过调节溢流阀的压力，可以改变泵的输出压力。当溢流阀的调定压力确定后，液压泵就在溢流阀的调定压力下工作。从而实现了对液压系统进行调压和稳压控制。如果将液压泵 1 改换为变量泵，这时溢流阀将作为安全阀来使用，液压泵的工作压力低于溢流阀的调定压力，这时溢流阀不工作，当系统出现故障，液压泵的工作压力上升时，一旦压力达到溢流阀的调定压力，溢流阀将开启，并将液压泵的工作压力限制在溢流阀的调定压力下，使

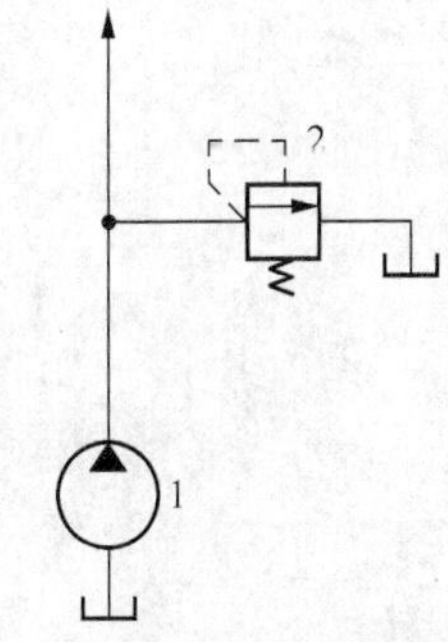

图6.1 单级调压回路
1—液压泵；2—溢流阀

液压系统不至因压力过载而受到破坏，从而保护了液压系统。

2. 二级调压回路

图 6.2 所示为二级调压回路，该回路可实现两种不同的系统压力控制。由先导型溢流阀 2 和直动式溢流阀 4 各调一级，当二位二通电磁阀 3 处于图示位置时系统压力由阀 2 调定，当阀 3 得电后处于右位时，系统压力由阀 4 调定，但要注意：阀 4 的调定压力一定要小于阀 2 的调定压力，否则不能实现；当系统压力由阀 4 调定时，先导型溢流阀 2 的先导阀口关闭，但主阀开启，液压泵的溢流流量经主阀回油箱，这时阀 4 亦处于工作状态，并有油液通过。应当指出：若将阀 3 与阀 4 对换位置，则仍可进行二级调压，并且在二级压力转换点上获得比图 6.2 所示回路更为稳定的压力转换。

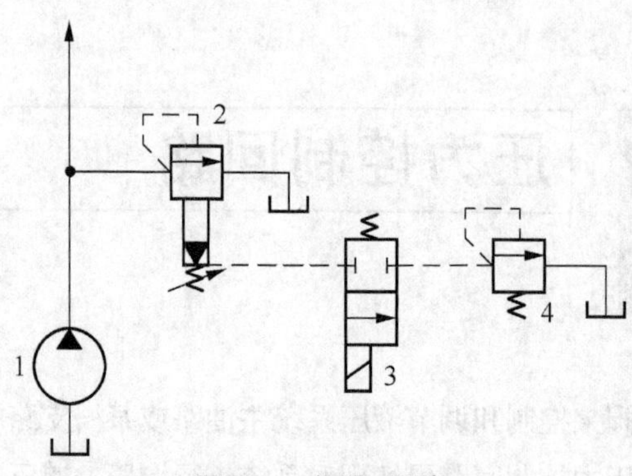

图6.2　二级调压回路

1—液压泵；2—先导式溢流阀；3—二位二通换向阀；4—调压阀（溢流阀）

3. 多级调压回路

图 6.3 所示为三级调压回路，三级压力分别由先导式溢流阀 1、调压阀（溢流阀）2、3 调定，当电磁铁 1YA、2YA 失电时，系统压力由先导式溢流阀 1 调定。当 1YA 得电时，系统压力由溢流阀 2 调定。当 2YA 得电时，系统压力由溢流阀 3 调定。在这种调压回路中，阀 2 和阀 3 的调定压力要低于主溢流阀 1 的调定压力，而阀 2 和阀 3 的调定压力之间没有一定的大小关系。当阀 2 或阀 3 工作时，阀 2 或阀 3 相当于阀 1 上的另一个先导阀。

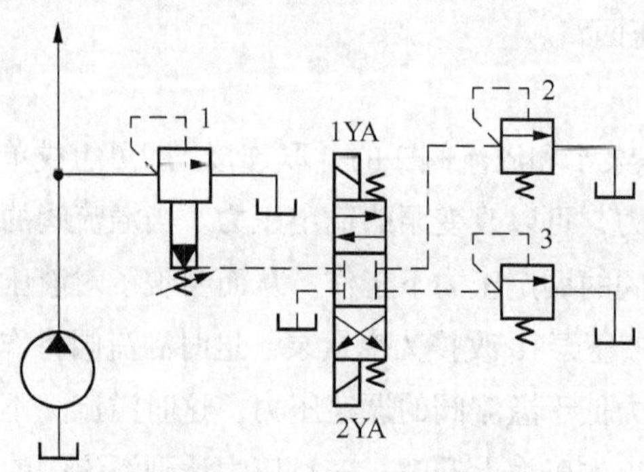

图6.3　多级调压回路

1—先导式溢流阀；2、3—调压阀（溢流阀）

6.2.2 减压和增压回路

1．减压回路

当泵的输出压力是高压而局部回路或支路要求低压时，可以采用减压回路，如机床液压系统中的定位、夹紧、回路分度以及液压元件的控制油路等，它们往往要求比主油路较低的压力。减压回路较为简单，一般是在所需低压的支路上串接减压阀。采用减压回路虽能方便地获得某支路稳定的低压，但压力油经减压阀口时要产生压力损失。

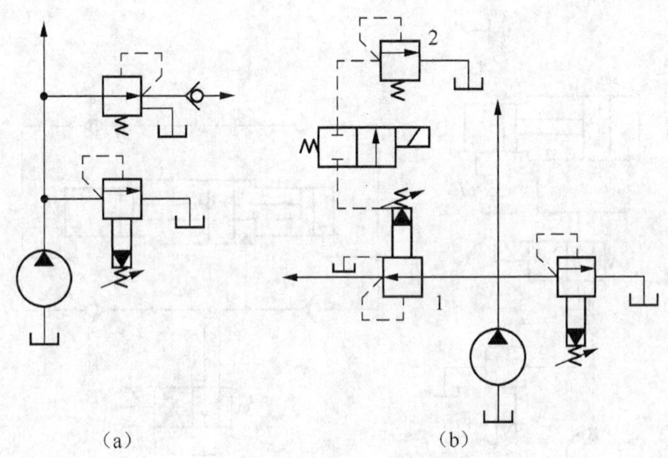

图6.4　减压回路

1—先导式减压阀；2—溢流阀

最常见的减压回路为通过定值减压阀与主油路相连，如图 6.4（a）所示。回路中的单向阀为主油路压力降低（低于减压阀调整压力）时防止油液倒流，起短时保压作用。减压回路中也可以采用类似两级或多级调压的方法获得两级或多级减压。图 6.4（b）所示为利用先导式减压阀 1 的远控口接一远控溢流阀 2，则可由阀 1、阀 2 各调得一种低压。但要注意，阀 2 的调定压力值一定要低于阀 1 的调定减压值。

为了使减压回路工作可靠，减压阀的最低调整压力不应小于 0.5 MPa，最高调整压力至少应比系统压力小 0.5 MPa。当减压回路中的执行元件需要调速时，调速元件应放在减压阀的后面，以避免减压阀泄漏（指由减压阀泄油口流回油箱的油液）对执行元件的速度产生影响。

2．增压回路

如果系统或系统的某一支油路需要压力较高但流量又不大的压力油，而采用高压泵又不经济，或者根本就没有必要增设高压力的液压泵时，就常采用增压回路，这样不仅易于选择液压泵，而且系统工作较可靠，噪声小。增压回路中提高压力的主要元件是增压缸或增压器。

（1）单作用增压缸的增压回路。图 6.5（a）所示为利用增压缸的单作用增压回路，当系统在图示位置工作时，系统的供油压力 p_1 进入增压缸的大活塞腔，此时在小活塞腔即可得到所需的较高压

力 p_2；当二位四通电磁换向阀右位接入系统时，增压缸返回，辅助油箱中的油液经单向阀补入小活塞。因而该回路只能间歇增压，所以称之为单作用增压回路。

（2）双作用增压缸的增压回路。图 6.5（b）所示的采用双作用增压缸的增压回路，能连续输出高压油，在图示位置，液压泵输出的压力油经换向阀 5 和单向阀 1 进入增压缸左端大、小活塞腔，右端大活塞腔的回油通油箱，右端小活塞腔增压后的高压油经单向阀 4 输出，此时单向阀 2、3 被关闭。当增压缸活塞移到右端时，换向阀得电换向，增压缸活塞向左移动。同理，左端小活塞腔输出的高压油经单向阀 3 输出，这样，增压缸的活塞不断往复运动，两端便交替输出高压油，从而实现了连续增压。

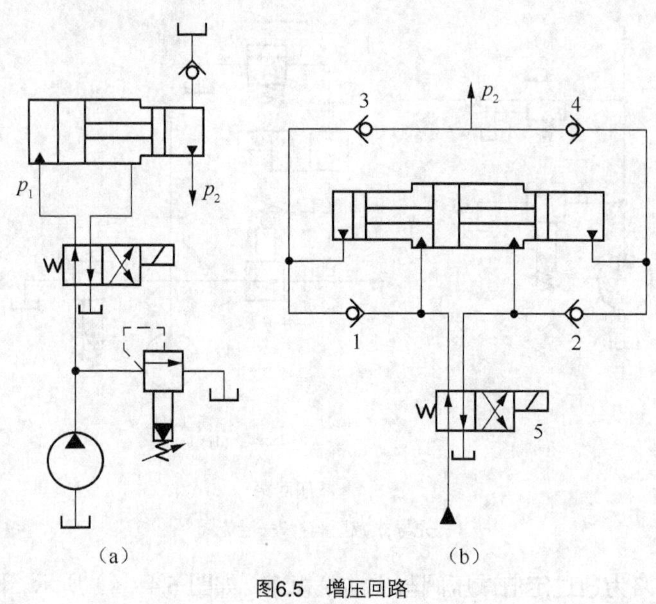

图6.5　增压回路

1、2、3、4—单向阀；5—二位二通换向阀

6.2.3　卸荷回路

在液压系统工作中，有时执行元件短时间停止工作，不需要液压系统传递能量，或者执行元件在某段工作时间内保持一定的力，而运动速度极慢，甚至停止运动，在这种情况下，不需要液压泵输出油液，或只需要很小流量的液压油，于是液压泵输出的压力油全部或绝大部分从溢流阀流回油箱，造成能量的无谓消耗，引起油液发热，使油液加快变质，而且还影响液压系统的性能及泵的寿命。为此，需要采用卸荷回路，即卸荷回路的功用是指在液压泵驱动电动机不频繁启闭的情况下，使液压泵在功率输出接近于零的情况下运转，以减少功率损耗，降低系统发热，延长泵和电动机的寿命。因为液压泵的输出功率为其流量和压力的乘积，因而，两者任一近似为零，功率损耗即近似为零。因此液压泵的卸荷有流量卸荷和压力卸荷两种，前者主要是使用变量泵，使变量泵仅为补偿泄漏而以最小流量运转，此方法比较简单，但泵仍处在高压状态下运行，磨损比较严重；压力卸荷的方法是使泵在接近零压下运转。

常见的压力卸荷方式有以下几种。

1. 换向阀卸荷回路

M、H和K形中位机能的三位换向阀处于中位时，泵即卸荷，图6.6所示为采用M形中位机能的电液换向阀的卸荷回路，这种回路切换时压力冲击小，但回路中必须设置单向阀，以使系统能保持0.3 MPa左右的压力，供操纵控制油路之用。

2. 用先导型溢流阀远程控制口的卸荷回路

图6.2中若去掉调压阀4，使二位二通电磁阀直接接油箱，便构成一种用先导型溢流阀的卸荷回路，如图6.7所示，这种卸荷回路卸荷压力小，切换时冲击也小。

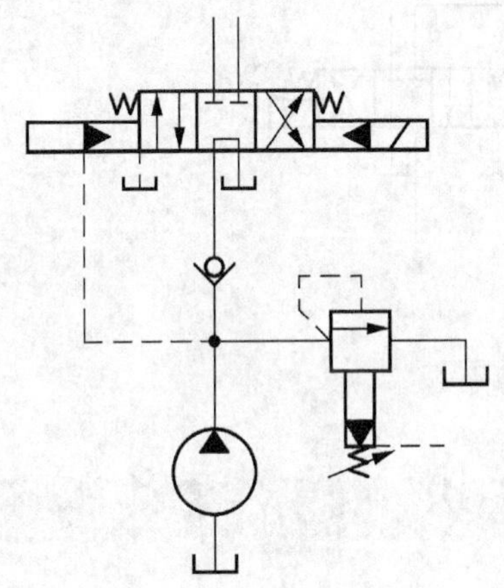

图6.6 M型中位机能卸荷回路

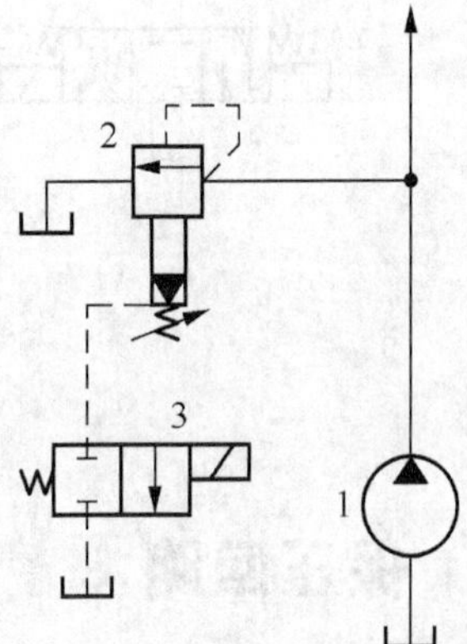

图6.7 溢流阀远控口卸荷

1—液压泵；2—先导式溢流阀；3—二位二通电磁换向阀

6.2.4 平衡回路

平衡回路的功用在于防止垂直或倾斜放置的液压缸和与之相连的工作部件因自重而自行下落。图6.8（a）所示为采用单向顺序阀的平衡回路，当1YA得电后活塞下行时，回油路上就存在着一定的背压；只要将这个背压调得能支承住活塞和与之相连的工作部件自重，活塞就可以平稳地下落。当换向阀处于中位时，活塞就停止运动，不再继续下移。这种回路当活塞向下快速运动时功率损失大，锁住时活塞和与之相连的工作部件会因单向顺序阀和换向阀的泄漏而缓慢下落，因此它只适用于工作部件重量不大、活塞锁住时定位要求不高的场合。图6.8（b）所示为采用液控顺序阀的平衡回路。当活塞下行时，控制压力油打开液控顺序阀，背压消失，因而回路效率较高；当停止工作时，液控顺序阀关闭以防止活塞和工作部件因自重而下降。这种平衡回路的优点是只有上腔进油时活塞才下行，比较安全可靠；缺点是，活塞下行时平稳性较差。这是因为活塞下行时，液压缸上腔油压降低，将使液控顺序阀关闭。当顺序阀关闭时，因活塞停止下行，使液压缸上腔油压升高，又打开液控顺序阀。因此液控顺序阀始终工作于启闭的过渡状态，因而影响工作的平稳性。这种回路适用于运动部件重量不很大、停留时间较短的液压系统中。

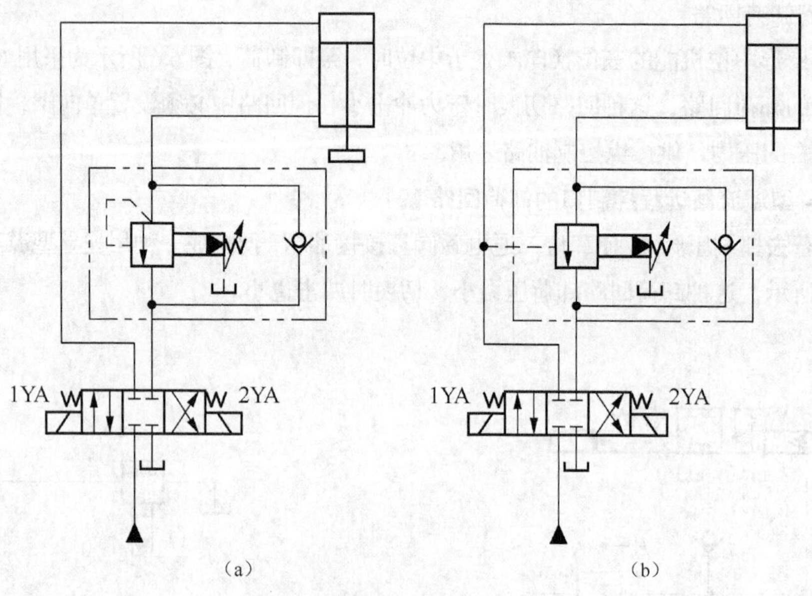

图6.8　采用顺序阀的平衡回路

6.2.5　保压回路

在液压系统中，常要求液压执行机构在一定的行程位置上停止运动或在有微小的位移下稳定地维持住一定的压力，这就要采用保压回路。最简单的保压回路是密封性能较好的液控单向阀的回路，但是，阀类元件处的泄漏使得这种回路的保压时间不能维持太久。常用的保压回路有以下几种。

1. 利用液压泵的保压回路

利用液压泵的保压回路也就是在保压过程中，液压泵仍以较高的压力（保压所需压力）工作，此时，若采用定量泵则压力油几乎全经溢流阀流回油箱，系统功率损失大，易发热，故只在小功率的系统且保压时间较短的场合下才使用；若采用变量泵，在保压时泵的压力较高，但输出流量几乎等于零，因而，液压系统的功率损失小，这种保压方法能随泄漏量的变化而自动调整输出流量，因而其效率也较高。

2. 利用蓄能器的保压回路

如图 6.9（a）所示的回路，当主换向阀在左位工作时，液压缸向前运动且压紧工件，进油路压力升高至调定值，压力继电器动作使二通阀通电，泵即卸荷，单向阀自动关闭，液压缸则由蓄能器保压。缸压不足时，压力继电器复位使泵重新工作。保压时间的长短取决于蓄能器容量，调节压力继电器的工作区间即可调节缸中压力的最大值和最小值。图 6.9（b）所示为多缸系统中的保压回路，这种回路当主油路压力降低时，单向阀 3 关闭，支路由蓄能器保压补偿泄漏，压力继电器 5 的作用是当支路压力达到预定值时发出信号，使主油路开始动作。

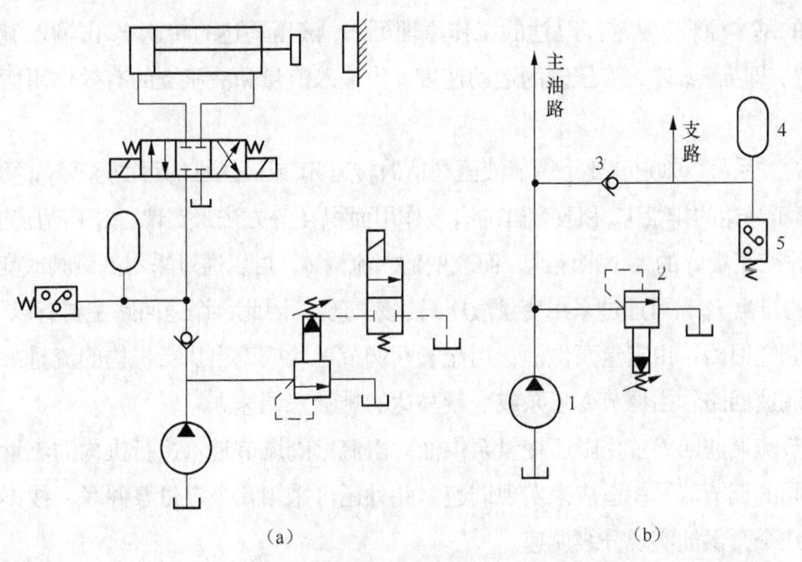

图6.9　利用蓄能器的保压回路

1—液压泵；2—先导式溢流阀；3—单向阀；4—蓄能器；5—压力继电器

3. 自动补油保压回路

图 6.10 所示为采用液控单向阀和电接触式压力表的自动补油式保压回路，其工作原理为：当 1YA 得电，换向阀右位接入回路，液压缸上腔压力上升至电接触式压力表的上限值时，上触点接电，使电磁铁 1YA 失电，换向阀处于中位，液压泵卸荷，液压缸由液控单向阀保压。当液压缸上腔压力下降到预定下限值时，电接触式压力表又发出信号，使 1YA 得电，液压泵再次向系统供油，使压力上升。当压力达到上限值时，上触点又发出信号，使 1YA 失电。因此，这一回路能自动地使液压缸补充压力油，使其压力能长期保持在一定范围内。

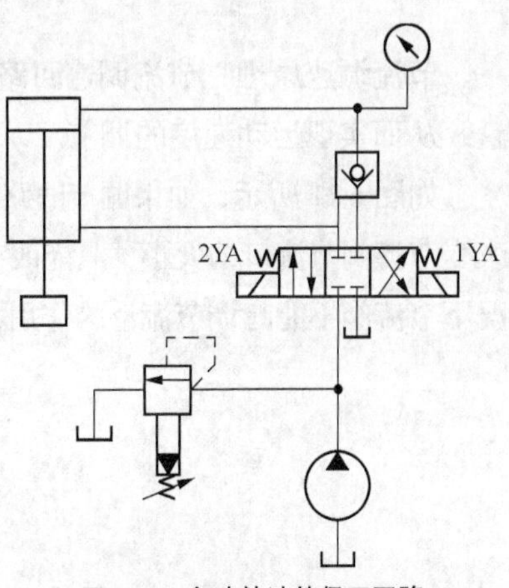

图6.10　自动补油的保压回路

6.3 速度控制回路（一）——调速回路

6.3.1　调速回路概述

速度控制回路是研究液压系统的速度调节和变换问题，常用的速度控制回路有调速回路、快速回路、速度换接回路等，本节中分别对上述 3 种回路进行介绍。

调速回路的基本原理：从液压马达的工作原理可知，液压马达的转速 n_m 由输入流量和液压马达的排量 V_m 决定，即 $n_m=q/V_m$，液压缸的运动速度 v 由输入流量和液压缸的有效作用面积 A 决定，即 $v=q/A$。

通过上面的关系可以知道，要想调节液压马达的转速 n_m 或液压缸的运动速度 v，可通过改变输入流量 q、改变液压马达的排量 V_m 和改变缸的有效作用面积 A 等方法来实现。由于液压缸的有效面积 A 是定值，只有改变流量 q 的大小来调速，而改变输入流量 q，可以通过采用流量阀或变量泵来实现，改变液压马达的排量 V_m，可通过采用变量液压马达来实现，因此，调速回路主要有以下 3 种方式。

（1）节流调速回路：由定量泵供油，用流量阀调节进入或流出执行机构的流量来实现调速。

（2）容积调速回路：用调节变量泵或变量马达的排量来调速。

（3）容积节流调速回路：用限压变量泵供油，由流量阀调节进入执行机构的流量，并使变量泵的流量与调节阀的调节流量相适应来实现调速。此外还可采用几个定量泵并联，按不同速度需要，启动一个泵或几个泵供油实现分级调速。

6.3.2 节流调速回路

节流调速原理：节流调速回路是通过调节流量阀的通流截面积大小来改变进入执行机构的流量，从而实现运动速度的调节。

如图 6.11 所示，如果调节回路里只有节流阀，则液压泵输出的油液全部经节流阀流入液压缸。改变节流阀节流口的大小，只能改变油液流经节流阀速度的大小，而总的流量不会改变，在这种情况下节流阀不能起调节流量的作用，液压缸的速度不会改变。

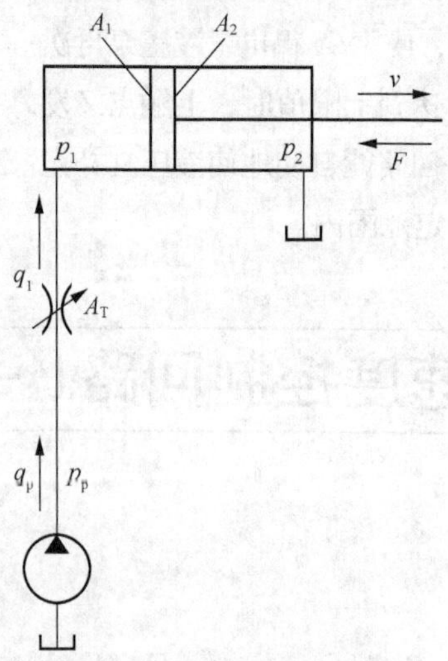

图6.11 只有节流阀的回路

1. 采用节流阀的的调速回路

（1）进油节流调速回路。进油调速回路是将节流阀装在执行机构的进油路上，用来控制进入执行机构的流量达到调速的目的，其调速原理如图 6.12（a）所示。其中定量泵多余的油液通过溢流阀流回油箱，是进油节流调速回路工作的必要条件，因此溢流阀的调定压力与泵的出口压力 p_p 相等。

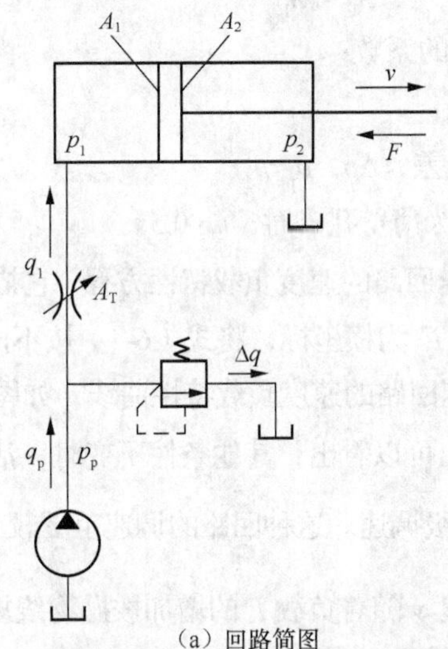

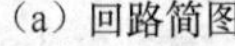
（a）回路简图

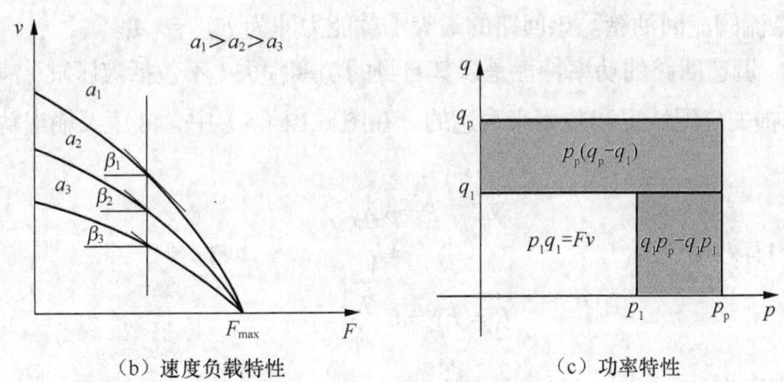

（b）速度负载特性　　（c）功率特性

图6.12　进油节流调速回路

① 速度负载特性。当不考虑回路中各处的泄漏和油液的压缩时，活塞运动速度为

$$v=\frac{q_1}{A_1} \tag{6-1}$$

活塞受力方程为

$$p_1A_1=p_2A_2+F \tag{6-2}$$

式中，F——外负载力；

p_2——液压缸回油腔压力，当回油腔通油箱时，$p_2≈0$，于是 $p_1=\dfrac{F}{A_1}$。

进油路上通过节流阀的流量方程为

$$q_1=CA_T(\Delta p_T)^m$$

$$q_1=CA_T(p_p-p_1)^m=CA_T(p_p-\frac{F}{A_1})^m \tag{6-3}$$

于是

$$v=\frac{q_1}{A_1}=\frac{CA_T}{A_1^{1+m}}(p_pA_1-F)^m \tag{6-4}$$

式中，C——与油液种类等有关的系数；

A_T——节流阀的开口面积；

Δp_T——节流阀前后的压强差，$\Delta p_T=p_p-p_1$；

m——节流阀的指数；当为薄壁孔口时，m=0.5。

式（6-4）为进油路节流调速回路的速度负载特性方程，它描述了执行元件的速度v与负载F之间的关系。如果以v为纵坐标，F为横坐标，将式（6-4）按不同节流阀通流面积A_T作图，可得一组抛物线，称为进油路节流调速回路的速度负载特性曲线，如图 6.12（b）所示。

由式（6-4）和图 6.12（b）可以看出，其他条件不变时，活塞的运动速度v与节流阀通流面积A_T成正比，调节A_T就能实现无级调速。这种回路的调速范围较大，$R_{c\max}=\frac{v_{\max}}{v_{\min}}\approx 100$。当节流阀通流面积$A_T$一定时，活塞运动速度$v$随着负载$F$的增加按抛物线规律下降。但不论节流阀通流面积如何变化，当$F=p_pA_1$时，节流阀两端压差为零，没有流体通过节流阀，活塞也就停止运动，此时液压泵的全部流量经溢流阀流回油箱。该回路的最大承载能力即为$F_{\max}=p_pA_1$。

② 功率特性。调速回路的功率特性是以其自身的功率损失（不包括液压缸，液压泵和管路中的功率损失）、功率损失分配情况和效率来表达的。在图 6.12（a）中，液压泵输出功率即为该回路的输入功率，即

$$P_p=p_pq_p$$

液压缸输出的有效功率为

$$P_1=Fv=F\frac{q_1}{A_1}=p_1q$$

回路的功率损失为

$$\begin{aligned}\Delta P&=P_p-P_1=p_pq_p-p_1q_1\\&=p_p(q_1+\Delta q)-(p_p-\Delta p_T)q_1\\&=p_p\Delta q+\Delta p_Tq_1\end{aligned} \tag{6-5}$$

式中，Δq——溢流阀的溢流量，$\Delta q=q_p-q_1$。

由式（6-5）可知，进油路节流调速回路的功率损失由两部分组成：溢流功率损失$\Delta P_1=p_p\Delta q$和节流功率损失$\Delta P_2=\Delta p_Tq_1$。其功率特性如图 6.12（c）所示。

回路的输出功率与回路的输入功率之比定义为回路的效率。进油路节流调速回路的回路效率为

$$\eta=\frac{P_p-\Delta P}{P_p}=\frac{p_1q_1}{p_pq_p} \tag{6-6}$$

由于回路存在两部分功率损失，因此进口节流调速回路效率较低。当负载恒定或变化很小时，回路效率可达 20%～60%；当负载发生变化时，回路的最大效率为 38.5%。这种回路多用于要求冲击小、负载变动小的液压系统中。

（2）回油节流调速回路。回油节流调速回路将节流阀串联在液压缸的回油路上，借助于节流阀

控制液压缸的排油量 q_2 来实现速度调节。与进口节流调速一样，定量泵多余的油液经溢流阀流回油箱，即溢流阀保持溢流，泵的出口压力即溢流阀的调定压力保持基本恒定，其调速原理如图 6.13（a）所示。

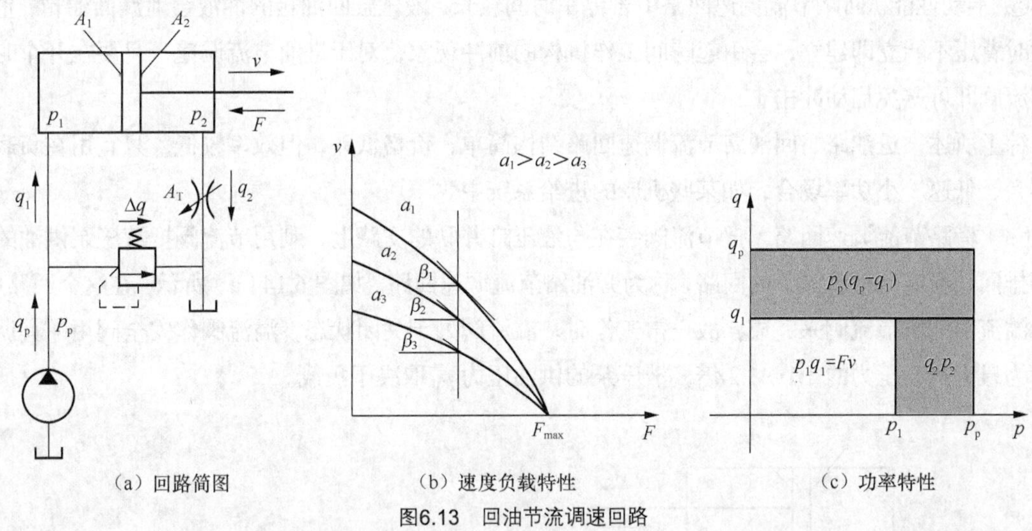

（a）回路简图　（b）速度负载特性　（c）功率特性

图6.13　回油节流调速回路

如图 6.13（a）所示，将节流阀串联在液压缸的回油路上，借助节流阀控制液压缸的排油量来调节其运动速度，称为回油路节流调速回路。

采用同样的分析方法可以得到与进油路节流调速回路相似的速度负载特性

$$v=\frac{CA_T}{A_2^{1+m}}(p_pA_1-F)^m \tag{6-7}$$

回油节流调速回路的最大承载能力和功率特性与进油路节流调速回路相同，如图 6.13（c）所示。

虽然进油路和回油路节流调速的速度负载特性公式形式相似，功率特性相同，但它们在以下几方面的性能有明显差别，在选用时应加以注意。

① 承受负值负载的能力。所谓负值负载就是作用力的方向与执行元件的运动方向相同的负载。回油节流调速的节流阀在液压缸的回油腔能形成一定的背压，能承受一定的负值负载；对于进油节流调速回路，要使其能承受负值负载就必须在执行元件的回油路上加上背压阀。这必然会导致增加功率消耗，增大油液发热量。

② 运动平稳性。回油节流调速回路由于回油路上存在背压，可以有效地防止空气从回油路吸入，因而低速运动时不易爬行；高速运动时不易颤振，即运动平稳性好。进油节流调速回路在不加背压阀时不具备这种特点。

③ 油液发热对回路的影响。进油节流调速回路中，通过节流阀产生的节流功率损失转变为热量，一部分由元件散发出去，另一部分使油液温度升高，直接进入液压缸，会使缸的内外泄漏增加，速度稳定性不好，而回油节流调速回路油液经节流阀温升后，直接回油箱，经冷却后再入系统，对系统泄漏影响较小。

④ 实现压力控制的方便性。进油节流调速回路中，进油腔的压力随负载而变化，当工作部件碰

到止挡块而停止后，其压力将升到溢流阀的调定压力，可以很方便地利用这一压力变化来实现压力控制；但在回油节流调速回路中，只有回油腔的压力才会随负载变化，当工作部件碰到止挡块后，其压力将降至零，虽然同样可以利用该压力变化来实现压力控制，但其可靠性差，一般不采用。

⑤ 启动性能。回路节流调速回路中若停车时间较长，液压缸回油箱的油液会泄漏回油箱，重新启动时背压不能立即建立，会引起瞬间工作机构的前冲现象，对于进油节流调速，只要在开车时关小节流阀即可避免启动冲击。

综上所述，进油路、回油路节流调速回路结构简单，价格低廉，但效率较低，只宜用在负载变化不大、低速、小功率场合，如某些机床的进给系统中。

（3）旁路节流调速回路。把节流阀装在与液压缸并联的支路上，利用节流阀把液压泵供油的一部分排回油箱实现速度调节的回路，称为旁油路节流调速回路。如图 6.14（a）所示，在这个回路中，由于溢流功能由节流阀来完成，故正常工作时，溢流阀处于关闭状态，溢流阀作安全阀用，其调定压力为最大负载压力的 1.1～1.2 倍，液压泵的供油压力 p_p 取决于负载。

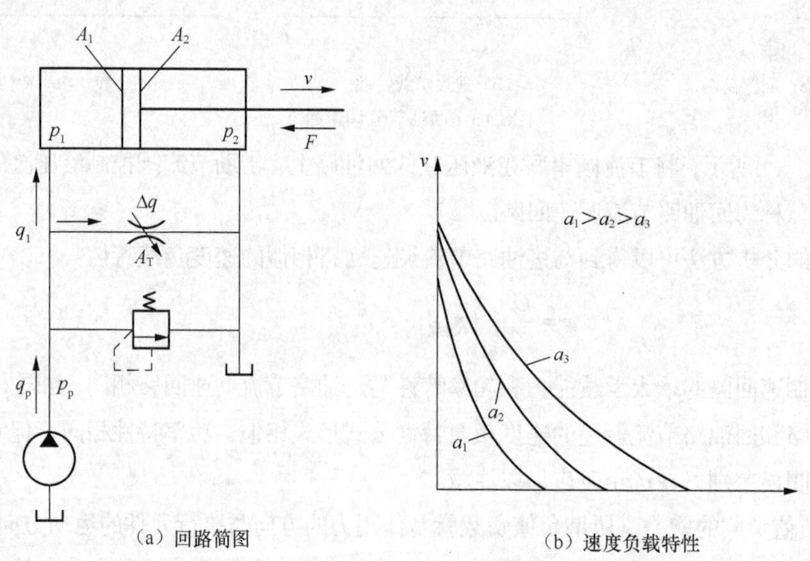

图6.14 旁路节流调速回路

① 速度负载特性。

考虑到泵的工作压力随负载变化，泵的输出流量 q_p 应计入泵的泄漏量随压力的变化 Δq_p，采用与前述相同的分析方法可得速度表达式为

$$v=\frac{q_1}{A_1}=\frac{q_{pt}-\Delta q_p-\Delta q}{A_1}=\frac{q_{pt}-k\left(\dfrac{F}{A_1}\right)-CA_T\left(\dfrac{F}{A_1}\right)^m}{A_1} \tag{6-8}$$

式中，q_{pt}——泵的理论流量；

k——泵的泄漏系数，其余符号意义同前。

根据式（6-8），选取不同的 A_T 值可得到一组速度负载特性曲线，如图 6.14（b）所示，由图可知当 A_T 一定而负载增加时，速度显著下降，即特性很软；但当 A_T 一定时，负载越大，速度刚度越大；当负载一定时，A_T越小，速度刚度越大，因而旁路节流调速回路适用于高速重载的场合。

同时由图 6.14（b）知回路的最大承载能力随节流阀通流面积 A_T 的增加而减小。当达到最大负载时，泵的全部流量经节流阀流回油箱，液压缸的速度为零，继续增大 A_T 已不起调速作用，故该回路在低速时承载能力低，调速范围小。

② 功率特性。

回路的输入功率

$$P_p=p_1q_p$$

回路的输出功率

$$P_1=Fv=p_1A_1v=p_1q_1$$

回路的功率损失

$$\Delta P=P_p-P_1=p_1q_p-p_1q_1=p_1\Delta q \tag{6-9}$$

回路效率

$$\eta=\frac{P_1}{P_p}=\frac{p_1q_1}{p_1q_p}=\frac{q_1}{q_p} \tag{6-10}$$

由式（6-9）和式（6-10）看出，旁路节流调速只有节流损失，而无溢流损失，因而功率损失比前两种调速回路小，效率高。这种调速回路一般用于功率较大且对速度稳定性要求不高的场合。

2. 采用调速阀的节流调速回路

采用节流阀的节流调速回路刚性差，主要是由于负载变化引起节流阀前后的压差变化，从而使通过节流阀的流量发生变化。对于一些负载变化较大，对速度稳定性要求较高的液压系统这种调速回路远不能满足要求，可采用调速阀来改善回路的速度—负载特性。

（1）采用调速阀的调速回路。用调速阀代替前述各回路中的节流阀，也可组成进油路、回油路和旁油路节流调速回路，如图 6.15（a）、（b）、（c）所示。

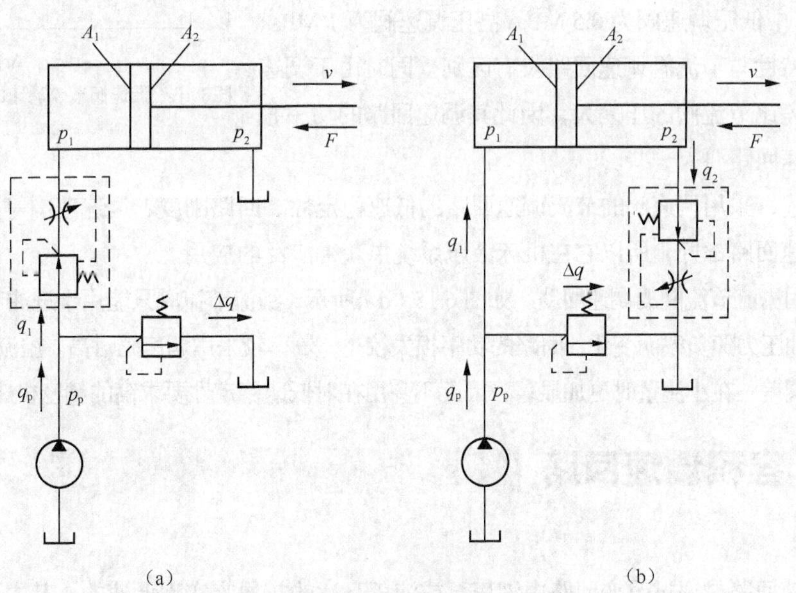

图6.15 采用调速阀、溢流节流阀的调速回路

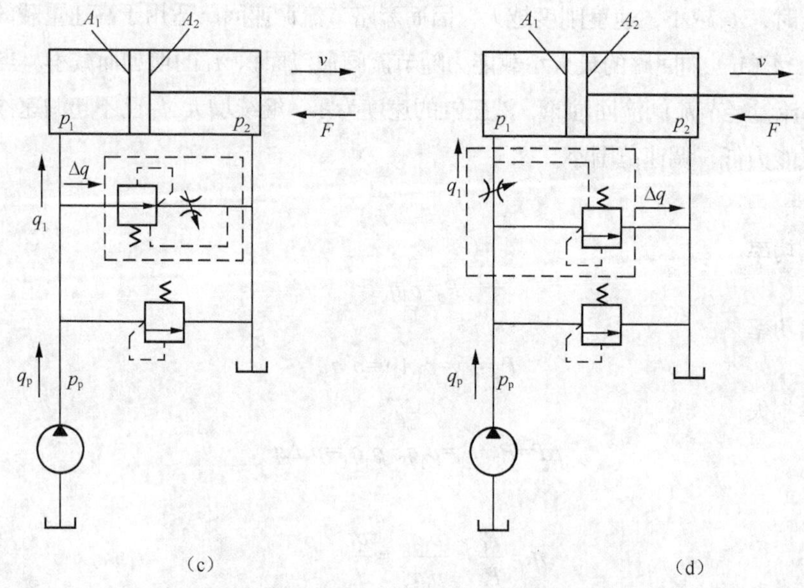

图6.15 采用调速阀、溢流节流阀的调速回路（续）

采用调速阀组成的调速回路，速度刚性比节流阀调速回路好得多。对旁油路，因液压泵泄漏的影响，速度刚性稍差，但比节流阀调速回路好得多。旁油路也有泵输出压力随负载变化，效率较高的特点。图 6.16 所示为调速阀节流调速的速度负载特性曲线，显然速度刚性、承载能力均比节流阀调速回路好得多。在采用调速阀的调速回路中为了保证调速阀中定差减压阀起到压力补偿作用，调速阀两端的压差必须大于一定的数值，中低压调速阀为 0.5 MPa，高压调速阀为 1 MPa，否则其负载特性与节流阀调速回路没有区别。同时由于调速阀的最小压差比节流阀的压差大，因此其调速回路的功率损失比节流调速回路要大一些。

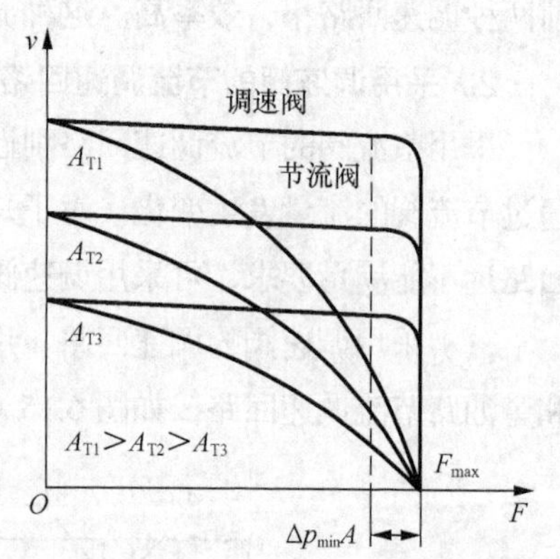

图6.16 调速阀节流调速的速度负载特性曲线

综上所述，采用调速阀的节流调速回路的低速稳定性、回路刚度、调速范围等，要比采用节流阀的节流调速回路都好，所以它在机床液压系统中获得广泛的应用。

（2）采用溢流节流阀的调速回路。如图 6.15（d）所示，溢流节流阀只能用于进油节流调速回路中，液压泵的供油压力随负载而变化，回路的功率损失较小，效率较采用调速阀时高。溢流节流阀的流量稳定性较调速阀差，在小流量时更加显著，因此不宜用在对低速稳定性要求高的精密机床调速系统中。

6.3.3 容积调速回路

1. 概述

容积调速回路是通过改变回路中液压泵或液压马达的排量来实现调速的。其主要优点是功率损失小（没有溢流损失和节流损失）且其工作压力随负载变化，所以效率高、油的温度低，适用于高速、大功率系统。

按油路循环方式不同，容积调速回路有开式回路和闭式回路两种。开式回路中泵从油箱吸油，执行机构的回油直接回到油箱，油箱容积大，油液能得到较充分冷却，但空气和脏物易进入回路。闭式回路中，液压泵将油输出进入执行机构的进油腔，又从执行机构的回油腔吸油。闭式回路结构紧凑，只需很小的补油油箱，但冷却条件差。为了补偿工作中油液的泄漏，一般设补油泵，补油泵的流量为主泵流量的10%～15%。压力调节为0.3～1 MPa。容积调速回路通常有3种基本形式：变量泵和定量马达的容积调速回路；定量泵和变量马达的容积调速回路；变量泵和变量马达的容积调速回路。

2. 定量泵和变量马达容积调速回路

定量泵与变量马达容积调速回路如图6.17所示。图6.17（a）所示为开式回路：由定量泵1、变量马达2、安全阀3和换向阀4组成；图6.17（b）所示为闭式回路：1、2分别为定量泵和变量马达，3为安全阀，4为低压溢流阀，5为补油泵。该回路是由调节变量马达的排量 V_m 来实现调速。

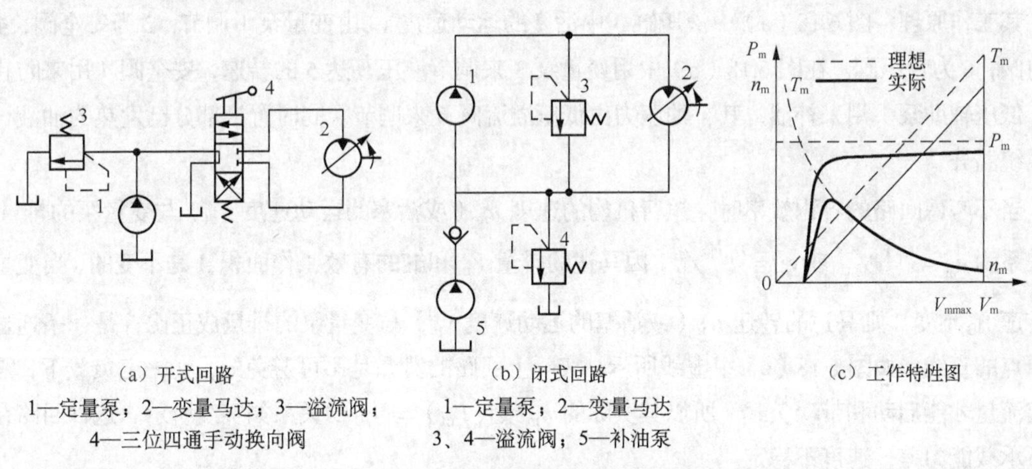

（a）开式回路
1—定量泵；2—变量马达；3—溢流阀；4—三位四通手动换向阀

（b）闭式回路
1—定量泵；2—变量马达
3、4—溢流阀；5—补油泵

（c）工作特性图

图6.17 定量泵变量马达容积调速回路

在这种回路中，液压泵转速 n_p 和排量 V_P 都是常值，改变液压马达排量 V_m 时，马达输出转矩的变化与 V_m 成正比，输出转速 n_m 则与 V_m 成反比。马达的输出功率 P_m 和回路的工作压力 P 都由负载功率决定，不因调速而发生变化，所以这种回路常被称为恒功率调速回路。回路的工作特性曲线如图6.17（c）所示，该回路的优点是能在各种转速下保持很大输出功率不变，其缺点是调速范围小。同时，该调速回路如果用变量马达来换向，在换向的瞬间要经过“高转速—零转速—反向高转速”的突变过程，所以，不宜用变量马达来实现平稳换向。

综上所述，定量泵变量马达容积调速回路，由于不能用改变马达的排量来实现平稳换向，调速范围比较小（一般为3～4），因而较少单独应用。

3. 变量泵和定量液动机容积调速回路

这种调速回路可由变量泵与液压缸或变量泵与定量液压马达组成。其回路原理图如图6.18所示，图6.18（a）所示为变量泵与液压缸所组成的开式容积调速回路；图6.18（b）所示为变量泵与定量液压马达组成的闭式容积调速回路。

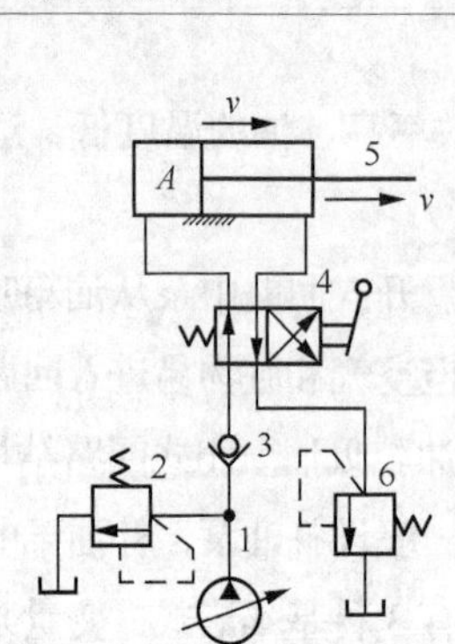

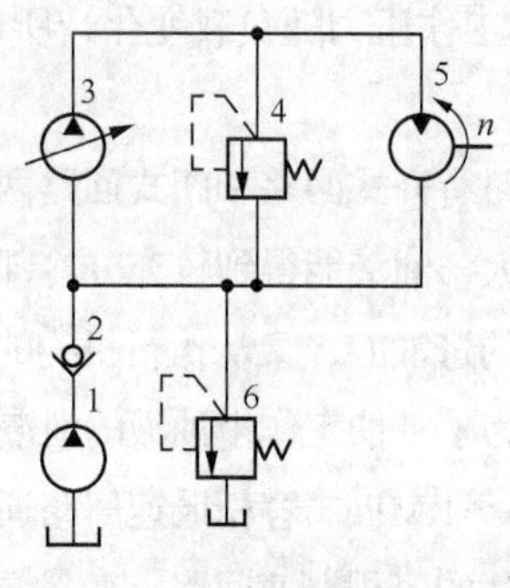

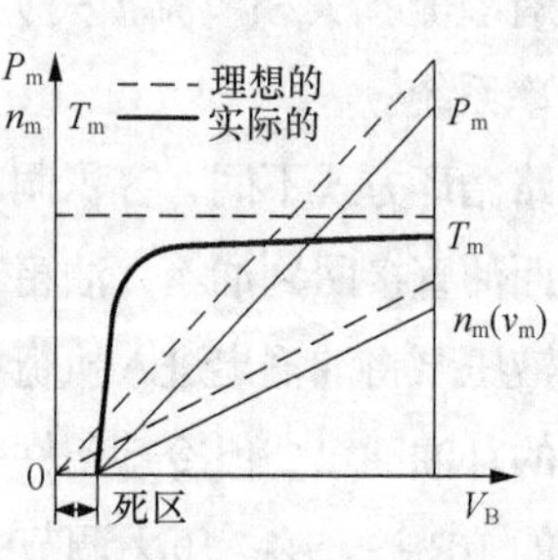

（a）开式回路

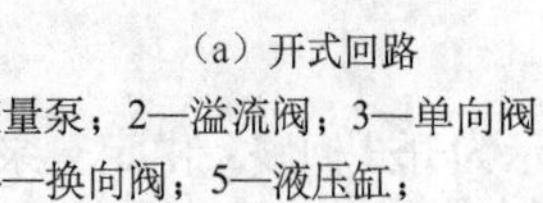

1—变量泵；2—溢流阀；3—单向阀；4—换向阀；5—液压缸；6—背压阀（溢流阀）

（b）闭式回路

1—辅助泵；2—单向阀；3—变量泵 4、6—溢流阀；5—液压马达

（c）闭式回路的物性曲线

图6.18　变量泵定量液动机容积调速回路

其工作原理：图 6.18（a）中液压缸 5 中活塞的运动速度 v_m 由变量泵 1 调节，2 为安全阀，4 为换向阀，6 为背压阀。在图 6.18（b）中用变量泵 3 来调节液压马达 5 的转速，安全阀 4 用来防止过载，低压辅助泵 1 用来补油，其补油压力由低压溢流阀 6 来调节，同时置换部分已发热的油液，降低系统温升。

当不考虑回路的容积效率时，执行机构的速度 n_m（或活塞的运动速度 V_m）与变量泵的排量 V_B 的关系为 $n_m = n_B V_B / V_m$ 或 $v_m = n_B V_B / A$，因马达的排量 V_m 和缸的有效工作面积 A 是不变的，当变量泵的转速 n_B 不变，则马达的转速 n_m（或活塞的运动速度 v_m）与变量泵的排量成正比，是一条通过坐标原点的直线，如图 6.18（c）中虚线所示。实际上回路的泄漏是不可避免的，在一定负载下，需要一定流量才能启动和带动负载。所以其实际的 n_m 或（V_m）与 V_B 的关系如实线所示。这种回路在低速下承载能力差，速度不稳定。

当不考虑回路的损失时，液压马达的输出转矩 T_m（或缸的输出推力 F）为 $T_m = V_m \Delta P / 2\pi$ 或 $F=A(P_p-p_0)$。它表明当泵的输出压力 p_p 和吸油路（也即马达或缸的排油）压力 p_0 不变，马达的输出转矩 T_m 或缸的输出推力 F 理论上是恒定的，与变量泵的排量无关，故该回路的调速方式又称为恒转矩调速。但实际上由于泄漏和机械摩擦等的影响，会存在一个“死区”，如图 6.18（c）所示。马达或缸的输出功率随变量泵排量的增减而线性地增减。

这种回路的调速范围，主要取决于变量泵的变量范围，其次是受回路的泄漏和负载的影响。这种回路的调速范围一般在 40 左右。

综上所述，变量泵和定量液动机所组成的容积调速回路为恒转矩输出，可正反向实现无级调速，调速范围较大。适用于调速范围较大，要求恒扭矩输出的场合，如大型机床的主运动或进给系统中。

4. 变量泵和变量马达的容积调速回路

这种调速回路是上述两种调速回路的组合，其调速特性也具有两者的特点。

图 6.19（a）所示为双向变量泵和双向变量马达组成的容积式调速回路。回路中各元件对称布置，

改变泵的供油方向，就可实现马达的正反向旋转，单向阀 4 和 5 用于辅助泵 3 双向补油，单向阀 6 和 7 使溢流阀 8 在两个方向上都能对回路起过载保护作用。一般机械要求低速时输出转矩大，高速时能输出较大的功率，这种回路恰好可以满足这一要求。在低速段，先将马达排量调到最大，用变量泵调速，当泵的排量由小调到最大，马达转速随之升高，输出功率随之线性增加，此时因马达排量最大，马达能获得最大输出转矩，且处于恒转矩状态；高速段，泵为最大排量，用变量马达调速，将马达排量由大调小，马达转速继续升高，输出转矩随之降低，此时因泵处于最大输出功率状态，故马达处于恒功率状态。

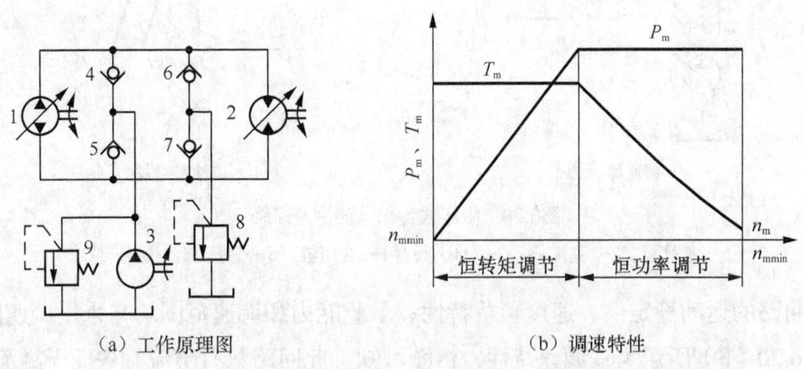

（a）工作原理图　　（b）调速特性

图6.19　变量泵变量马达的容积调速回路

1—变量泵；2—变量马达；3—辅助泵；4、5、6、7—单向阀；8、9—溢流阀

这样，就可使马达的换向平稳，且第一阶段为恒转矩调速，第二阶段为恒功率调速。回路特性曲线如图 6.19（b）所示。这种容积调速回路的调速范围是变量泵调节范围和变量马达调节范围之乘积，所以其调速范围大（可达 100），并且有较高的效率，它适用于大功率的场合，如矿山机械、起重机械以及大型机床的主运动液压系统。

6.3.4 容积节流调速回路

容积节流调速回路的基本工作原理是采用压力补偿式变量泵供油、调速阀（或节流阀）调节进入液压缸的流量并使泵的输出流量自动地与液压缸所需流量相适应。

常用的容积节流调速回路有：限压式变量泵与调速阀等组成的限压式容积节流调速回路；差压式变量泵与节流阀等组成的差压式容积调速回路。

1. 限压式容积节流调速回路

图 6.20 所示为限压式变量泵与调速阀组成的调速回路工作原理和工作特性图。在图示位置，液压缸 4 的活塞快速向右运动，泵 1 按快速运动要求调节其输出流量，同时调节限压式变量泵的压力调节螺钉，使泵的限定压力大于快速运动所需压力（图 6.20（b）中 *AB* 段），泵输出的压力油经调速阀 3 进入缸 4，其回油经背压阀 5 回油箱。调节调速阀 3 的流量 q_1 就可调节活塞的运动速度 v，由于 $q_1 < q_B$，压力油迫使泵的出口与调速阀进口之间的油压憋高，即泵的供油压力升高，泵的流量便自动减小到 $q_B \approx q_1$ 为止。

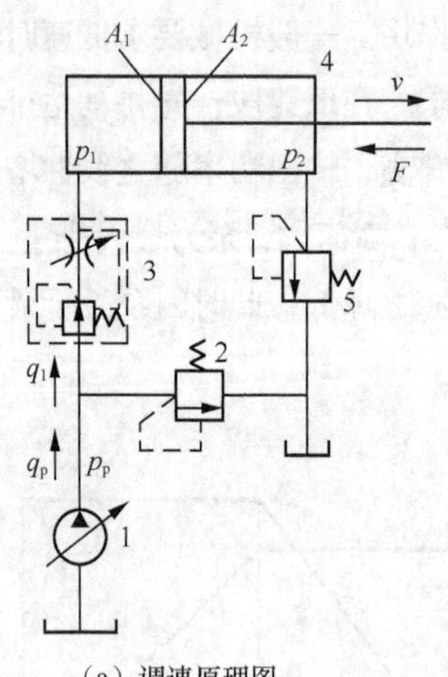

（a）调速原理图

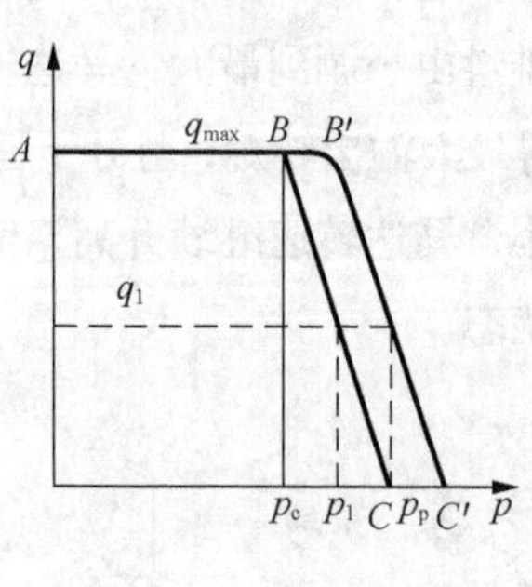

（b）调速特性图

图6.20　限压式容积节流调速回路

1—变量泵；2—溢流阀；3—调速阀；4—液压缸；5—背压阀（溢流阀）

这种调速回路的运动稳定性、速度负载特性、承载能力和调速范围均与采用调速阀的节流调速回路相同。图 6.20（b）所示为其调速特性，由图可知，此回路只有节流损失而无溢流损失。

当不考虑回路中泵和管路的泄漏损失时，回路的效率为

$$\eta_c = \frac{q_1(p_1 - p_2\dfrac{A_2}{A_1})}{q_1 p_B} = \frac{(p_1 - p_2\dfrac{A_2}{A_1})}{p_B}$$

上式表明：泵的输油压力 p_B 调得低一些，回路效率就可高一些，但为了保证调速阀的正常工作压差，泵的压力应比负载压力 p_1 至少大 0.5 MPa。当此回路用于“死挡铁停留”、压力继电器发讯实现快退时，泵的压力还应调高些，以保证压力继电器可靠发讯，故此时的实际工作特性曲线如图 6.20（b）中 $A'B'C'$所示。此外，当 p_c 不变时，负载越小，p_1 便越小，回路效率越低。

综上所述：限压式变量泵与调速阀等组成的容积节流调速回路，具有效率较高、调速较稳定、结构较简单等优点。目前已广泛应用于负载变化不大的中、小功率组合机床的液压系统中。

2. 差压式容积节流调速回路

图 6.21 所示为差压式变量泵和节流阀组成的容积节流调速回路。该回路采用差压式变量泵供油，通过节流阀来确定进入液压缸或流出液压缸的流量，不但使变量泵输出的流量与液压缸所需要的流量相适应，而且液压泵的工作压力能自动跟随负载压力变化。

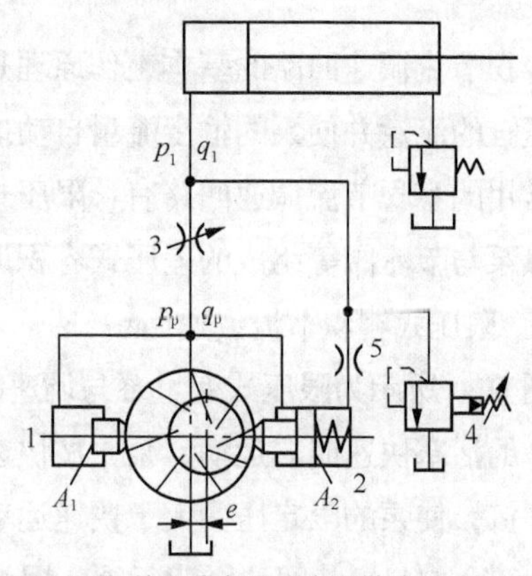

图6.21　差压式变量泵容积节流调速回路

1—柱塞；2—活塞；3—节流阀；4—溢流阀；5—阻尼孔

该回路的工作原理如下。图 6.21 中节流阀安装在液压缸的进油路上，节流阀两端的压差反馈作用在变量泵的两个控制柱塞上，其中柱塞 1 的面

积 A_1 等于活塞 2 活塞杆面积 A_2。由力的平衡关系，变量泵定子的偏心距 e 的大小受节流阀的两端的压差的控制，从而控制变量泵的流量。调节节流阀的开口，就可以调节进入液压缸的流量 q_1，并使泵的输出流量 q_p 自动与 q_1 相适应。阻尼孔 5 的作用是防止变量泵定子移动过快发生振荡，4 为安全阀。

该回路效率比前述容积节流调速回路高，适用于调速范围大、速度较低的中小功率液压系统，常用在某些组合机床的进给系统中。

6.3.5 调速回路的比较和选用

1. 调速回路的比较

调速回路的比较和选用见表 6.1。

表 6.1 调速回路的比较

<table>
<tr><td colspan="2">回路类型</td><td colspan="4">节流调速回路</td><td rowspan="3">容积调速回路</td><td colspan="2">容积节流调速回路</td></tr>
<tr><td colspan="2" rowspan="2">主要性能</td><td colspan="2">用节流阀</td><td colspan="2">用调速阀</td><td rowspan="2">限压式</td><td rowspan="2">稳流式</td></tr>
<tr><td>进回油</td><td>旁路</td><td>进回油</td><td>旁路</td></tr>
<tr><td rowspan="2">机械特性</td><td>速度稳定性</td><td>较差</td><td>差</td><td colspan="2">好</td><td>较好</td><td colspan="2">好</td></tr>
<tr><td>承载能力</td><td>较好</td><td>较差</td><td colspan="2">好</td><td>较好</td><td colspan="2">好</td></tr>
<tr><td colspan="2">调速范围</td><td>较大</td><td>小</td><td colspan="2">较大</td><td>大</td><td colspan="2">较大</td></tr>
<tr><td rowspan="2">功率特性</td><td>效率</td><td>低</td><td>较高</td><td>低</td><td>较高</td><td>最高</td><td>较高</td><td>高</td></tr>
<tr><td>发热</td><td>大</td><td>较小</td><td>大</td><td>较小</td><td>最小</td><td>较小</td><td>小</td></tr>
<tr><td colspan="2">适用范围</td><td colspan="4">小功率、轻载的中、低压系统</td><td>大功率、重载、高速的中、高压系统</td><td colspan="2">中、小功率的中压系统</td></tr>
</table>

2. 调速回路的选用

调速回路的选用主要考虑以下问题。

（1）执行机构的负载性质、运动速度、速度稳定性等要求。负载小，且工作中负载变化也小的系统可采用节流阀节流调速；在工作中负载变化较大且要求低速稳定性好的系统，宜采用调速阀的节流调速或容积节流调速；负载大、运动速度高、油的温升要求小的系统，宜采用容积调速回路。

一般来说，功率在 3 kW 以下的液压系统宜采用节流调速；3～5 kW 范围宜采用容积节流调速；功率在 5 kW 以上的宜采用容积调速回路。

（2）工作环境要求。处于温度较高的环境下工作，且要求整个液压装置体积小、重量轻的情况，宜采用闭式回路的容积调速。

（3）经济性要求。节流调速回路的成本低，功率损失大，效率也低；容积调速回路因变量泵、

变量马达的结构较复杂，所以成本高，但其效率高、功率损失小；而容积节流调速则介于两者之间。所以需综合分析选用哪种回路。

6.4 速度控制回路（二）——快速运动回路和速度换接回路

6.4.1 快速运动回路

为了提高生产效率，机器工作部件常常要求实现空行程（或空载）的快速运动。这时要求液压系统流量大而压力低。这和工作运动时一般需要的流量较小和压力较高的情况正好相反。对快速运动回路的要求主要是在快速运动时，尽量减小需要液压泵输出的流量，或者在加大液压泵的输出流量后，但在工作运动时又不致于引起过多的能量消耗。以下介绍几种常用的快速运动回路。

1. 差动连接回路

这是在不增加液压泵输出流量的情况下，来提高工作部件运动速度的一种快速回路，其实质是改变了液压缸的有效作用面积。

图 6.22 所示为用于快、慢速转换的，其中快速运动采用差动连接的回路。当换向阀 3 左端的电磁铁通电时，阀 3 左位进入系统，液压泵 1 输出的压力油同缸右腔的油经 3 左位、5 下位（此时外控顺序阀 7 关闭）也进入缸 4 的左腔，进入液压缸 4 的左腔，实现了差动连接，使活塞快速向右运动。当快速运动结束，工作部件上的挡铁压下机动换向阀 5 时，泵的压力升高，阀 7 打开，液压缸 4 右腔的回油只能经调速阀 6 流回油箱，这时是工作进给。当换向阀 3 右端的电磁铁通电时，活塞向左快速退回（非差动连接）。采用差动连接的快速回路方法简单，较经济，但快、慢速度的换接不够平稳。必须注意，差动油路的换向阀和油管通道应按差动时的流量选择，不然流动液阻过大，会使液压泵的部分油从溢流阀流回油箱，速度减慢，甚至不起差动作用。

2. 双泵供油的快速运动回路

这种回路是利用低压大流量泵和高压小流量泵并联为系统供油，回路如图 6.23 所示。

图 6.23 中 1 为高压小流量泵，用以实现工作进给运动。2 为低压大流量泵，用以实现快速运动。在快速运动时，液压泵 2 输出的油经单向阀 4 和液压泵 1 输出的油共同向系统供油。在工作进给时，系统压力升高，打开液控顺序阀（卸荷阀）3 使液压泵 2 卸荷，此时单向阀 4 关闭，由液压泵 1 单独向系统供油。溢流阀 5 控制液压泵 1 的供油压力是根据系统所需最大工作压力来调节的，而卸荷阀 3 使液压泵 2 在快速运动时供油，在工作进给时则卸荷，因此它的调整压力应比快速运动时系统所需的压力要高，但比溢流阀 5 的调整压力低。

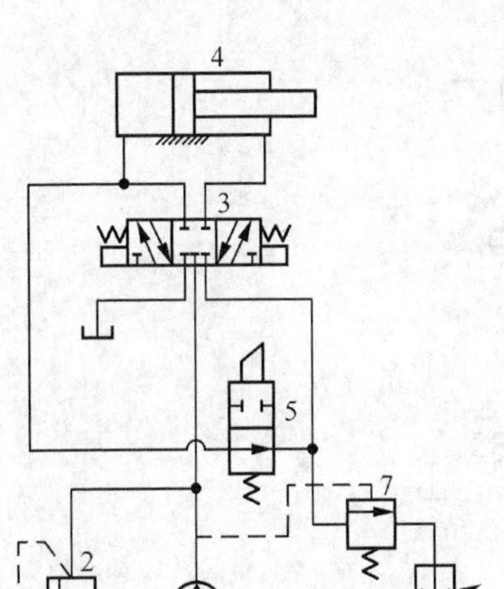

图6.22　差动连接快速运动回路

1—液压泵；2—溢流阀；3—三位四通电磁换向阀；4—液压缸；5—二位二通机动阀；6—调速阀；7—外控顺序阀

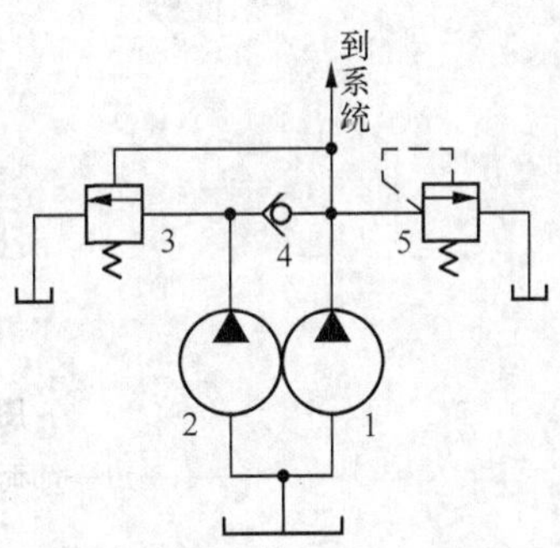

图6.23　双泵供油快速运动回路

1、2—液压泵；3—卸荷阀；4—单向阀；5—溢流阀

双泵供油回路功率利用合理、效率高，并且速度换接较平稳，在快、慢速度相差较大的机床中应用很广泛，缺点是要用一个双联泵，油路系统也稍复杂。

3. 充液增速回路

图 6.24 所示为增速缸快速运动回路。增速缸是一种复合缸，由活塞缸和柱塞缸复合而成。当手动换向阀的左位接入系统，压力油经柱塞孔进入增速缸的小腔 1，推动活塞快速向右移动，大腔 2 所需油液由充液阀 3 从油箱吸取，活塞缸右腔的油液经换向阀流回油箱。当执行元件接触工件负载增加时，系统压力升高，顺序阀 4 开启，充液阀 3 关闭，高压油进入增速缸大腔 2，活塞转换成慢速前进，推力增大。换向阀右位接入时，压力油进入活塞缸右腔，打开充液阀 3，大腔 2 的回油流回油箱。该回路增速比大、效率高，但液压缸结构复杂，常用于液压机中。

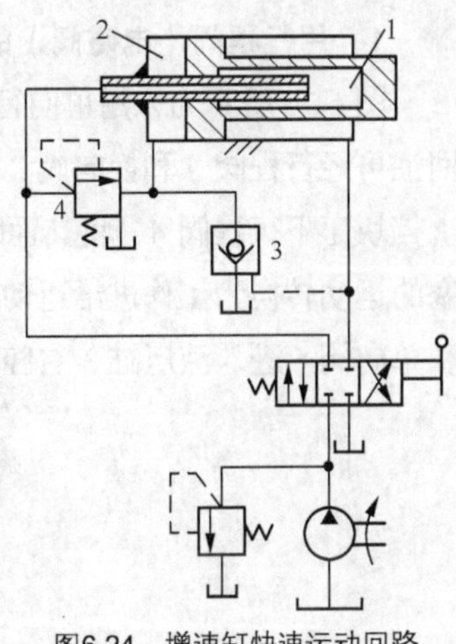

图6.24　增速缸快速运动回路

1—增速缸小腔；2—增速缸大腔；3—充液阀；4　顺序阀

4. 采用蓄能器的快速运动回路

采用蓄能器的快速回路，是在执行元件不动或需要较少的压力油时，将其余的压力油贮存在蓄能器中，需要快速运动时再释放出来。该回路的关键在于能量贮存和释放的控制方式。图 6.25 所示为蓄能器快速回路之一，用于液压缸间歇式工作。当液压缸不动时，换向阀 3 中位将液压泵与液压缸断开，液压泵的油经单向阀给蓄能器 4 充油。当蓄能器 4 压力达到卸荷阀 1 的调定压力，阀 1 开启，液压泵卸荷。当需要液压缸动作时，阀 3 换向，溢流阀 2 关闭后，蓄能器 4 和泵一起给液压缸供油，实现快速运动。该回路可减小液压装置功率，实现高速运动。

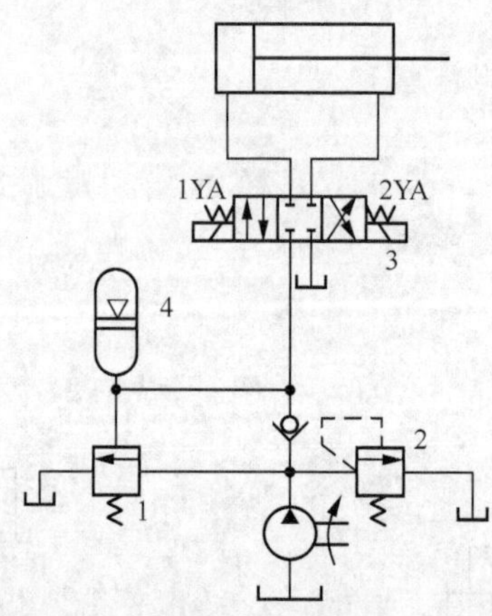

图6.25 采用蓄能器的快速运动回路

1—卸荷阀；2—溢流阀；3—换向阀；4—蓄能器

6.4.2 速度换接回路

速度换接回路用来实现运动速度的变换，即在原来设计或调节好的几种运动速度中，从一种速度换成另一种速度。对这种回路的要求是速度换接要平稳，即不允许在速度变换的过程中有前冲（速度突然增加）现象。下面介绍几种回路的换接方法及特点。

1．用行程阀（电磁阀）的速度换接回路

图 6.26 所示为采用单向行程节流阀换接快速运动的速度换接回路。在图示位置液压缸 3 右腔的回油可经行程阀 4 和换向阀 2 流回油箱，使活塞快速向右运动。当快速运动到达所需位置时，活塞上挡块压下行程阀 4，将其通路关闭，这时液压缸 3 右腔的回油就必须经过节流阀 6 流回油箱，活塞的运动转换为工作进给运动（简称工进）。当操纵换向阀 2 使活塞换向后，压力油可经换向阀 2 和单向阀 5 进入液压缸 3 右腔，使活塞快速向左退回。

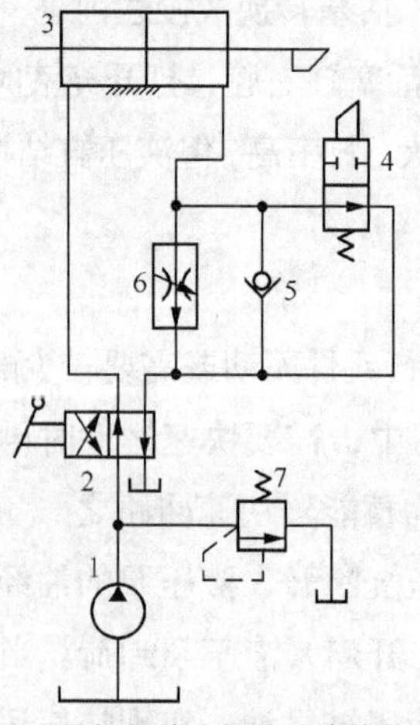

图6.26 用行程节流阀的速度换接回路

1—液压泵；2—换向阀；3—液压缸；4—行程阀；5—单向阀；6—节流阀；7—溢流阀

在这种速度换接回路中，因为行程阀的通油路是由液压缸活塞的行程控制阀芯移动而逐渐关闭的，所以换接时的位置精度高，冲击小，运动速度的变换也比较平稳。这种回路在机床液压系统中应用较多，它的缺点是行程阀的安装位置受一定限制，所以有时管路连接稍复杂。行程阀也可以用电磁换向阀来代替，电磁阀的安装位置不受限制，但其换接精度及速度变换的平稳性较差。

2. 调速阀（节流阀）串并联的速度换接回路

对于某些自动机床、注塑机等，需要在自动工作循环中变换两种以上的工作进给速度，这时需要采用两种或多种工作进给速度的换接回路。

图 6.27 所示为两个调速阀并联以实现两种工作进给速度换接的回路。在图 6.27（a）中，液压泵输出的压力油经调速阀 3 和电磁阀 5 进入液压缸。当需要第二种工作进给速度时，电磁阀 5 通电，其右位接入回路，液压泵输出的压力油经调速阀 4 和电磁阀 5 进入液压缸。这种回路中两个调速阀的节流口可以单独调节，互不影响，即第一种工作进给速度和第二种工作进给速度互相间没有什么限制。但一个调速阀工作时，另一个调速阀中没有油液通过，它的减压阀则处于完全打开的位置，在速度换接开始的瞬间不能起减压作用，容易出现部件突然前冲的现象。

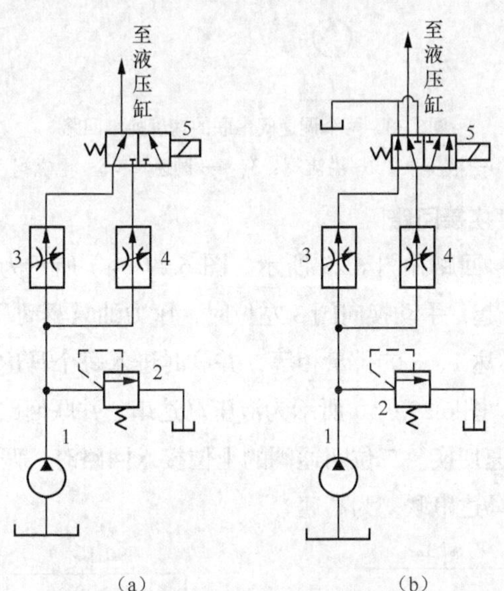

图6.27 两个调速阀并联式速度换接回路

1—液压泵；2—溢流阀；3、4—调速阀；5—电磁阀

图 6.27（b）所示为另一种调速阀并联的速度换接回路。在这个回路中，两个调速阀始终处于工作状态，在由一种工作进给速度转换为另一种工作进给速度时，不会出现工作部件突然前冲现象，因而工作可靠。但是液压系统在工作中总有一定量的油液通过不起调速作用的那个调速阀流回油箱，造成能量损失，使系统发热。

图 6.28 所示为两个调速阀串联的速度换接回路。图中液压泵输出的压力油经调速阀 3 和电磁阀 5 进入液压缸，这时的流量由调速阀 3 控制。当需要第二种工作进给速度时，阀 5 通电，其右位接入回路，则液压泵输出的压力油先经调速阀 3，再经调速阀 4 进入液压缸，这时的流量应由调速阀 4 控制，所以这种回路中调速阀 4 的节流口应调得比调速阀 3 小，否则调速阀 4 速度换接将不起作用。

这种回路在工作时调速阀 3 一直工作，它限制着进入液压缸或调速阀 4 的流量，因此在速度换接时不会使液压缸产生前冲现象，换接平稳性较好。在调速阀 4 工作时，油液需经两个调速阀，故能量损失较大。系统发热也较大，但却比图 6.27（b）所示的回路要小。

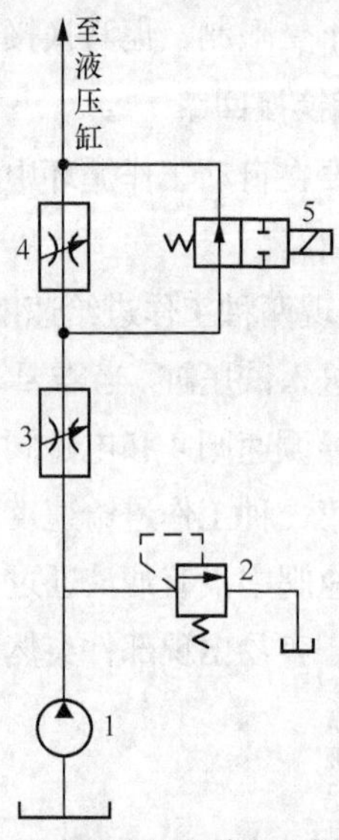

图6.28　两个调速阀串联的速度换接回路

1—液压泵；2—溢流阀；3、4—调速阀；5—电磁阀

3. 液压马达串并联速度换接回路

液压马达串并联速度换接回路如图 6.29 所示。图 6.29（a）所示为液压马达并联回路，液压马达 1、2 的主轴刚性连接在一起，手动换向阀 3 左位时，压力油只驱动马达 1，马达 2 空转；阀 3 在右位时马达 1、2 并联。若马达 1、2 的排量相等，并联时进入每个马达的流量减少一半，转速相应降低一半，而转矩增加一倍。图 6.29（b）所示为液压马达串、并联回路。用二位四通阀使两马达串联或并联来使系统实现快慢速切换。二位四通阀的上位接入回路时，两马达并联，为低速，输出转矩大；当下位接入回路，两马达串联，为高速。

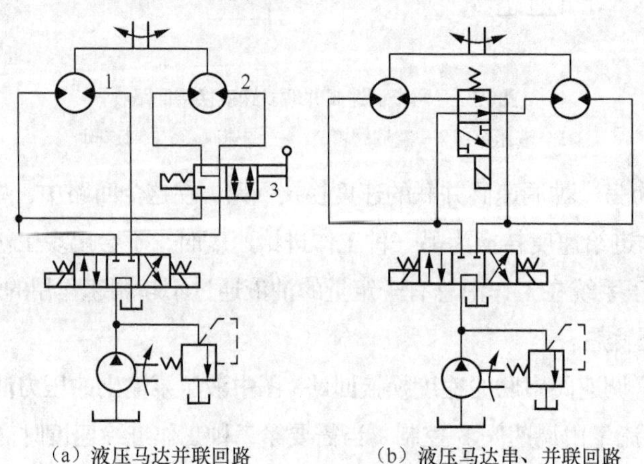

（a）液压马达并联回路　　（b）液压马达串、并联回路

图6.29　液压马达串并联速度换接回路

1、2—液压马达；3—手动换向阀

液压马达串并联速度换接回路主要用于由液压驱动的行走机械中，可根据路况需要提供两挡速度：在平地行驶时为高速，上坡时输出转矩增加，转速降低。

6.5 方向控制回路

在液压系统中，起控制执行元件的启动、停止及换向作用的回路，称方向控制回路。方向控制回路有换向回路和锁紧回路。关于机动—液动换向回路的控制方式和换向精度等问题，在磨床液压系统中叙述。

6.5.1 换向回路

1. 采用换向阀的换向回路

运动部件的换向，一般可采用各种换向阀来实现。在容积调速的闭式回路中，也可以利用双向变量泵控制油流的方向来实现液压缸（或液压马达）的换向。

依靠重力或弹簧返回的单作用液压缸，可以采用二位三道换向阀进行换向，如图 6.30 所示。双作用液压缸的换向，一般都可采用二位四通（或五通）及三位四通（或五通）换向阀来进行换向，按不同用途还可选用各种不同的控制方式的换向回路。

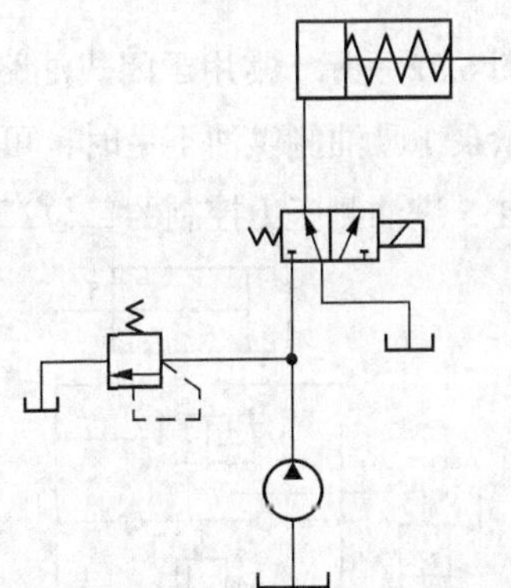

图6.30 采用二位三通换向阀的单作用缸换向的回路

电磁换向阀的换向回路应用最为广泛，尤其在自动化程度要求较高的组合机床液压系统中被普遍采用，这种换向回路曾多次出现于上面许多回路中，这里不再赘述。对于流量较大和换向平稳性要求较高的场合，电磁换向阀的换向回路已不能适应上述要求，往往采用手动换向阀或机动换向阀作先导阀，以液动换向阀为主阀的换向回路，或者采用电液动换向阀的换向回路。

图 6.31 所示为手动转阀（先导阀）控制液动换向阀的换向回路。回路中用辅助泵 2 提供低压控

制油，通过手动先导阀 3（三位四通转阀）来控制液动换向阀 4 的阀芯移动，实现主油路的换向，当转阀 3 在右位时，控制油进入液动阀 4 的左端，右端的油液经转阀回油箱，使液动换向阀 4 左位接入工件，活塞下移。当转阀 3 切换至左位时，即控制油使液动换向阀 4 换向，活塞向上退回。当转阀 3 中位时，液动换向阀 4 两端的控制油通油箱，在弹簧力的作用下，使阀芯回复到中位，主泵 1 卸荷。这种换向回路常用于大型压机上。

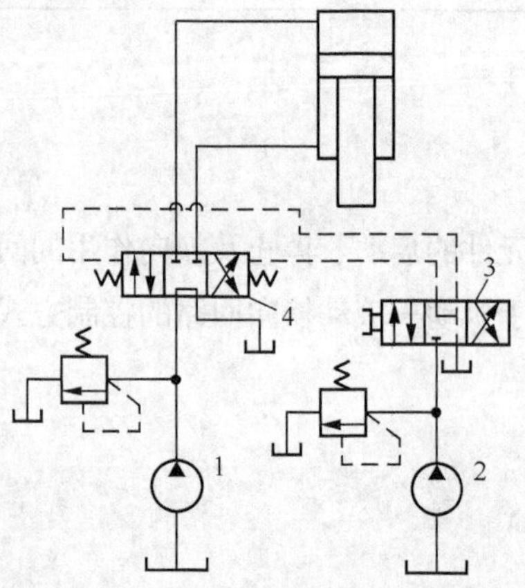

图6.31 先导阀控制液动换向阀的换向回路

1—主泵；2—辅助泵；3—转阀；4—液动阀

在液动换向阀的换向回路或电液动换向阀的换向回路中，控制油液除了用辅助泵供给外，在一般的系统中也可以把控制油路直接接入主油路。但是，当主阀采用 M 型或 H 型中位机能时，必须在回路中设置背压阀，保证控制油液有一定的压力，以控制换向阀阀芯的移动。

在机床夹具、油压机和起重机等不需要自动换向的场合，常采用手动换向阀来进行换向。

2. 采用双向变量泵的换向回路

采用双向变量泵的换向回路如图 6.32 所示，常用于闭式油路中，采用变更供油方向来实现液压缸或液压马达换向。图中若双向变量泵 1 吸油侧供油不足时，可由补油泵 2 通过单向阀 3 来补充；泵 1 吸油侧多余的油液可通过液压缸 5 进油侧压力控制的二位二通阀 4 和溢流阀 6 流回油箱。

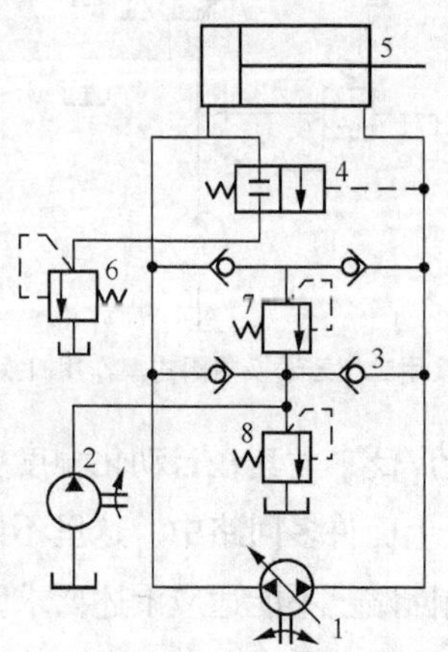

图6.32 采用双向变量泵的换向回路

1—双向变量泵；2—补油泵；3—单向阀；4—换向阀；5—液压缸；6、8—溢流阀；7—安全阀溢流阀 6 和 8 的作用是使液压缸活塞向右或向左运动时泵的吸油侧有一定的吸入压力，改善泵的吸油性能，同时能使活塞运动平稳。安全阀 7 为防止系统过载的安全阀。

6.5.2 锁紧回路

为了使工作部件能在任意位置上停留，以及在停止工作时防止在受力的情况下发生移动，可以采用锁紧回路。

采用 O 型或 M 型机能的三位换向阀，当阀芯处于中位时，液压缸的进、出口都被封闭，可以将活塞锁紧，这种锁紧回路由于受到滑阀泄漏的影响，锁紧效果较差。

图 6.33 所示为采用液控单向阀的锁紧回路。在液压缸的进、回油路中都串接液控单向阀（又称液压锁），活塞可以在行程的任何位置锁紧。其锁紧精度只受液压缸内少量的内泄漏影响，因此，锁紧精度较高。采用液控单向阀的锁紧回路，换向阀的中位机能应使液控单向阀的控制油液卸压（换向阀采用 H 型或 Y 型），此时，液控单向阀便立即关闭，活塞停止运动。假如采用 O 型机能，在换向阀中位时，由于液控单向阀的控制腔压力油被闭死而不能使其立即关闭，直至由换向阀的内泄漏使控制腔泄压后，液控单向阀才能关闭，影响其锁紧精度。

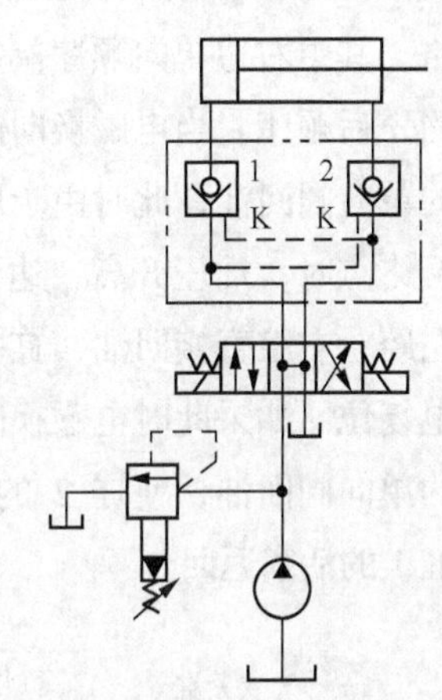

图6.33 采用液控单向阀的锁紧回路
1、2—液控单向阀（液压锁）

6.6 多缸动作回路

6.6.1 顺序动作回路

在多缸液压系统中，往往需要按照一定的要求顺序动作。例如，自动车床中刀架的纵横向运动，夹紧机构的定位和夹紧等。

顺序动作回路按其控制方式不同，分为压力控制、行程控制和时间控制 3 类，其中前两类用得较多。

1. 用压力控制的顺序动作回路

压力控制就是利用油路本身的压力变化来控制液压缸的先后动作顺序，它主要利用压力继电器和顺序阀来控制顺序动作。

（1）用压力继电器控制的顺序回路。图 6.34 所示为压力继电器控制的顺序回路，用于机床的夹紧、进给系统，要求的动作顺序是：先将工件夹紧，然后动力滑台进行切削加工，动作循环开始时，二位四通电磁阀处于图示位置，液压泵输出的压力油进入夹紧缸的右腔，左腔回油，活塞向左移动，将工件夹紧。夹紧后，液压缸右腔的压力升高，当油压超过压力继电器的调定值时，压力继电器发出讯号，指令电磁阀的电磁铁 2DT、4DT 通电，进给液压缸动作（其动作原理详见速度换接回路）。油路中要求先夹紧后进给，工件没有夹紧则不能进给，这一严格的顺序是由压力继电器保证的。压力继电器的调整压力应比减压阀的调整压力低 0.3～0.5 MPa。

（2）用顺序阀控制的顺序动作回路。图 6.35 所示为采用两个单向顺序阀的压力控制顺序动作回路。其中右边单向顺序阀控制两液压缸前进时的先后顺序，左边单向顺序阀控制两液压缸后退时的先后顺序。当电磁换向阀左位工作时，压力油进入液压缸 1 的左腔，右腔经左边单向顺序阀中的单向阀回油，此时由于压力较低，右边顺序阀关闭，缸 1 的活塞先动。当液压缸 1 的活塞运动至终点时，油压升高，达到右边单向顺序阀的调定压力时，顺序阀开启，压力油进入液压缸 2 的左腔，右腔直接回油，缸 2 的活塞向右移动。当液压缸 2 的活塞右移达到终点后，电磁换向阀断电复位。如果此时电磁换向阀右位工作，压力油进入液压缸 2 的右腔，左腔经右边单向顺序阀中的单向阀回油，使缸 2 的活塞向左返回，到达终点时，压力油升高打开左边单向顺序阀，使液压缸 1 的活塞返回。

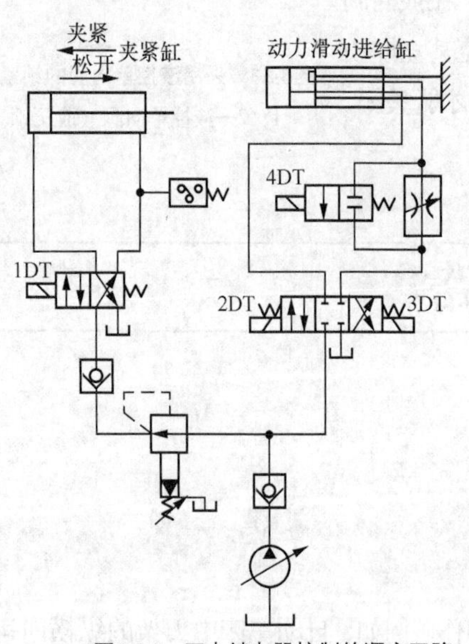

图6.34 压力继电器控制的顺序回路

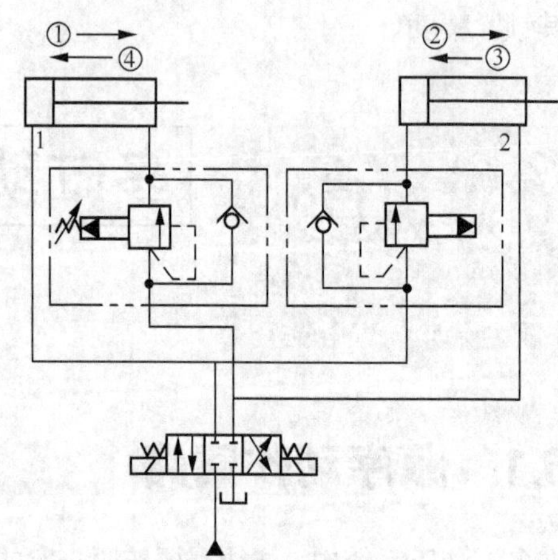

图6.35 顺序阀控制的顺序回路

这种顺序动作回路的可靠性，在很大程度上取决于顺序阀的性能及其压力调整值。顺序阀的调整压力应比先动作的液压缸的工作压力高 0.8～1 MPa，以免在系统压力波动时，发生误动作。

2. 用行程控制的顺序动作回路

行程控制顺序动作回路是利用工作部件到达一定位置时，发出讯号来控制液压缸的先后动作顺序，它可以利用行程开关、行程阀或顺序缸来实现。

图 6.36 所示为利用电气行程开关发讯来控制电磁阀先后换向的顺序动作回路。其动作顺序

是：按启动按钮，电磁铁 1DT 通电，缸 1 活塞右行；当挡铁触动行程开关 2XK，使 2DT 通电，缸 2 活塞右行；缸 2 活塞右行至行程终点，触动 3XK，使 1DT 断电，缸 1 活塞左行；而后触动 1XK，使 2DT 断电，缸 2 活塞左行。至此完成了缸 1、缸 2 的全部顺序动作的自动循环。采用电气行程开关控制的顺序回路，调整行程大小和改变动作顺序均甚方便，且可利用电气互锁使动作顺序可靠。

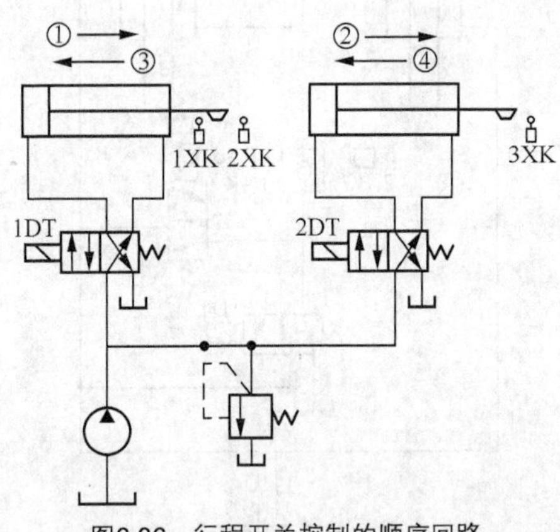

图6.36　行程开关控制的顺序回路

6.6.2　同步回路

使两个或两个以上的液压缸，在运动中保持相同位移或相同速度的回路称为同步回路。在一泵多缸的系统中，尽管液压缸的有效工作面积相等，但是由于运动中所受负载不均衡，摩擦阻力也不相等，泄漏量的不同以及制造上的误差等，不能使液压缸同步动作。同步回路的作用就是为了克服这些影响，补偿它们在流量上所造成的变化。

1. 串联液压缸的同步回路

图 6.37 所示为串联液压缸的同步回路。图中第一个液压缸 1 回油腔排出的油液，被送入第二个液压缸 2 的进油腔。如果串联油腔活塞的有效面积相等，便可实现同步运动。这种回路两缸能承受不同的负载，但泵的供油压力要大于两缸工作压力之和。

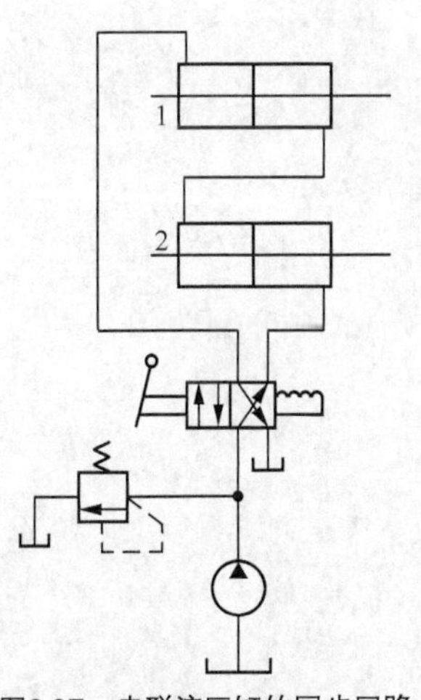

图6.37　串联液压缸的同步回路

由于泄漏和制造误差，影响了串联液压缸的同步精度，当活塞往复多次后，会产生严重的失调现象，为此要采取补偿措施。图 6.38 所示为两个单作用缸串联，并带有补偿装置的同步回路。为了达到同步运动，液压缸 1 有杆腔 A 的有效面积应与液压缸 2 无杆腔 B 的有效面积相等。在活塞下行的过程中，如液压缸 1 的活塞先运动到底，触动行程开关 1XK 发讯，使电磁铁 1DT 通电，此时压力油便经过二位三通电磁阀 3、液控单向阀 5 向液压缸 2 的 B 腔补油，使缸 2 的活塞继续运动到底。如果液压缸 2 的活塞先运动到底，触动行程开关 2XK，使电磁铁 2DT

通电，此时压力油便经二位三通电磁阀 4 进入液控单向阀的控制油口，液控单向阀 5 反向导通，使缸 1 能通过液控单向阀 5 和二位三通电磁阀 3 回油，使缸 1 的活塞继续运动到底，对失调现象进行补偿。

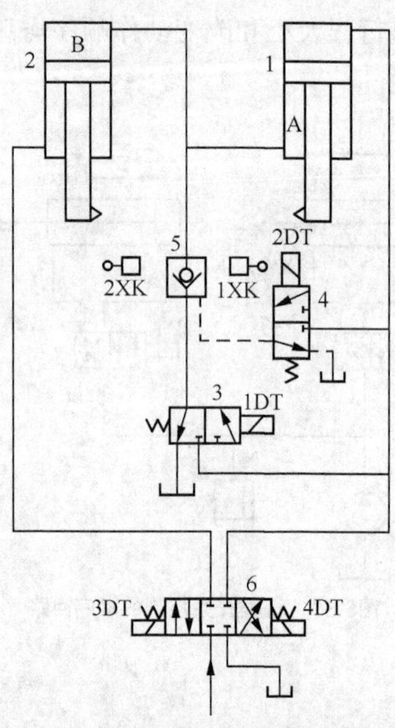

图6.38 采用补偿措施的串联液压缸同步回路

1、2—液压缸；3、4—二位三通电磁换向阀；5—液控单向阀；6—三位四通电磁换向阀

2. 流量控制式同步回路

（1）用调速阀控制的同步回路。图 6.39 所示为两个并联的液压缸，分别用调速阀控制的同步回路。两个调速阀分别调节两缸活塞的运动速度，当两缸有效面积相等时，则流量也调整的相同；若两缸面积不等时，则改变调速阀的流量也能达到同步的运动。

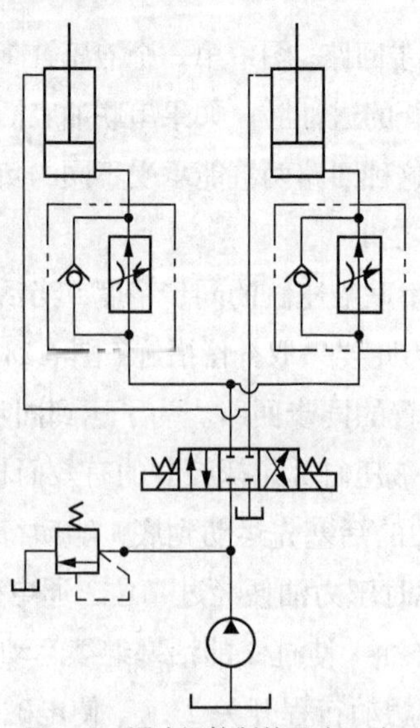

图6.39 调速阀控制的同步回路

用调速阀控制的同步回路，结构简单，并且可以调速，但是由于受到油温变化以及调速阀性能差异等影响，同步精度较低，一般在5%～7%。

（2）用电液比例调速阀控制的同步回路。图6.40所示为用电液比例调速阀实现同步运动的回路。回路中使用了一个普通调速阀1和一个比例调速阀2，它们装在由多个单向阀组成的桥式回路中，并分别控制着液压缸3和4的运动。当两个活塞出现位置误差时，检测装置就会发出讯号，调节比例调速阀的开度，使缸4的活塞跟上缸3的活塞运动而实现同步。

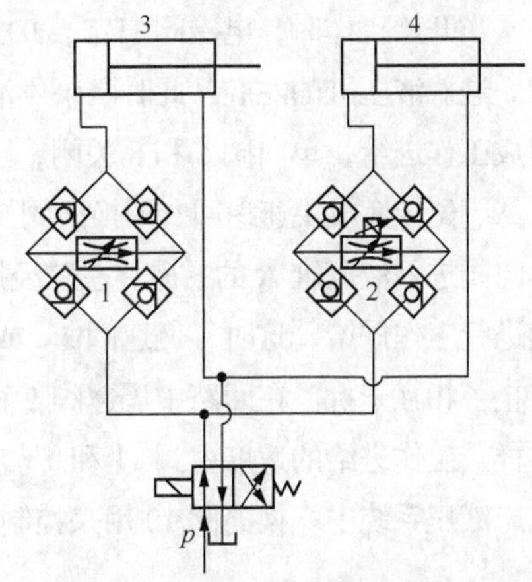

图6.40 电液比例调速阀控制式同步回路

1—普通调速阀；2—比例调速阀；3、4—液压缸

这种回路的同步精度较高，位置精度可达0.5mm，已能满足大多数工作部件所要求的同步精度。比例阀性能虽然比不上伺服阀，但费用低，系统对环境适应性强。因此，用它来实现同步控制被认为是一个新的发展方向。

6.6.3 多缸快慢速互不干涉回路

在一泵多缸的液压系统中，往往由于其中一个液压缸快速运动时，会造成系统的压力下降，影响其他液压缸工作进给的稳定性。因此，在工作进给要求比较稳定的多缸液压系统中，必须采用快慢速互不干涉回路。

在图6.41所示的回路中，各液压缸分别要完成快进、工作进给和快速退回的自动循环。回路采用双泵的供油系统，泵1为高压小流量泵，供给各缸工作进给所需的压力油；泵2为低压大流量泵，为各缸快进或快退时输送低压油，它们的压力分别由溢流阀3和4调定。

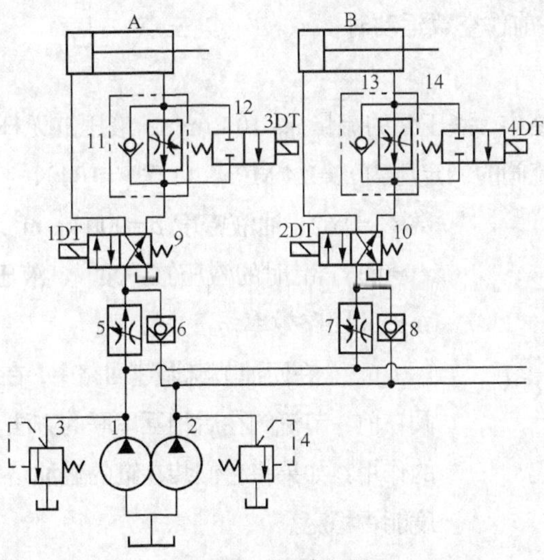

图6.41 防干扰回路

1—高压小流量泵；2—低压大流量泵；3、4—溢流阀；5、6—调速阀；7、8—单向阀；9、10—三位四通电磁换向阀；11、13—单向调速阀；12、14—二位三通电磁换向阀

当开始工作时，电磁阀 1DT、2DT 和 3DT、4DT 同时通电，液压泵 2 输出的压力油经单向阀 6 和 8 进入液压缸的左腔，此时两泵供油使各活塞快速前进。当电磁铁 3DT、4DT 断电后，由快进转换成工作进给，单向阀 6 和 8 关闭，工进所需压力油由液压泵 1 供给。如果其中某一液压缸（例如缸 A）先转换成快速退回，即换向阀 9 失电换向，泵 2 输出的油液经单向阀 6、换向阀 9 和阀 11 的单向阀进入液压缸 A 的右腔，左腔经换向阀回油，使活塞快速退回。其他液压缸仍由泵 1 供油，继续进行工作进给。这时，调速阀 5（或 7）使泵 1 仍然保持溢流阀 3 的调整压力，不受快退的影响，防止了相互干扰。在回路中调速阀 5 和 7 的调整流量应适当大于单向调速阀 11 和 13 的调整流量，这样，工作进给的速度由阀 11 和 13 来决定，这种回路可以用在具有多个工作部件各自分别运动的机床液压系统中。换向阀 10 用来控制 B 缸换向，换向阀 12、14 分别控制 A、B 缸快速进给。

思考与练习

6.1 进油路节流调速回路和回油路节流调速回路中泵的泄漏对执行元件的运动速度有无影响？为什么？液压缸的泄漏对速度有无影响？

6.2 容积调速回路有什么特点？

6.3 如图 6.42 所示回路中，溢流阀的调整压力为 5.0 MPa，减压阀的调整压力为 2.5 MPa，试分析下列情况，并说明减压阀阀口处于什么状态？

（1）当泵压力等于溢流阀调定压力时，夹紧缸使工件夹紧后，*A*、*C* 点的压力各为多少？

（2）当泵压力由于工作缸快进压力降到 1.5 MPa 时（工件原先处于夹紧状态）*A*、*C* 点的压力多少？

（3）夹紧缸在夹紧工件前作空载运动时，*A*、*B*、*C* 三点的压力各为多少？

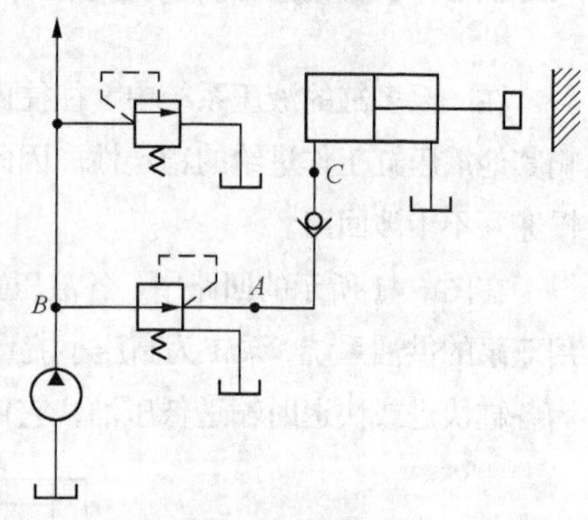

图6.42 题6.3图

6.4 在图 6.43 所示回路中，液压泵的流量 q_p=10 L/min，液压缸无杆腔面积 A_1=50 cm^2，液压缸有杆腔面积 A_2=25 cm^2，溢流阀的调定压力 p_y=2.4 MPa，负载 F=10 kN。节流阀口为薄壁孔，流量系数 C_d=0.62，油液密度 ρ=900 kg/m^3，试求：节流阀口通流面积 A_T=0.05 cm^2 时的液压缸速度 v、液压泵压力 p_p、溢流功率损失 Δp_y 和回路效率 η。

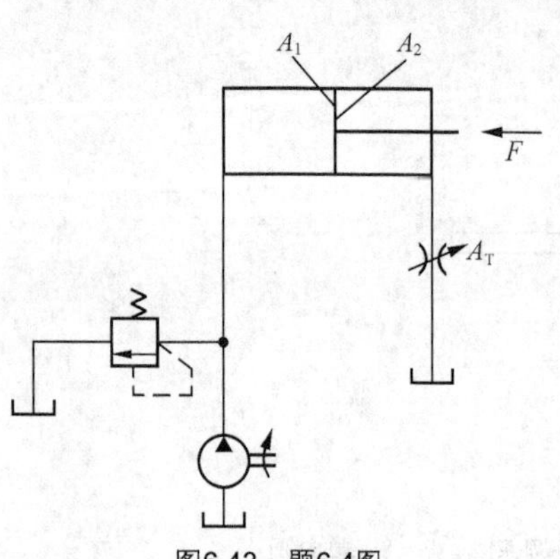

图6.43 题6.4图

6.5 在回油节流调速回路中，在液压缸的回油路上，用减压阀在前、节流阀在后相互串联的方法，能否起到调速阀稳定速度的作用？如果将它们装在缸的进油路或旁油路上，液压缸运动速度能否稳定？

6.6 试说明图 6.44 所示回路中液压缸往复运动的工作原理。为什么无论是进还是退，只要负载 *G* 一过中线，液压缸就

会发生断续停顿的现象？为什么换向阀一到中位，液压缸便左右推不动？

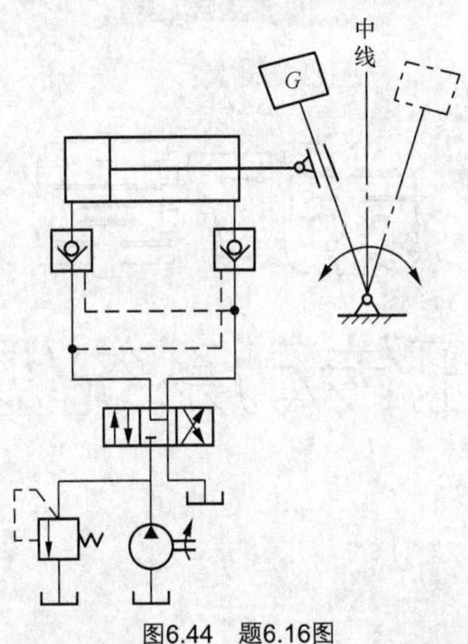

图6.44 题6.16图

6.7 图 6.45 所示为实现“快进—工进（1）—工进（2）—快退—停止”动作的回路，工进（1）速度比工进（2）快，试列出电磁铁动作的顺序表。

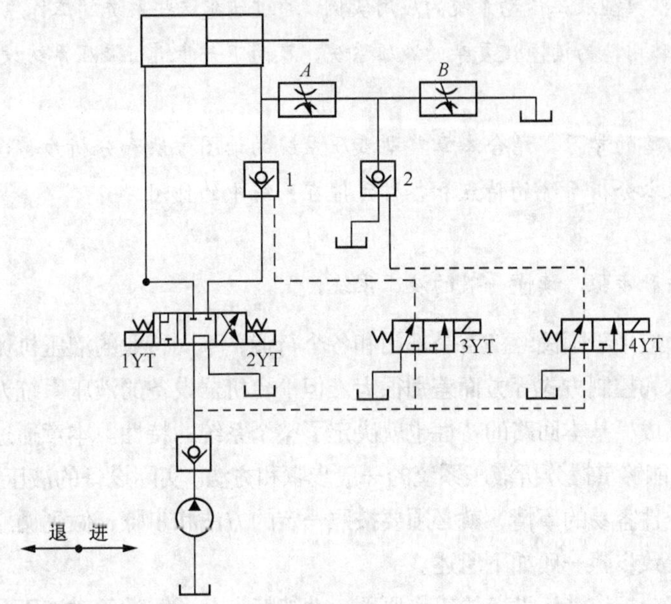

图6.45 题6.17图

第7章 液压传动系统实例

【内容简介】

本章详细介绍一些典型液压传动系统的应用实例，通过研究这些系统的工作原理和性能特点，研究各种元件在系统中的作用，为读懂较复杂的液压系统，及为下一步进行液压系统设计打下坚实基础。

【学习目标】

通过前面基本回路的学习，结合本章典型液压系统的读图方法和分析步骤，要求能读懂一般的液压系统实例，能基本分析系统的特点和各种元件在系统中的作用。

【重点】

掌握读图的方法和步骤，读懂一般的液压系统。

液压技术广泛地应用于国民经济各个部门和各个行业，不同行业的液压机械，它的工况特点、动作循环、工作要求和控制方式等方面差别很大。但一台机器设备的液压系统无论有多复杂，都是由若干个基本回路组成，基本回路的特性也就决定了整个系统的特性。本章通过介绍几种不同类型的液压系统，使大家能够掌握分析液压系统的一般步骤和方法。实际设备的液压系统往往比较复杂，要想真正读懂并非一件容易的事情，就必须要按照一定的方法和步骤，做到循序渐进，分块进行、逐步完成。读图的大致步骤一般如下所述。

（1）首先要认真分析该液压设备的工作原理、性能特点，了解设备对液压系统的工作要求。

（2）根据设备对液压系统执行元件动作循环的具体要求，从液压泵到执行元件（液压缸或马达）和从执行元件到液压泵双向同时进行，按油路的走向初步阅读液压系统原理图，寻找它们的连接关系，以执行元件为中心将系统分解成若干子系统，读图时要按照先读控制油路后读主油路的读图顺序进行。

（3）按照系统中组成的基本回路（如换向回路、调速回路、压力控制回路等）来分解系统的功能，并根据设备各执行元件间的互锁、同步、顺序动作和防干扰等要求，全面读懂液压系统原理图。

（4）分析液压系统性能优劣，总结归纳系统的特点，以加深对系统的了解。

7.1 组合机床动力滑台液压系统

7.1.1 概述

组合机床是一种由通用部件和部分专用部件组合而成的高效、工序集中的专用机床，具有加工能力强、自动化程度高、经济性好等优点。动力滑台是组合机床上实现进给运动的一种通用部件，配上动力头和主轴箱可以完成钻、扩、铰、镗、铣、攻丝等工序，能加工孔和端面。广泛应用于大批量生产的流水线。卧式组合机床的结构原理图如图 7.1 所示。

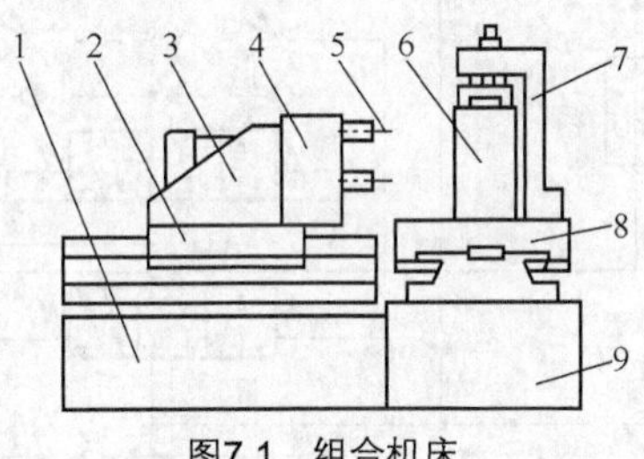

图7.1　组合机床

1—床身；2—动力滑台；3—动力头；4—主轴箱；5—刀具；6—工件；7—夹具；8—工作台；9—底座

7.1.2 YT4543 型动力滑台液压系统工作原理

图 7.2 所示为 YT4543 型动力滑台的液压系统图，该滑台由液压缸驱动，系统用限压式变量叶片泵供油，三位五通电液换向阀换向，用液压缸差动连接实现快进，用调速阀调节实现工进，由二个调速阀串联、电磁铁控制实现一工进和二工进转换，用死挡铁保证进给的位置精度。可见，系统能够实现快进→一工进→二工进→死挡铁停留→快退→原位停止。表 7.1 为该滑台的动作循环表（表中“+”表示电磁铁得电）。

具体工作情况如下。

1．快进

人工按下自动循环启动按钮，使电磁铁 1Y 得电，电液换向阀中的先导阀 5 左位接入系统，在控制油路驱动下，液动换向阀 4 左位接入系统，系统开始实现快进。由于快进时滑台上无工作负载，液压系统只需克服滑台上负载的惯性力和导轨的摩擦力，泵的出口压力很低，使限压式变量叶片泵 1 处于最大偏心距状态，输出最大流量，外控式顺序阀 3 处于关闭状态，通过单向阀 12 的单向导通和行程阀 9 右位接入系统，使液压缸处于差动连接状态，实现快进。这时油路的流动情况为

控制油路　进油路：泵 1→先导阀 5（左位）→单向阀 13→主阀 4（左边）；

回油路：主阀 4（右边）→节流阀 16→先导阀 5（左位）→油箱。

主油路　进油路：泵 1→单向阀 11→主阀 4（左位）→行程阀 9 常位→液压缸左腔；

回油路：液压缸右腔→主阀 4（左位）→单向阀 12→行程阀 9 常位→液压缸左腔。

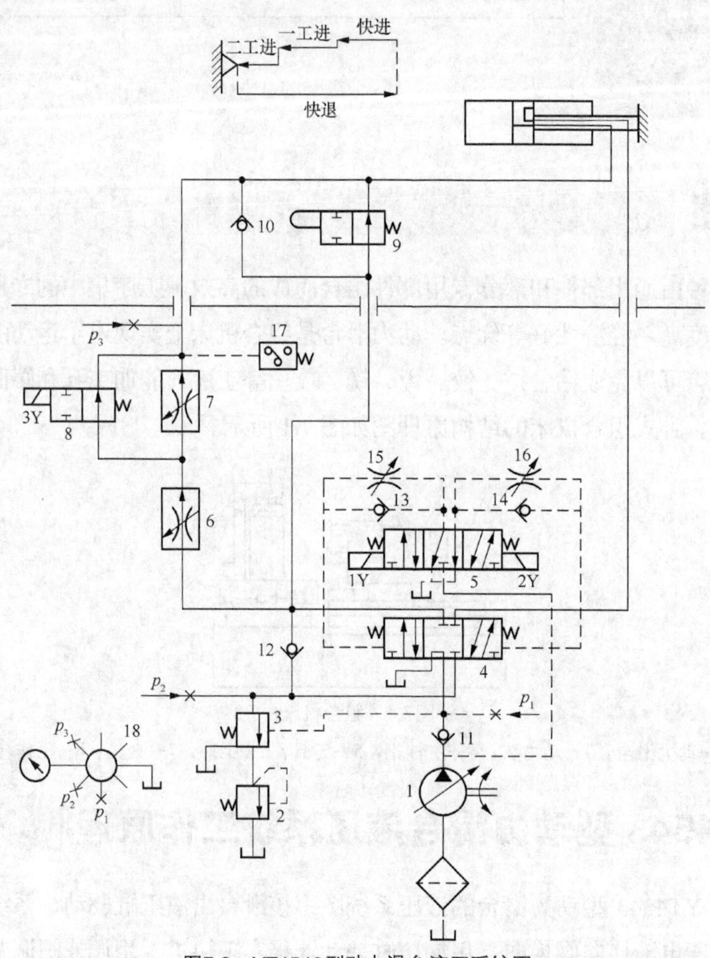

图7.2　YT4543型动力滑台液压系统图

1—限压式变量叶片泵；2—背压阀；3—外控顺序阀；4—液动阀（主阀）；5—电磁先导阀；6、7—调速阀；8—电磁阀；9—行程阀；10、11、12、13、14—单向阀；15、16—节流阀；17—压力继电器；18—压力表开关；p_1、p_2、p_3—压力表接点

表 7.1　　YT4543 型动力滑台液压系统动作循环表

<table>
<tr><th rowspan="2">动作名称</th><th rowspan="2">信号来源</th><th colspan="3">电磁铁工作状态</th><th colspan="5">液压元件工作状态</th></tr>
<tr><th>1Y</th><th>2Y</th><th>3Y</th><th>顺序阀 3</th><th>先导阀 5</th><th>主阀 4</th><th>电磁阀 8</th><th>行程阀 9</th></tr>
<tr><td>快进</td><td>人工启动按钮</td><td>+</td><td>−</td><td>−</td><td>关闭</td><td rowspan="4">左位</td><td rowspan="4">左位</td><td rowspan="2">右位</td><td>右位</td></tr>
<tr><td>一工进</td><td>挡块压下行程阀 9</td><td>+</td><td>−</td><td>−</td><td rowspan="3">打开</td><td rowspan="3">左位</td></tr>
<tr><td>二工进</td><td>挡块压下行程开关</td><td>+</td><td>−</td><td>+</td><td rowspan="3">左位</td></tr>
<tr><td>停留</td><td>滑台靠压在死挡块处</td><td>+</td><td>−</td><td>+</td></tr>
<tr><td>快退</td><td>压力继电器 17 发出信号</td><td>−</td><td>+</td><td>+</td><td rowspan="2">关闭</td><td>右位</td><td>右位</td><td rowspan="2">右位</td></tr>
<tr><td>停止</td><td>挡块压下终点开关</td><td>−</td><td>−</td><td>−</td><td>中位</td><td>中位</td><td>右位</td></tr>
</table>

2. 一工进

当滑台快进到预定位置时，滑台上的行程挡块压下行程阀 9，使行程阀左位接入系统，单向阀 12 与行程阀 9 之间的油路被切断，单向阀 10 反向截止，3Y 又处于失电状态，压力油只能经过调速阀 6、电磁阀 8 的右位后进入液压缸左腔，由于调速阀 6 接入系统，造成系统压力升高，系统进入容积节流调速工作方式，使系统第一次工进开始。这时，其余液压元件所处状态不变，但顺序阀 3 被打开，由于压力的反馈作用，使限压式变量叶片泵 1 输出流量与调速阀 6 的流量自动匹配。这时油路的流动情况为

进油路：泵 1→单向阀 11→换向阀 4（左位）→调速阀 6→电磁阀 8（右位）→液压缸左腔；

回油路：液压缸右腔→换向阀 4（左位）→顺序阀 3→背压阀 2→油箱。

3. 二工进

当滑台第一次工作进给结束时，装在滑台上的另一个行程挡块压下一行程开关，使电磁铁 3Y 得电，电磁换向阀 8 左位接入系统，压力油经调速阀 6、调速阀 7 后进入液压缸左腔，此时，系统仍然处于容积节流调速状态，第二次工进开始。由于调速阀 7 的开口比调速阀 6 小，使系统工作压力进一步升高，限压式变量叶片泵 1 的输出流量进一步减少，滑台的进给速度降低。这时油路的流动情况为

进油路：泵 1→单向阀 11→换向阀 4（左位）→调速阀 6→调速阀 7→液压缸左腔；

回油路：液压缸右腔→换向阀 4（左位）→顺序阀 3→背压阀 2→油箱。

4. 进给终点停留

当滑台以二工进速度运动到终点时，碰上事先调整好的死挡块，使滑台不能继续前进，被迫停留。此时，油路状态保持不变，泵 1 仍在继续运转，使系统压力不断升高，泵的输出流量不断减少直到流量全部用来补偿泵的泄漏，系统没有流量。由于流过调速阀 6 和 7 的流量为零，阀前后的压力差为零，从泵 1 出口到液压缸之间的压力油路段变为静压状态，使整个压力油路上的油压力相等，即液压缸左腔的压力升高到泵出口的压力。由于液压缸左腔压力的升高，引起压力继电器 17 动作并发出信号给时间继电器（图 7.2 中未画出），经过时间继电器的延时处理，使滑台在死挡铁停留一定时间后开始下一个动作。

5. 快退

当滑台停留一定时间后，时间继电器发出快退信号，使电磁铁 1Y 失电、2Y 得电，先导阀 5 右位接入系统，控制油路换向，使液动阀 4 右位接入系统，因而主油路换向。由于此时滑台没有外负载，系统压力下降，限压式变量液压泵 1 的流量又自动增至最大，有杆腔进油，无杆腔回油，使滑台实现快速退回。这时油路的流动情况为

控制油路 进油路：泵 1→先导阀 5（右位）→单向阀 14→主阀 4（右边）；

回油路：主阀 4（左边）→节流阀 15→先导阀 5（右位）→油箱。

主油路 进油路：泵 1→单向阀 11→换向阀 4（右位）→液压缸右腔；

回油路：液压缸左腔→单向阀 10→换向阀 4（右位）→油箱。

6. 原位停止

当滑台快退到原位时，另一个行程挡块压下原位行程开关，使电磁铁 1Y、2Y 和 3Y 都失电，

先导阀 5 在对中弹簧作用下处于中位，液动阀 4 左右两边的控制油路都通油箱，因而液动阀 4 也在其对中弹簧作用下回到中位，液压缸两腔封闭，滑台停止运动，泵 1 卸荷。这时油路的流动情况为

卸荷油路：泵 1→单向阀 11→换向阀 4（中位）→油箱。

7.1.3 YT4543 型动力滑台液压系统特点

由以上分析看出，该液压系统主要由以下一些基本回路组成：由限压式变量液压泵、调速阀和背压阀组成的容积节流调速回路；液压缸差动连接的快速运动回路；电液换向阀的换向回路；由行程阀、电磁阀、顺序阀、两个调速阀等组成的快慢速换接回路；采用电液换向阀 M 型中位机能和单向阀的卸荷回路等。该液压系统的主要性能特点如下。

（1）采用了限压式变量液压泵和调速阀组成的容积节流调速回路，它能保证液压缸稳定的低速运动、较好的速度刚性和较大的调速范围。回油路上的背压阀除了防止空气渗入系统外，还可使滑台承受一定的负值负载。

（2）系统采用了限压式变量液压泵和液压缸差动连接实现快进，得到较大的快进速度，能量利用也比较合理。滑台工作间歇停止时，系统采用单向阀和 M 型中位机能换向阀串联使液压泵卸荷，既减少了能量损耗，又使控制油路保持一定的压力，保证下一工作循环的顺利启动。

（3）系统采用行程阀和外控顺序阀实现快进与工进的转换，不仅简化了油路，而且使动作可靠，换接位置精度较高。两次工进速度的换接采用布局简单、灵活的电磁阀，保证了换接精度，避免换接时滑台前冲，采用死挡块作限位装置，定位准确、可靠，重复精度高。

（4）系统采用换向时间可调的三位五通电液换向阀来切换主油路，使滑台的换向平稳，冲击和噪声小。同时，电液换向阀的五通结构使滑台进和退时分别从两条油路回油，这样滑台快退时系统没有背压，减少了压力损失。

（5）系统回路中的 3 个单向阀 10、11 和 12 的用途完全不同。阀 11 使系统在卸荷情况下能够得到一定的控制压力，实现系统在卸荷状态下平稳换向；阀 12 实现快进时差动连接，工进时压力油与回油隔离；阀 10 实现快进与两次工进时的反向截止与快退时的正向导通，使滑台快退时的回油通过管路和换向阀 4 直接回油箱，以尽量减少系统快退时的能量损失。

3150kN 通用压力机液压系统

7.2.1 概述

压力机是一种能完成锻压、冲压、冷挤、校直、折边、弯曲和成形打包等工艺的压力加工机械，

它可用于加工金属、塑料、木材、皮革和橡胶等各种材料。具有压力和速度调节范围大、可在任意位置输出全部功率和保持所需的压力等优点，在许多工业部门得到了广泛的应用。压力机的类型很多，其中以四柱式液压机最为典型，通常由横梁、导柱、工作台、滑块和顶出机构等部件组成。结构原理图如图 7.3 所示。这种液压机在它的 4 个立柱之间安置着上、下两个液压缸，上液压缸驱动上滑块，实现“快速下行—慢速加压—保压延时—快速返回—原位停止”的动作循环；下液压缸驱动下滑块，实现“向上顶出—向下退回—原位停止”或“浮动压边下行—停止—顶出”的动作循环，如图 7.4 所示。液压机液压系统以压力控制为主，系统具有压力高、流量大和功率大的特点。

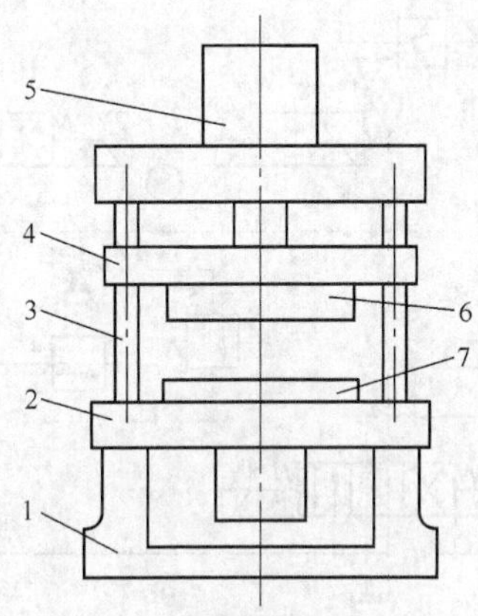

图7.3　四柱液压机结构原理图

1—床身；2—工作平台；3—导柱；4—上滑块；5—上缸；6—上滑块模具；7—下滑块模具

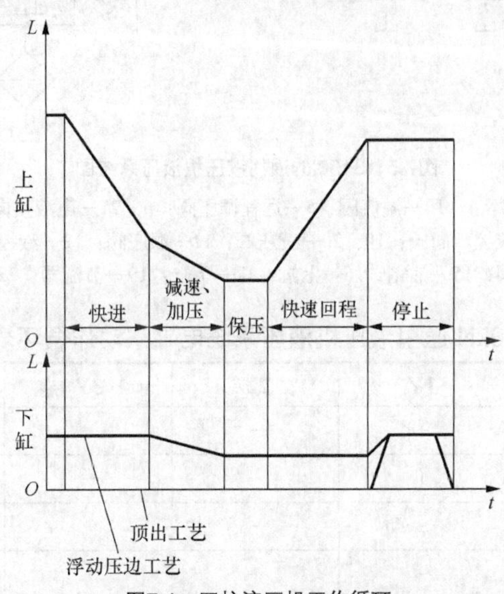

图7.4　四柱液压机工作循环

7.2.2　3150 kN 通用压力机液压系统工作原理

图 7.5 所示为 YB32—200 型液压机液压系统图，表 7.2 所示为该型号液压机的液压系统动作循环表。该液压机工作的特点是上缸竖直放置，当上滑块组件没有接触到工件时，系统为空载高速运动；

当上滑块接触到工件后，系统压力急剧升高，且上缸的运动速度迅速降低，直至为零，进行保压。

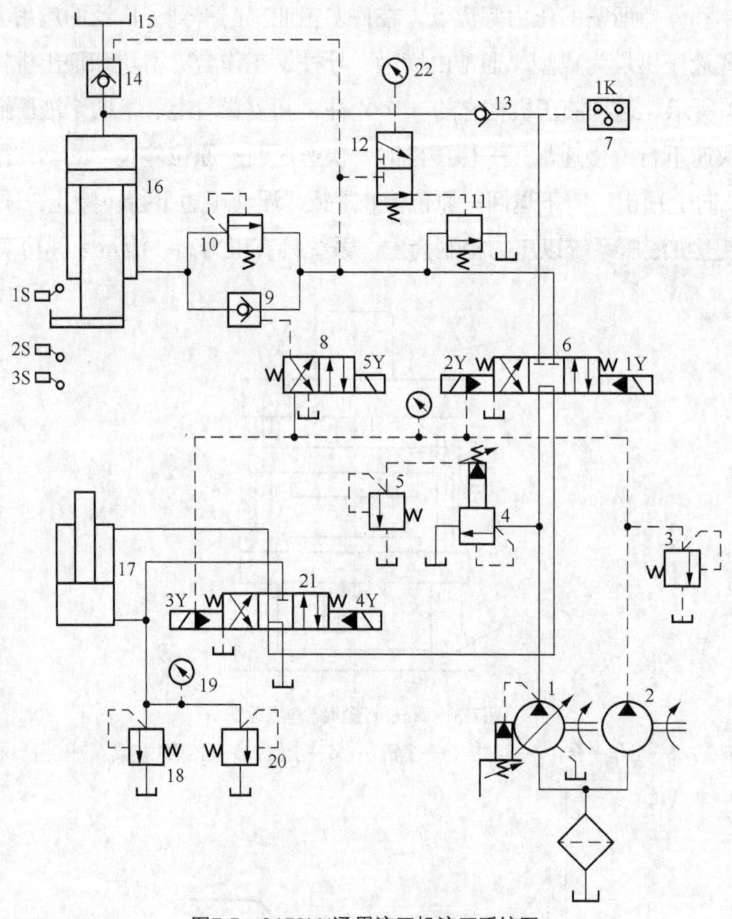

图7.5　3150kN通用液压机液压系统图

1—主泵；2—辅助泵；3、4、18—溢流阀；5—远程调压阀；6、21—电液换向阀；7—压力继电器；8—电磁换向阀；9—液控单向阀；10、20—背压阀；11—顺序阀；12—液控滑阀；13—单向阀；14—充液阀；15—油箱；16—上缸；17—下缸；19—节流器；22—压力表

表 7.2　　3150kN 通用液压机液压系统电磁铁动作循环表

动作程序		1Y	2Y	3Y	4Y	5Y
上缸	快速下行	+	−	−	−	+
	慢速加压	+	−	−	−	−
	保压	−	−	−	−	−
	泄压回程	−	+	−	−	−
	停止	−	−	−	−	−
下缸	顶出	−	−	+	−	−
	退回	−	−	−	+	−
	压边	+	−	−	−	−
	停止	−	−	−	−	−

1. 液压机上滑块的工作过程

液压机上滑块的工作过程具体如下。

（1）启动。按下启动按钮，主泵1和辅助泵2同时启动，此时系统中所有电磁阀的电磁铁均处于失电状态，主泵1输出的油经电液换向阀6的中位及阀21的中位流回油箱（处于卸荷状态），辅助泵2输出的油液经低压溢流阀3流回油箱，系统实现空载启动。

（2）快速下行。泵启动后，按下快速下行按钮，电磁铁1Y、5Y得电，申液换向阀6右位接入系统，控制油液经电磁阀8右位使液控单向阀9打开，上缸带动上滑块实现空载快速运动。这时油路的流动情况为

进油路：主泵1→换向阀6（右位）→单向阀13→上缸16（上腔）；

回油路：上缸16（下腔）→液控单向阀9→换向阀6（右位）→换向阀21（中位）→油箱。

由于上缸竖直安放，上缸滑块在自重作用下快速下降，此时泵1虽处于最大流量状态，但仍不能满足上缸快速下降的流量需要，因而在上缸上腔会形成负压，上部副油箱15的油液在一定的外部压力作用下，经液控单向阀14（充液阀）进入上缸上腔，实现对上缸上腔的补油。

（3）慢速下行接近工件并加压。当上滑块降至一定位置时（事先调好），压下电气行程开关2S后，电磁铁5Y失电，阀8左位接入系统，使液控单向阀9关闭，上缸下腔油液经背压阀10、阀6右位、阀21中位回油箱。此时，上缸上腔压力升高，充液阀14关闭。上缸滑块在泵1的压力油作用下慢速接近要压制成形的工件。当上缸滑块接触工件后，由于负载急剧增加，使上腔压力进一步升高，变量泵1的输出流量自动减小。这时油路的流动情况为

进油路：主泵1→换向阀6（右位）→单向阀13→上缸16（上腔）；

回油路：上缸16（下腔）→背压阀10→换向阀6（右位）→换向阀21（中位）→油箱。

（4）保压。当上缸上腔压力达到预定值时，压力继电器7发出信号，使电磁铁1Y失电，阀6回中位，上缸的上、下腔封闭，由于阀14和13具有良好的密封性能，使上缸上腔实现保压，其保压时间由压力继电器7控制的时间继电器调整实现。在上腔保压期间，油泵卸荷，油路的流动情况为

主泵1→换向阀6（中位）→换向阀21（中位）→油箱。

（5）泄压、上缸回程。保压过程结束，时间继电器发出信号，电磁铁2Y得电，阀6左位接入系统。由于上缸上腔压力很高，液动换向阀12上位接入系统，压力油经阀6左位、阀12上位使外控顺序阀11开启，此时泵1输出油液经顺序阀11流回油箱。泵1在低压下工作，由于充液阀14的阀芯为复合式结构，具有先卸荷再开启的功能，所以阀14在泵1较低压力作用下，只能打开其阀芯上的卸荷针阀，使上缸上腔的很小一部分油液经充液阀14流回副油箱15，上腔压力逐渐降低。当该压力降到一定值后，阀12下位接入系统，外控顺序阀11关闭，泵1供油压力升高，使阀14完全打开，这时油路的流动情况为

进油路：泵1→阀6（左位）→阀9→上缸16（下腔）；

回油路：上缸16（上腔）→阀14→上部副油箱15。

（6）原位停止。当上缸滑块上升至行程挡块压下电气行程开关1S，使电磁铁2Y失电，阀6中位

接入系统，液控单向阀 9 将主缸下腔封闭，上缸在起点原位停止不动，油泵卸荷，油路的流动情况为

主泵 1→换向阀 6（中位）→换向阀 21（中位）→油箱。

2. 液压机下滑块的工作过程

液压机下滑块的工作过程具体如下所述。

（1）向上顶出。工件压制完毕后，按下顶出按钮，使电磁铁 3Y 得电，换向阀 21 左位接入系统。这时油路的流动情况为

进油路：泵 1→换向阀 6（中位）→换向阀 21（左位）→下缸 17（下腔）；

回油路：下缸 17（上腔）→换向阀 21（左位）→油箱。

（2）向下退回。下缸 17 活塞上升，顶出压好的工件后，按下退回按钮。当电磁铁 3Y 失电，4Y 得电，换向阀 21 右位接入系统，下缸活塞下行，使下滑块退回到原位。这时油路的流动情况为

进油路：泵 1→换向阀 6（中位）→换向阀 21（右位）→下缸 17（上腔）；

回油路：下缸 17（下腔）→换向阀 21（右位）→油箱。

（3）原位停止。下缸到达下终点后，使所有的电磁铁都断电，各电磁阀均处于原位，泵低压卸荷。

（4）浮动压边。有些模具工作时需要对工件进行压紧拉伸。当在压力机上用模具作薄板拉伸压边时，要求下滑块上升到一定位置实现上下模具的合模，使合模后的模具既保持一定的压力将工件夹紧，又能使模具随上滑块组件的下压而下降（浮动压边）。这时，换向阀 21 处于中位，由于上缸的压紧力远远大于下缸往上的上顶力，上缸滑块组件下压时下缸活塞被迫随之下行，下缸下腔油液经节流器 19 和背压阀 20 流回油箱，使下缸下腔保持所需的向上的压边压力。调节背压阀 20 的开启压力大小，即可起到改变浮动压边力大小的作用。下缸上腔则经阀 21 中位从油箱补油。溢流阀 18 为下缸下腔安全阀，只有在下缸下腔压力过载时才起作用。

7.2.3 系统性能分析

综上所述，该机液压系统主要由压力控制回路、换向回路、快慢速换接回路和平衡锁紧回路等组成。其主要性能特点如下。

（1）系统采用高压大流量恒功率（压力补偿）柱塞变量泵供油，通过电液换向阀 6、21 的中位机能使主泵 1 空载启动，在上、下液压缸原位停止时主泵 1 卸荷，利用系统工作过程中压力的变化来自动调节主泵 1 的输出流量与上缸的运动状态相适应，这样既符合液压机的工艺要求，又节省能量。

（2）系统利用上滑块的自重实现上液压缸快速下行，并用充液阀 14 补油，使快速运动回路结构简单，补油充分，且使用的元件少。

（3）系统采用带缓冲装置的充液阀 14、液动换向阀 12 和外控顺序阀 11 组成的泄压回路，结构简单，减小了上缸由保压转换为快速回程时的液压冲击，使液压缸运动平稳。

（4）系统采用单向阀 13、14 保压，并使系统卸荷的保压回路在上缸上腔实现保压的同时实现系统卸荷，因此系统节能效果好。

（5）系统采用液控单向阀 9 和内控顺序阀组成的平衡锁紧回路，使上缸滑块在任何位置能够停止，且能够长时间保持在锁定的位置上。

7.3 注塑机液压系统

7.3.1 概述

注塑机是塑料注射成型机的简称，是热塑性塑料制品的成型加工设备。它将颗粒塑料加热熔化后，高压快速注入模腔，经一定时间的保压、冷却后成型就能制成相应的塑料制品。由于注塑机具有复杂制品一次成型的能力，因此在塑料机械中，它的应用非常最广。

注塑机是一种通用设备，通过它与不同专用注射模具配套使用，能够生产出多种类型的塑料制品。注塑机主要由机架，动静模板，合模保压部件，预塑、注射部件，液压系统，电气控制系统等部件组成。注塑机的动模板和静模板用来成对安装不同类型的专用注射模具。合模保压部件有两种结构形式，一种是用液压缸直接推动动模板工作，另一种是用液压缸推动机械机构通过机械机构再驱动动模板工作（机液联合式）。注塑机的结构原理图如图 7.6 所示。注塑机整个工作过程中运动复杂、动作多变、系统压力变化大。

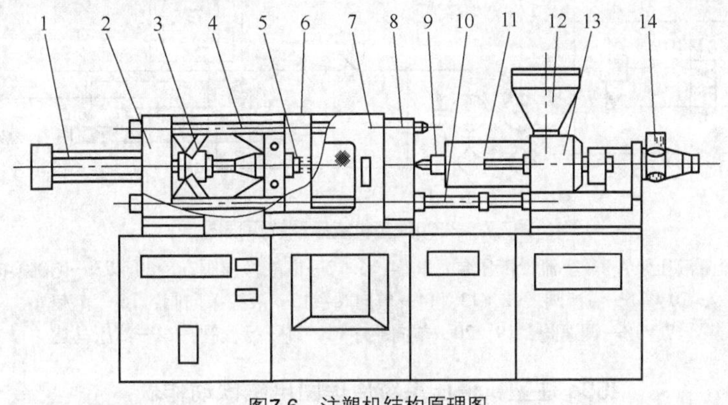

图7.6 注塑机结构原理图

1—合模液压缸；2—后固定模板；3—曲轴连杆机构；4—拉杆；5—顶出缸；6—动模板；7—安全门；8—前固定模板；9—注射螺杆；10—注射座移动缸；11—机筒；12—料斗；13—注射缸；14—液压马达

注塑机的工作循环过程一般如下：

合模 → 注射座前进 → 注射 → 保压 → [冷却 / 预塑] → 注射座后退 → 开模 → 顶出制品 → 顶出缸后退 → 合模

以上动作分别由合模缸、注射座移动缸、预塑液压马达、注射缸、顶出缸完成。

注塑机液压系统要求有足够的合模力，可调节的合模开模速度，可调节的注射压力和注射速度，

保压及可调的保压压力，系统还应设置安全联锁装置。

7.3.2 注塑机液压系统工作原理

图 7.7 所示为 250g 注塑机液压系统原理图。该机每次最大注射量为 250 g，属于中小型注塑机。该注塑机各执行元件的动作循环主要依靠行程开关切换电磁换向阀来实现。电磁铁动作顺序如表 7.3 所示。

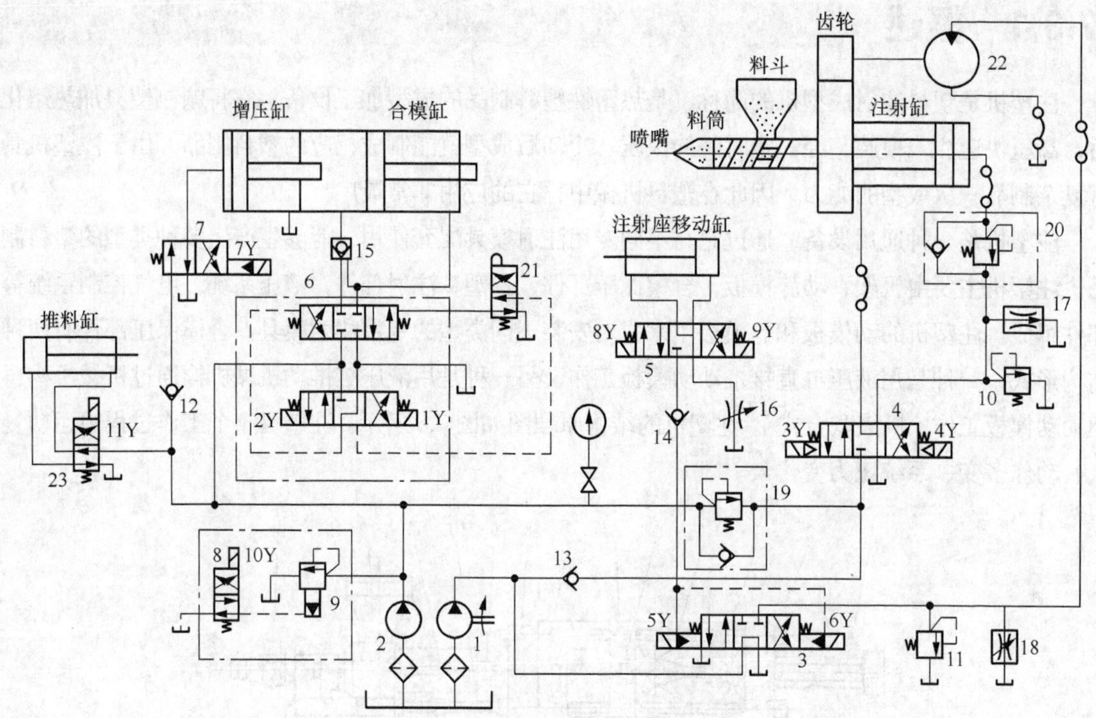

图7.7 250g注塑机液压系统原理图

1—大流量液压泵；2—小流量液压泵；3、4、6、7—电液换向阀；5、8、23—电磁换向阀；
9、10、11—溢流阀；12、13、14—单向阀；15—液控单向阀；16—节流阀；
17、18—调速阀；19、20—单向顺序阀；21—行程阀；22—液压马达

表 7.3 250g 注塑机液压系统原理图电磁铁动作表

动作程序		1Y	2Y	3Y	4Y	5Y	6Y	7Y	8Y	9Y	10Y	11Y
合模	启动慢移	+	−	−	−	−	−	−	−	−	+	−
	快速合模	+	−	−	−	+	−	−	−	−	+	−
	增压锁模	+	−	−	−	−	−	+	−	−	+	−
注射座整体快移		−	−	−	−	−	−	+	−	+	+	−
注射		−	−	−	+	+	−	+	−	+	+	−
注射保压		−	−	−	+	−	−	+	−	+	+	−
减压排气		−	+	−	−	−	−	−	−	+	+	−

续表

动作程序		1Y	2Y	3Y	4Y	5Y	6Y	7Y	8Y	9Y	10Y	11Y
再增压		+	−	−	−	−	+	+	−	+	+	−
预塑进料		−	−	−	−	−	+	+	−	+	+	−
注射座后移		−	−	−	−	−	−	−	+	−	+	−
开模	慢速开模	−	+	−	−	−	−	−	−	−	−	−
	快速开模	−	+	−	−	+	−	−	−	−	+	−
推料	顶出缸伸出	−	−	−	−	−	−	−	−	−	+	+
	顶出缸缩回	−	−	−	−	−	−	−	−	−	+	−
系统卸荷		−	−	−	−	−	−	−	−	−	−	−

注：“+”表示电磁铁得电；“-”表示电磁铁失电。

为保证安全生产，注射机设置了安全门，并在安全门下装设一个行程阀 21 加以控制，只有在安全门关闭、行程阀 21 上位接入系统的情况下，系统才能进行合模运动。系统工作过程如下。

1．合模

合模是动模板向定模板靠拢并最终合拢的过程。动模板由合模液压缸或机液组合机构驱动，合模速度一般按慢—快—慢的顺序进行。合模的工作过程具体如下所述。

（1）动模板慢速合模运动。当按下合模按钮，电磁铁 1Y、10Y 得电，电液换向阀 6 右位接入系统，电磁阀 8 上位接入系统。低压大流量液压泵 1 通过电液换向阀 3 的 M 型中位机能卸荷，高压小流量液压泵 2 输出的压力油经阀 6、阀 15 进入合模缸左腔，右腔油液经阀 6 回油箱，合模缸推动动模板开始慢速向右运动。这时油路的流动情况为

进油路：液压泵 2→电液换向阀 6（右位）→单向阀 15→合模缸（左腔）；

回油路：合模缸（右腔）→电液换向阀 6（右位）→油箱。

（2）动模板快速合模运动。当慢速合模转为快速合模时，动模板上的行程挡块压下行程开关，使电磁铁 5Y 得电，阀 3 左位接入系统，大流量泵 1 不再卸荷，其压力油经单向阀 13、单向顺序阀 19 与液压泵 2 的压力油汇合，双泵共同向合模缸供油，实现动模板快速合模运动。这时油路的流动情况为

进油路：[（液压泵 1→单向阀 13→单项顺序阀 19）+（液压泵 2）]→电液换向阀 6（右位）→单向阀 15→合模缸（左腔）；

回油路：合模缸（右腔）→电液换向阀 6（右位）→油箱。

（3）合模前动模板的慢速运动。当动模快速靠近静模板时，另一行程挡块将压下其对应的行程开关，使 5Y 失电、阀 3 回到中位，泵 1 卸荷，油路又恢复到以前状况，使快速合模运动又转为慢速合模运动，直至将模具完全合拢。

2．增压锁模

当动模板合拢到位后又压下一行程开关，使电磁铁 7Y 得电、5Y 失电，泵 1 卸荷、泵 2 工作，电液换向阀 7 右位接入系统，增力缸开始工作，将其活塞输出的推力传给合模缸的活塞以增加其输出推力。此时，溢流阀 9 开始溢流，调定泵 2 输出的最高压力，该压力也是最大合模力下对应的系

统最高工作压力。因此，系统的锁模力由溢流阀 9 调定，动模板的锁紧由单向阀 12 保证。这时油路的流动情况为

进油路：液压泵 2→单向阀 12→电磁换向阀 7（右位）→增压缸（左腔）；

液压泵 2→电液换向阀 6（右位）→单向阀 15→合模缸（左腔）；

回油路：增压缸右腔→油箱；

合模缸右腔→电液换向阀 6（右位）→油箱。

3. 注射座整体快进

注射座的整体运动由注射座移动液压缸驱动。当电磁铁 9Y 得电时，电磁阀 5 右位接入系统，液压泵 2 的压力油经阀 14、阀 5 进入注射座移动缸右腔，左腔油液经节流阀 16 回油箱。此时注射座整体向左移动，使注射嘴与模具浇口接触。注射座的保压顶紧由单向阀 14 实现。这时油路的流动情况为

进油路：液压泵 2→单向阀 14→注射座移动缸（右腔）；

回油路：注射座移动缸（左腔）→电磁换向阀 5（右位）→节流阀 16→油箱。

4. 注射

当注射座到达预定位置后，压下行程开关，使电磁铁 4Y、5Y 得电，电磁换向阀 4 右位接入系统，阀 3 左位接入系统。泵 1 的压力油经阀 13，与经阀 19 而来的液压泵 2 的压力油汇合，一起经阀 4、阀 20 进入注射缸右腔，左腔油液经阀 4 回油箱。注射缸活塞带动注射螺杆将料筒前端已经预塑好的熔料经注射嘴快速注入模腔。注射缸的注射速度由旁路节流调速的调速阀 17 调节。单向顺序阀 20 在预塑时能够产生一定背压，确保螺杆有一定的推力。溢流阀 10 起调定螺杆注射压力作用。这时油路的流动情况为

进油路：[（泵 1→阀 13）+（泵 2→单向顺序阀 19）]→电磁换向阀 4（右位）→单向顺序阀 20→注射缸（右腔）；

回油路：注射缸（左腔）→电磁换向阀 4（右位）→油箱。

5. 注射保压

当注射缸对模腔内的熔料实行保压并补塑时，注射液压缸活塞工作位移量较小，只需少量油液即可。所以，电磁铁 5Y 失电，阀 3 处于中位，使大流量泵 1 卸荷，小流量泵 2 单独供油，以实现保压，多余的油液经溢流阀 9 回油箱。

6. 减压（放气）、再增压

先让电磁铁 1Y、7Y 失电，电磁铁 2Y 得电；后让 1Y、7Y 得电，2Y 失电，使动模板略松一下后，再继续压紧，尽量排放模腔中的气体，以保证制品质量。

7. 预塑

保压完毕，从料斗加入的塑料原料被裹在机筒外壳上的电加热器加热，并随着螺杆的旋转将加热熔化好的熔塑带至料筒前端，并在螺杆头部逐渐建立起一定压力。当此压力足以克服注射液压缸活塞退回的背压阻力时，螺杆逐步开始后退，并不断将预塑好的塑料送至机筒前端。当螺杆后退到预定位置，即螺杆头部熔料达到所需注射量时，螺杆停止后退和转动，为下一次向模腔注射熔料做好准备。与此同时，已经注射到模腔内的制品冷却成型过程完成。

预塑螺杆的转动由液压马达22通过一对减速齿轮驱动实现。这时，电磁铁6Y得电，阀3右位接入系统，泵1的压力油经阀3进入液压马达，液压马达回油直通油箱。马达转速由旁路调速阀18调节，溢流阀11为安全阀。螺杆后退时，阀4处于中位，注射缸右腔油液经阀20和阀4回油箱，其背压力由阀20调节。同时活塞后退时，注射缸左腔会形成真空，此时依靠阀4的Y型中位机能进行补油。此时系统油液流动情况为

液压马达回路：进油路：泵1→阀3右位→液压马达22进油口；

回油路：液压马达22回油口→阀3右位→油箱。

液压缸背压回路：注射缸右腔→单向顺序阀20→调速阀17→油箱。

8. 注射座后退

当保压结束，电磁铁8Y得电，阀5左位接入系统，泵2的压力油经阀14、阀5进入注射座移动液压缸左腔，右腔油液经阀5、阀16回油箱，使注射座后退。泵1经阀3卸荷。此时系统油液流动情况为

进油路：泵2→阀14→阀5（左位）→注射座移动缸（左腔）；

回油路：注射座移动缸（右腔）→阀5（左位）→节流阀16→油箱。

9. 开模

开模过程与合模过程相似，开模速度一般历经慢—快—慢的过程。

（1）慢速开模。电磁铁2Y得电，阀6左位接入系统，液压泵的压力油经阀6进入合模液压缸右腔，左腔的油经液控单向阀15、阀6回油箱。泵1经阀3卸荷。

（2）快速开模。此时电磁铁2Y和5Y都得电，液压泵1和2汇流向合模液压缸右腔供油，开模速度提高。

10. 顶出

模具开模完成后，压下一行程开关，使电磁铁11Y得电，从泵2来的压力油，经过单向阀12，电磁换向阀23上位，进入推料缸的左腔，右腔回油经阀23的上位回油箱。推料顶出缸通过顶杆将已经成型好的塑料制品从模腔中推出。

11. 推料缸退回

推料完成后，电磁阀11Y失电，从泵2来的压力油经阀23下位进入推料缸油腔，左腔回油经过阀23下位后回油箱。

12. 系统卸荷

上述循环动作完成后，系统所有电磁铁都失电。液压泵1经阀3卸荷，液压泵2经先导式溢流阀8卸荷。到此，注射机一次完整的工作循环完成。

7.3.3 注塑机液压系统性能分析

（1）该系统在整个工作循环中，由于合模缸和注射缸等液压缸的流量变化较大，锁模和注射后系统又有较长时间的保压，为合理利用能量，系统采用双泵供油方式；液压缸快速动作（低压大流量）时，采用双液压泵联合供油方式；液压缸慢速动作或保压时，采用高压小流量泵2供油，低压

大流量泵 1 卸荷供油方式。

（2）由于合模液压缸要求实现快、慢速开模、合模以及锁模动作，系统采用电液换向阀换向回路控制合模缸的运动方向，为保证足够的锁模力，系统设置了增压缸作用合模缸的方式，再通过机液复合机构完成合模和锁模，因此，合模缸结构较小、回路简单。

（3）由于注射液压缸运动速度较快，但运动平稳性要求不高，故系统采用调速阀旁路节流调速回路。由于预塑时要求注射缸有背压且背压力可调，所以在注射缸的无杆腔出口处串联一个背压阀。

（4）由于预塑工艺要求注射座移动缸在不工作时应处于背压且浮动状态，系统采用 Y 型中位机能的电磁换向阀，顺序阀 20 产生可调背压，回油节流调速回路等措施，调节注射座移动缸的运动速度，以提高运动的平稳性。

（5）预塑时螺杆转速较高，对速度平稳性要求较低，系统采用调速阀旁路节流调速回路。

（6）由于注塑机的注射压力很大（最大注射压力达 153 MPa），为确保操作安全，该机设置了安全门，在安全门下端装一个行程阀，串接在电液阀 6 的控制油路上，控制合模缸的动作。只有当操作者离开模具，将安全门关闭时压下行程阀后，电液换向阀才有控制油进入，合模缸才能实现合模运动，以确保操作者的人身安全。

（7）由于注塑机的执行元件较多，其循环动作主要由行程开关控制，按预定顺序完成。这种控制方式机动灵活，且系统较简单。

（8）系统工作时，各种执行装置的协同运动较多、工作压力的要求较多、变化较大，分别通过电磁溢流阀 9，溢流阀 10、11，再加上单向顺序阀 19、20 的联合作用，实现系统中不同位置、不同运动状态的不同压力控制。

7.4 汽车起重机液压系统

7.4.1 概述

汽车起重机机动性好，适应性强，自备动力，能在野外作业，操作简便灵活，能以较快速度行走，在交通运输、城建、消防、大型物料场、基建和急救等领域得到了广泛的使用。汽车起重机上采用液压起重技术，具有承载能力大，可在有冲击、振动和环境较差的条件下工作。由于系统执行元件需要完成的动作较为简单，位置精度要求较低，所以系统以手动操纵为主。对于起重机械液压系统，设计中确保工作可靠与安全至关重要。

汽车起重机是用相配套的载重汽车为基本部分，在其上添加相应的起重功能部件，组成完整汽车起重机，并且利用汽车自备的动力作为起重机的液压系统动力。起重机工作时，汽车的轮胎不受力，依靠 4 条液压支腿将整个汽车抬起来，并将起重机的各个部分展开，进行起重作业。当需要转移起重作业现场时，只需要将起重机的各个部分收回到汽车上，使汽车恢复到车辆运输功能状态，进行转移。

图 7.8 所示为汽车起重机的结构原理图。它主要由如下 5 个部分构成。

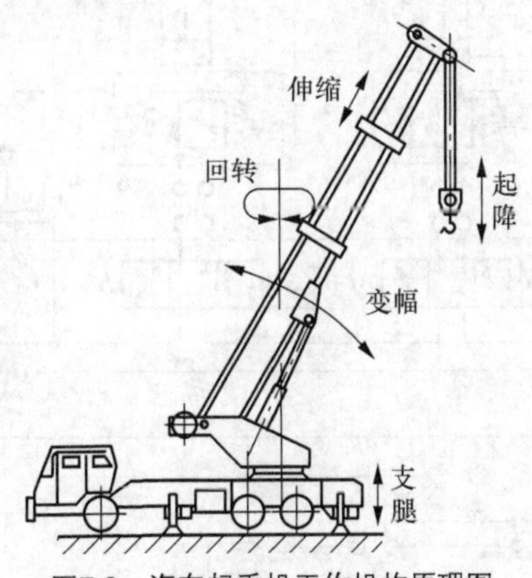

图7.8 汽车起重机工作机构原理图

（1）支腿装置。起重作业时使汽车轮胎离开地面，架起整车，不使载荷压在轮胎上，并可调节整车的水平度。

（2）吊臂回转机构。使吊臂实现 360° 任意回转，并在任何位置能够锁定停止。

（3）吊臂伸缩机构。使吊臂在一定尺寸范围内可调，并能够定位，用以改变吊臂的工作长度。一般为 3 节或 4 节套筒伸缩结构。

（4）吊臂变幅机构。使吊臂在一定角度范围内任意可调，用以改变吊臂的倾角。

（5）吊钩起降机构。使重物在起吊范围内任意升降，并在任意位置负重停止，起吊和下降速度在一定范围内无级可调。

7.4.2 Q2-8 型汽车起重机液压系统工作原理

Q2-8 型汽车起重机是一种中小型起重机（最大起重能力 8t），其液压系统如图 7.9 所示，表 7.4 列出了该汽车起重机液压系统的工作情况。它都是通过手动操纵来实现多缸各自动作的。起重作业时一般为单个动作，少数情况下有两个缸的复合动作。为简化结构，系统采用一个液压泵给各执行元件串联供油。在轻载情况下，各串联的执行元件可任意组合，使几个执行元件同时动作，如伸缩和回转，或伸缩和变幅同时进行等。

汽车起重机液压系统中液压泵的动力，都是由汽车发动机通过装在底盘变速箱上的取力箱提供。液压泵为高压定量齿轮泵。由于发动机的转速可以通过油门人为调节控制，因此尽管是定量泵，但在一定的范围内，其输出的流量可以通过控制汽车油门开度的大小来人为控制，从而实现无级调速。该泵的额定压力为 21 MPa，排量为 40 mL/r，额定转速为 1 500 r/min。液压泵通过中心回转接头 9、开关 10 和过滤器 11 从油箱吸油；输出的压力油经中心回转接头 9、多路手动换向阀组 1 和 2 的操作，将压力油串联地输送到各执行元件。当起重机不工作时，液压系统处于卸荷状态。系统工作的具体情况如下。

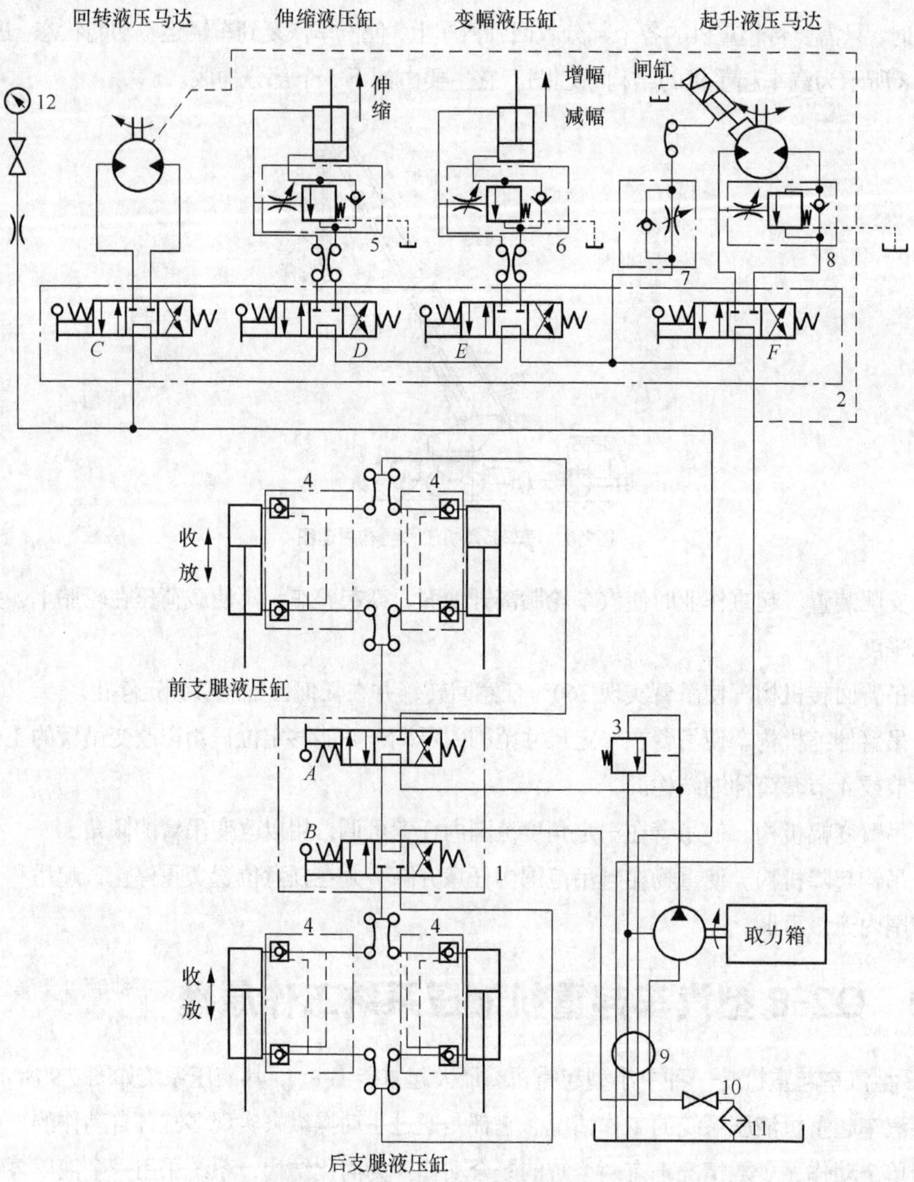

图7.9　Q2-8型汽车起重机液压系统图

1、2—手动阀组；3—溢流阀；4—双向液压锁；5、6、8—平衡阀；
7—节流阀；9—中心回转接头；10—开关；11—过滤器；12—压力计；
A、*B*、*C*、*D*、*E*、*F*—手动换向阀

1. 支腿缸收放回路

汽车起重机的底盘前后各有两条支腿，在每一条支腿上都装着一个液压缸，支腿的动作由液压缸驱动。两条前支腿和两条后支腿分别由多路换向阀 1 中的三位四通手动换向阀 *A* 和 *B* 控制其伸出或缩回。换向阀均采用 M 型中位机能，且油路采用串联方式。每个液压缸的油路上均设有双向锁紧回路，以保证支腿被可靠地锁住，防止在起重作业时发生“软腿”现象或行车过程中支腿自行滑落。这时油路的流动情况为

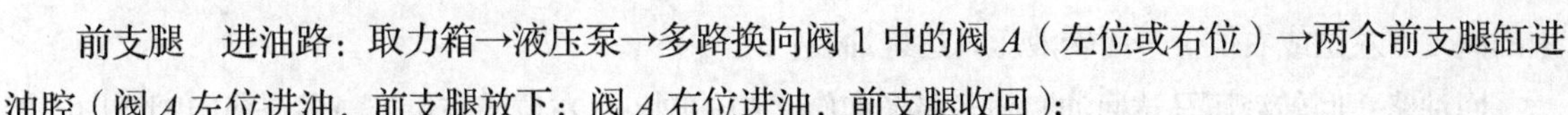

前支腿　进油路：取力箱→液压泵→多路换向阀 1 中的阀 A（左位或右位）→两个前支腿缸进油腔（阀 A 左位进油，前支腿放下；阀 A 右位进油，前支腿收回）；

回油路：两个前支腿缸回油腔→多路换向阀 1 中的阀 A（左位或右位）→阀 B（中位）→中心回转接头 9→多路换向阀 2 中阀 C、D、E、F 的中位→中心回转接头 9→油箱。

后支腿　进油路：取力箱→液压泵→多路换向阀 1 中的阀 A（中位）→阀 B（左位或右位）→两个后支腿缸进油腔（阀 B 左位进油，后支腿放下；阀 B 右位进油，后支腿收回）；

回油路：两个后支腿缸回油腔→多路换向阀 1 中的阀 B（左位或右位）→阀 A（中位）→中心回转接头 9→多路换向阀 2 中阀 C、D、E、F 的中位→中心回转接头 9→油箱。

表 7.4　　　　　　Q2—8 型汽车起重机液压系统的工作情况

手动阀位置						系统工作情况						
阀 1	阀 2	阀 3	阀 4	阀 5	阀 6	前支腿液压缸	后支腿液压缸	回转液压马达	伸缩液压缸	变幅液压缸	起升液压马达	制动液压缸
左位	中位	中位	中位	中位	中位	伸出	不动	不动	不动	不动	不动	制动
右位	中位	中位	中位	中位	中位	缩回	不动	不动	不动	不动	不动	制动
中位	左位	中位	中位	中位	中位	不动	伸出	不动	不动	不动	不动	制动
中位	右位	中位	中位	中位	中位	不动	缩回	不动	不动	不动	不动	制动
中位	中位	左位	中位	中位	中位	不动	不动	正转	不动	不动	不动	制动
中位	中位	右位	中位	中位	中位	不动	不动	反转	不动	不动	不动	制动
中位	中位	中位	左位	中位	中位	不动	不动	不动	缩回	不动	不动	制动
中位	中位	中位	右位	中位	中位	不动	不动	不动	伸出	不动	不动	制动
中位	中位	中位	中位	左位	中位	不动	不动	不动	不动	减幅	不动	制动
中位	中位	中位	中位	右位	中位	不动	不动	不动	不动	增幅	不动	制动
中位	中位	中位	中位	中位	左位	不动	不动	不动	不动	不动	正转	松开
中位	中位	中位	中位	中位	右位	不动	不动	不动	不动	不动	反转	松开

前后 4 条支腿可以同时收和放，当多路换向阀 1 中的阀 A 和 B 同时左位工作时，4 条支腿都放下；阀 A 和 B 同时右位工作时，4 条支腿都收回；当多路换向阀 1 中的阀 A 左位工作，阀 B 右位工作时，前支腿放下，后支腿收回；当多路换向阀 1 中的阀 A 右位工作，阀 B 左位工作时，前支腿收回，后支腿放下。

2. 吊臂回转回路

吊臂回转机构采用液压马达作为执行元件。液压马达通过蜗轮蜗杆减速箱和一对内啮合的齿轮传动来驱动转盘回转。由于转盘转速较低（1～3 r/min），故液压马达的转速也不高，没有必要设置液压马达的制动回路。系统中用多路换向阀 2 中的一个三位四通手动换向阀 C 来控制转盘正、反转和锁定不动 3 种工况。这时油路的流动情况为

进油路：取力箱→液压泵→多路换向阀 1 中的阀 A、阀 B 中位→中心回转接头 9→多路换向阀 2

中的阀 C（左位或右位）→回转液压马达进油腔；

回油路：回转液压马达回油腔→多路换向阀 2 中的阀 C（左位或右位）→多路换向阀 2 中的阀 D、E、F 的中位→中心回转接头 9→油箱。

3. 伸缩回路

起重机的吊臂由基本臂和伸缩臂组成，伸缩臂套在基本臂之中，用一个由三位四通手动换向阀 D 控制的伸缩液压缸来驱动吊臂的伸出和缩回。为防止因自重而使吊臂下落，油路中设有平衡回路。这时油路的流动情况为

进油路：取力箱→液压泵→多路换向阀 1 中的阀 A、阀 B 中位→中心回转接头 9→多路换向阀 2 中的阀 C 中位→换向阀 D（左位或右位）→伸缩缸进油腔；

回油路：伸缩缸回油腔→多路换向阀 2 中的阀 D（左位或右位）→多路换向阀 2 中的阀 E、F 的中位→中心回转接头 9→油箱。

当多路换向阀 2 中的阀 D 左位工作时，伸缩缸上腔进油，缸缩回；阀 D 右位工作时，伸缩缸下腔进油，缸伸出。

4. 变幅回路

吊臂变幅是用一个液压缸来改变起重臂的角度。变幅液压缸由三位四通手动换向阀 E 控制。同理，为防止在变幅作业时因自重而使吊臂下落，在油路中设有平衡回路。这时油路的流动情况为

进油路：取力箱→液压泵→多路换向阀 1 中的阀 A、阀 B 中位→中心回转接头 9→阀 C 中位→阀 D 中位→阀 E（左位或右位）→变幅缸进油腔；

回油路：变幅缸回油腔→阀 E（左位或右位）→阀 F 中位→中心回转接头 9→油箱。

当多路换向阀 2 中的阀 E 左位工作时，变幅缸上腔进油，缸减幅；阀 E 右位工作时，变幅缸下腔进油，缸增幅。

5. 起降回路

起降机构是汽车起重机的主要工作机构，它由一个低速大转矩定量液压马达来带动卷扬机工作。液压马达的正、反转由三位四通手动换向阀 F 控制。起重机起升速度的调节是通过改变汽车发动机的转速从而改变液压泵的输出流量和液压马达的输入流量来实现的。在液压马达的回油路上设有平衡回路，以防止重物自由落下。此外，在液压马达上还设有由单向节流阀和单作用闸缸组成的制动回路，当系统不工作时，通过闸缸中的弹簧力实现对卷扬机的制动，防止起吊重物下滑。当起重机负重起吊时，利用制动器延时张开的特性，可以避免卷扬机起吊时发生溜车下滑现象。这时油路的流动情况为

进油路：取力箱→液压泵→多路换向阀 1 中的阀 A、阀 B 中位→中心回转接头 9→阀 C 中位→阀 D 中位→阀 E 中位→阀 F（左位或右位）→卷扬机液压马达进油腔；

回油路：卷扬机液压马达回油腔→阀 F（左位或右位）→中心回转接头 9→油箱。

7.4.3 Q2-8 型汽车起重机液压系统性能分析

从图 7.9 可以看出，该液压系统由调速、调压、锁紧、换向、制动、平衡、多缸卸荷等液压基

本回路组成，其性能特点如下。

（1）在调速回路中，用手动调节换向阀的开度大小来调整工件机构（起降机构除外）的速度，方便灵活，但工人的劳动强度较大。

（2）在调压回路中，用安全阀来限制系统最高工作压力，防止系统过载，对起重机起到超重起吊安全保护作用。

（3）在锁紧回路中，采用由液控单向阀构成的双向液压锁将前后支腿锁定在一定位置上，工作可靠、安全，确保整个起吊过程中每条支腿都不会出现软腿的现象，有效时间长。

（4）在平衡回路中，采用经过改进的单向液控顺序阀作平衡阀，以防止在起升、吊臂伸缩和变幅作业过程中因重物自重而下降，且工作稳定、可靠。但在一个方向有背压，会对系统造成一定的功率损耗。

（5）在多缸卸荷回路中，采用多路换向阀结构，其中的每一个三位四通手动换向阀的中位机能都为M型，并且将阀在油路中串联起来使用，这样可以使任何一个工作机构单独动作，也可在轻载下任意组合地同时动作。但采用6个换向阀串联连接，会使液压泵的卸荷压力加大，系统效率降低。

（6）在制动回路中，采用由单向节流阀和单作用闸缸构成的制动器，制动可靠，动作快，由于要用液压油输入液压缸压缩弹簧来松开制动，因此制动松开的动作慢，可防止负重起重时的溜车现象发生，确保起吊安全。

7.5 车床液压系统

7.5.1 概述

C7620型卡盘多刀半自动车床是应用于加工盘套类零件的高效率机床。主传动采用双速电动机，结构简单。卡盘的夹紧和松开、前后刀架的纵向与横向进给由液压系统驱动，前后刀架的进给分别用调速阀调节进给速度和进给量，分别实现“快进—工进—快退”循环。机床由电气及液压联合控制，并用插孔板调整程序，实现加工过程自动循环。该机床液压系统装置采用单独油箱和组合控制板（集成块），用双联叶片泵供油，油箱容积为153 L。

7.5.2 C7620型卡盘多刀半自动车床液压系统工作原理

图7.10所示为该车床具体的液压系统原理图。系统工作的具体情况如下。

1. 卡盘夹紧和松开

卡盘夹紧和松开是车床加工工件前和完成加工后必需做的工作，在加紧过程中，保证工件不松

开是首要的问题，它由单向阀 2 来保证。这时油路的流动情况为

进油路：过滤器 31→双联叶片泵 33→减压阀 1→单向阀 2→手动换向阀 4→电磁换向阀 5→卡盘液压缸 6 的右腔或左腔，实现卡盘的夹紧或松开。

回油路：卡盘液压缸 6 的右腔或左腔→电磁换向阀 5→手动换向阀 4→油箱。

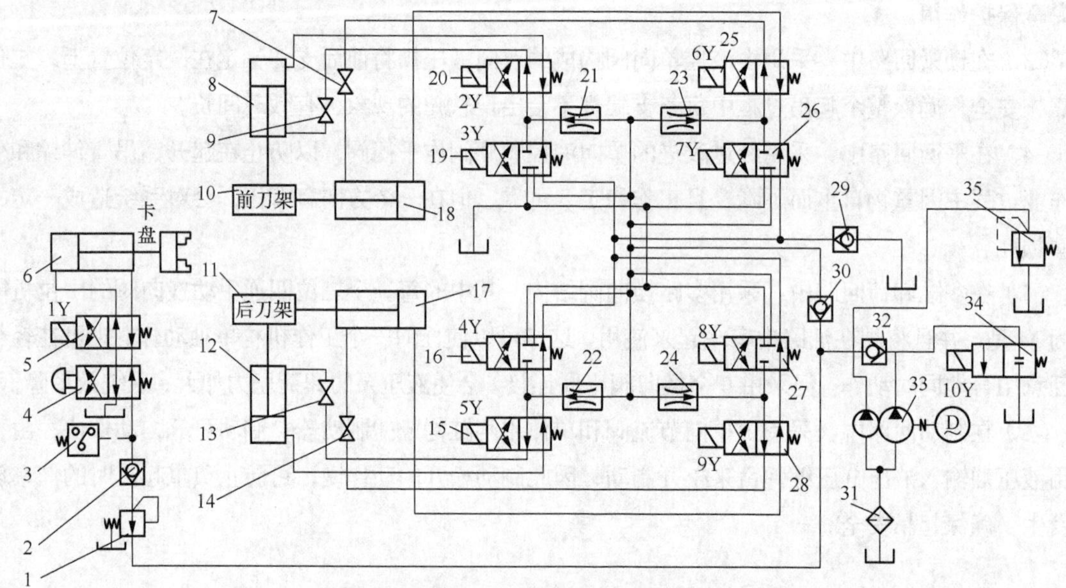

图7.10　C7620型卡盘多刀半自动车床液压系统原理

1—减压阀；2、29、30、32—单向阀；3—压力继电器；4—手动换向阀；5—电磁换向阀；6—卡盘液压缸；7、9、13、14—截止阀；8、12、17、18—液压缸；10—前刀架；11—后刀架；15、20、25、28—二位四通电磁换向阀；16、19、26、27—二位五通电磁换向阀；21～24—调速阀；31—过滤器；33—双联叶片泵；34—二位二通电磁换向阀；35—溢流阀

如果手动换向阀 4 和电磁换向阀 5 都左位工作或手动换向阀 4 和电磁换向阀 5 都右位工作时，卡盘松开；手动换向阀 4 和电磁换向阀 5 一个左位一个右位工作时，卡盘夹紧。当工件被夹紧后，系统压力升高，升高到压力继电器 3 发信号，使主电路工作，启动机床开始工作，否则机床不能启动。

2. 前、后刀架纵、横向进给

前、后刀架各带有纵向和横向进给液压缸，它们的油路完全相同，各液压缸采用进口节流调速，可使刀架实现工作行程和快速行程自动循环，主要用于切削外圆、内孔、端面、倒角和沟槽等。

（1）前刀架纵向快速进给。

进油路：过滤器 31→双联叶片泵 33→单向阀 30→二位五通电磁换向阀 19（左位）→二位四通电磁换向阀 20（左位或右位）→液压缸 8（上腔或下腔），驱动前刀架实现纵向快速行程，此时双联泵全部向系统供油。

回油路：液压缸 8（上腔或下腔）→二位四通电磁换向阀 20（左位或右位）→二位五通电磁换向阀 19（左位）→油箱。

（2）前刀架纵向工作进给。前刀架纵向工作进给是当二位五通电磁换向阀 19 处于左位情况下进行的，这时系统压力较高，使 10Y 通电，双联叶片泵 33 的大泵通过二位二通电磁阀 34 卸荷，只有小

泵供油，油路的流动情况为

进油路：过滤器 31→双联叶片泵 33（小泵）→单向阀 30→调速阀 21→二位四通电磁换向阀 20（左位或右位）→液压缸 8（上腔或下腔），驱动前刀架实现工作行程。

回油路：液压缸 8（上腔或下腔）→二位四通电磁换向阀 20（左位或右位）→二位五通电磁换向阀 19（左位）→单向阀 29→油箱。

（3）前刀架横向快速进给。

进油路：过滤器 31→双联叶片泵 33→单向阀 30→二位五通电磁换向阀 26（左位）→二位四通电磁换向阀 25（左位或右位）→液压缸 18（左腔或右腔），驱动前刀架实现横向快速行程，此时双联泵全部向系统供油。

回油路：液压缸 18（左腔或右腔）→二位四通电磁换向阀 25（左位或右位）→二位五通电磁换向阀 26（左位）→油箱。

（4）前刀架横向工作进给。前刀架横向工作进给是当二位五通电磁换向阀 26 处于左位情况下进行的，这时系统压力较高，使 10Y 通电，双联叶片泵 33 的大泵通过二位二通电磁阀 34 卸荷，只有小泵供油，油路的流动情况为

进油路：过滤器 31→双联叶片泵 33（小泵）→单向阀 30→调速阀 23→二位四通电磁换向阀 25（左位或右位）→液压缸 18（左腔或右腔），驱动前刀架实现横向工作行程。

回油路：液压缸 18（左腔或右腔）→二位四通电磁换向阀 25（左位或右位）→二位五通电磁换向阀 26（左位）→单向阀 29→油箱。

后刀架纵、横向情况分析方法完全相同，这里不再一一叙述。

7.5.3 C7620 型卡盘多刀半自动车床液压系统的主要性能特点

从图 7.10 可以看出，该液压系统由用调速阀的节流调速、减压、换向、双泵供油的快速运动、低压卸荷等液压基本回路组成，其性能特点如下。

（1）采用双联叶片泵向系统提供压力油，双联叶片泵分别为 6 L/min 的小泵和 25 L/min 的大泵。驱动刀架实现快速进给时双泵全部向系统供油；而工作进给时，仅有小流量泵向系统供油，大流量泵则经二位二通电磁换向阀进行卸荷。系统能量利用比较合理。

（2）卡盘夹紧时为了获得稳定的低压，采用了用减压阀的减压回路，并用单向阀 2 保证当电源断电或机床发生故障时，卡盘仍能夹紧工件，防止工件松开发生事故。

（3）系统工进时采用了调速阀的进口节流调速，用单向阀 29 作为工进回油背压力，使液压缸工作平稳。

（4）系统在双泵供油出口处装了单向阀 30，保证系统不供油时，前后刀架进油管道中的油不产生回流，使斜置的后刀架拖板不会因为自重而下滑。关闭手动截止阀 14（或 9、7 和 13）可切断油路，从而调整刀架的行程挡铁及行程开关等，操作方便。

7.6 数控加工中心液压系统

7.6.1 概述

数控加工中心是在数控机床基础上发展起来的多功能数控机床。数控机床和数控加工中心都采用计算机数控技术（简称 CNC），在数控加工中心机床上配备有刀库和换刀机械手，可在一次装夹中完成对工件的钻、扩、铰、镗、铣、锪、螺纹加工、复杂曲面加工和测量等多道加工工序，是集机、电、液、气、计算机、自动控制等技术于一体的高效柔性自动化机床。数控加工中心机床各部分的动作均由计算机的指令控制，具有加工精度高、尺寸稳定性好、生产周期短、自动化程度高等优点，特别适合于加工形状复杂、精度要求高的多品种成批、中小批量及单件生产的工件，因此数控加工中心目前已在国内相关企业中普遍使用。数控加工中心一般由主轴组件、刀库、换刀机械手、*X*、*Y*、*Z* 三个进给坐标轴、床身、CNC 系统、伺服驱动、液压系统、电气系统等部件组成。立式加工中心结构原理图如图 7.11 所示。

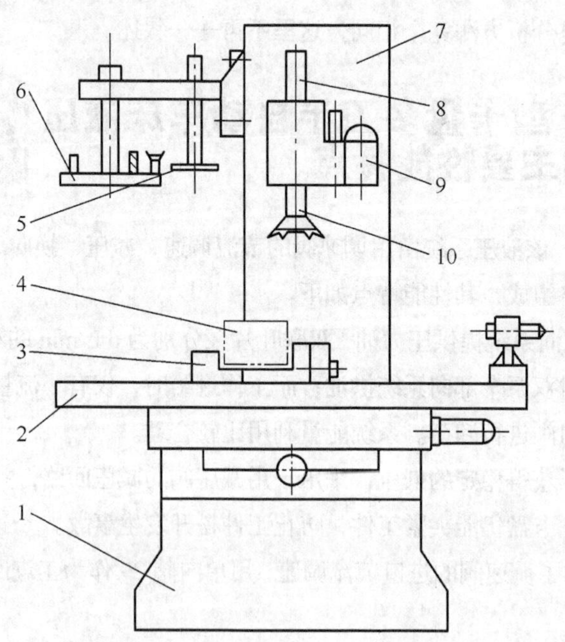

图7.11　立式加工中心结构原理图

1—床身；2—工作台；3—台虎钳；4—工件；5—换刀机械手；6—刀库；7—立柱；8—拉刀装置；9—主轴箱；10—刀具

7.6.2 数控加工中心液压系统工作原理

加工中心机床中普遍采用了液压技术，主要完成机床的各种辅助动作，如主轴变速、主轴刀具夹紧与松开、刀库的回转与定位、换刀机械手的换刀、数控回转工作台的定位与夹紧等。图 7.12 所示为一卧式镗铣加工中心液压系统原理图，其组成部分及工作原理如下。

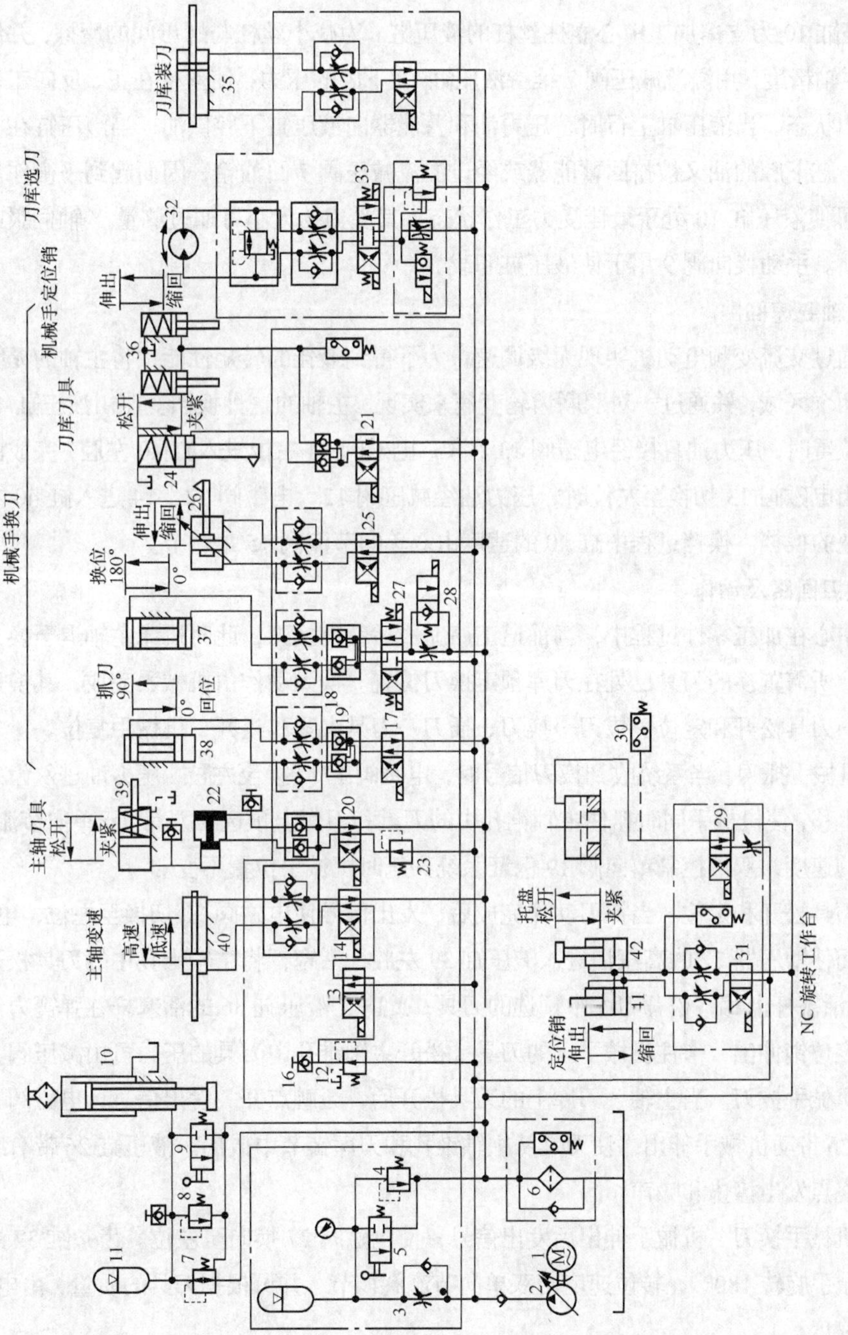

图7.12 卧式镗铣加工中心液压系统原理图

1. 液压油源

该液压系统采用变量叶片泵和蓄能器联合供油方式，液压泵为限压式变量叶片泵，最高工作压力为7 MPa。溢流阀4作安全阀用，其调整压力为8 MPa，只有系统过载时才起作用。手动换向阀5用于系统卸荷，过滤器6用于对系统回油进行过滤。

2. 液压平衡装置

由溢流减压阀7、溢流阀8、手动换向阀9、液压缸10组成平衡装置，蓄能器11用于吸收液压冲击。液压缸10为支撑加工中心立柱丝杠的液压缸。为减小丝杠与螺母间的摩擦，并保持摩擦力均衡，保证主轴精度，用溢流减压阀7维持液压缸10下腔的压力，使丝杠在正、反向工作状态下处于稳定的受力状态。当液压缸上行时，压力油和蓄能器向液压缸下腔供油，当液压缸在滚珠丝杠带动而下行时，缸下腔的油又被挤回蓄能器或经过溢流减压阀7回油箱，因而起到平衡作用。调节溢流减压阀7可使液压缸10处于最佳受力工作状态，其受力的大小可通过测量 Y 轴伺服电动机的负载电流来判断。手动换向阀9用于使液压缸卸载。

3. 主轴变速回路

主轴通过交流变频电动机实现无级调速。为了得到最佳的转矩性能，将主轴的无级调速分成高速和低速两个区域，并通过一对双联齿轮变速来实现。主轴的这种换挡变速由液压缸40完成。在图7.12所示位置时，压力油直接经电磁阀13右位、电磁阀14右位进入缸40左腔，完成由低速向高速的换挡。当电磁阀13切换至左位时，压力油经减压阀12、电磁阀13、14进入缸40右腔，完成由高速向低速的换挡。换挡过程中缸40的速度由双单向节流阀15来调节。

4. 换刀回路及动作

加工中心在加工零件过程中，当前道工序完成后就需换刀，此时机床主轴退至换刀点，且处在准停状态，所需置换的刀具已处在刀库预定换刀位置。换刀动作由机械手完成，其换刀过程为：机械手抓刀→刀具松开和定位→拔刀→换刀→插刀→刀具夹紧和松开→机械手复位。

（1）机械手抓刀。当系统收到换刀信号时，电磁阀17切换至左位，压力油进入齿条缸38下腔，推动活塞上移，使机械手同时抓住主轴锥孔中的刀具和刀库上预选的刀具。双单向节流阀18控制抓刀和回位的速度，双液控制单向阀19保证系统失压时机械手位置不变。

（2）刀具松开和定位。当抓刀动作完成后，发出信号使电磁阀20切换至左位，电磁阀21处于右位，从而使增压器22的高压油进入液压缸39左腔，活塞杆将主轴锥孔中的刀具松开；同时，液压缸24的活塞杆上移，松开刀库中预选的刀具；此时，液压缸36的活塞杆在弹簧力作用下将机械手上两个定位销伸出，卡住机械手上的刀具。松开主轴锥孔中刀具的压力可由减压阀23调节。

（3）机械手拔刀。当主轴、刀库上的刀具松开后，无触点开关发出信号，电磁阀25处于右位，由液压缸26带动机械手伸出，使刀具从主轴锥孔和刀库链节中拔出。液压缸26带有缓冲装置，以防止行程终点发生撞击和噪声。

（4）机械手换刀。机械手伸出后发出信号，使电磁阀27换向至左位。齿条缸37的活塞向上移动，使机械手旋转180°，转位速度由双单向节流阀调节，并可根据刀具的质量，由电磁阀28确定两种换刀速度。

（5）机械手插刀。机械手旋转 180° 后发出信号，使电磁阀 25 换向，液压缸 26 使机械手缩回，刀具分别插入主轴锥孔和刀库链节中。

（6）刀具夹紧和松销。液压机械手插刀后，电磁阀 20、21 换向。液压缸 39 使主轴中的刀具夹紧；液压缸 24 使刀库链节中的刀具夹紧；液压缸 36 使机械手上定位销缩回，以便机械手复位。

（7）机械手复位。刀具夹紧后发出信号，电磁阀 17 换向，液压缸 38 使机械手旋转 90° 回到起始位置。到此，整个换刀动作结束，主轴启动进入零件加工状态。

5. 数控旋转工作台回路

（1）数控工作台夹紧。数控旋转工作台可使工件在加工过程中连续旋转，当进入固定位置加工时，电磁阀 29 切换至左位，使工作台夹紧，并由压力继电器 30 发出信号。

（2）托盘交换。交换工件时，电磁阀 31 处于右位，液压缸 41 使定位销缩回，同时液压缸 42 松开托盘，由交换工作台交换工件，交换结束后电磁阀 31 换向，定位销伸出，托盘夹紧，即可进入加工状态。

6. 刀库选刀、装刀回路

在零件加工过程中，刀库需把下道工序所需的刀具预选列位。首先判断所需的刀具在刀库中的位置，确定液压马达 32 的旋转方向，使电磁阀 33 换向，控制单元 34 控制液压马达启动、中间状态、到位、旋转速度，刀具到位后由旋转编码器组成的闭环系统发出信号。双向溢流阀起安全作用。

液压缸 35 用于刀库装卸刀具。

7.6.3 数控加工中心液压系统特点

（1）在加工中心中，液压系统所承担的辅助动作的负载力较小，主要负载是运动部件的摩擦力和起动时的惯性力，因此，一般采用压力在 10 MPa 以下的中低压系统，且液压系统流量一般在 30 L/min 以下。

（2）加工中心在自动循环过程中，各个阶段流量需求的变化很大，并要求压力基本恒定。采用限压式变量泵与蓄能器组成的液压源，可以减小流量脉动、能量损失和系统发热，提高机床加工精度。

（3）加工中心的主轴刀具需要的夹紧力较大，而液压系统其他部分需要的压力为中低，且受主轴结构的限制，不宜选用缸径较大的液压缸。采用增压器可以满足主轴刀具对夹紧力的要求。

（4）在齿轮变速箱中，采用液压缸驱动滑移齿轮来实现两级变速，可以扩大伺服电动机驱动的主轴的调速范围。

（5）加工中心的主轴、垂直拖板、变速箱、主电动机等联成一体，由伺服电动机通过 Y 轴滚珠丝杠带动其上下移动。采用平衡阀—平衡缸的平衡回路，可以保证加工精度，减小滚珠丝杠的轴向受力，且结构简单、体积小、质量轻。

思考与练习

7.1 分析液压系统的一般步骤是什么？

7.2 根据图 7.2 所示内容，在表 7.5 中填写出此动力滑台液压系统动作循环表？

表 7.5　　　　题 7.2 表

动作名称	信号来源	电磁铁工作状态			液压元件工作状态				
		1Y	2Y	3Y	顺序阀 3	先导阀 5	主阀 4	电磁阀 8	行程阀 9
快进									
一工进									
二工进									
停留									
快退									
停止									

7.3 简述 3150kN 通用压力机液压系统的性能特点?

7.4 在表 7.6 中写出 250g 注射机液压系统电磁铁动作表?

表 7.6　　　　题 7.4 表

动作程序		1Y	2Y	3Y	4Y	5Y	6Y	7Y	8Y	9Y	10Y	11Y
合模	启动慢移											
	快速合模											
	增压锁模											
注射座整体快移												
注射												
注射保压												
减压排气												
再增压												
预塑进料												
注射座后移												
开模	慢速开模											
	快速开模											
推料	顶出缸伸出											
	顶出缸缩回											
系统卸荷												

注:“+”表示电磁铁得电;“-”表示电磁铁失电。

7.5 Q2-8 型汽车起重机液压系统中手动阀的位置变化后,相应的系统工作情况是怎样的?请在表 7.7 中写出。

表 7.7　　　　　　　　题 7.5 表

手动阀位置						系统工作情况						
阀 1	阀 2	阀 3	阀 4	阀 5	阀 6	前支腿液压缸	后支腿液压缸	回转液压马达	伸缩液压缸	变幅液压缸	起升液压马达	制动液压缸

7.6　C7620 型卡盘多刀半自动车床的主要性能特点是什么？

7.7　数控加工中心液压系统的性能特点是什么？

第8章 常用液压设备的安装、调试和维护

【内容简介】

本章主要介绍常用液压设备的安装、调试过程中应注意的问题，液压系统常见故障的诊断和排除方法。

【学习目标】

（1）掌握液压设备安装时的注意事项。

（2）掌握液压设备调试步骤。

（3）掌握液压系统常见故障的诊断和排除方法。

【重点】

液压元件的安装、液压系统常见故障的诊断和排除方法。

8.1 液压设备的安装

液压设备的安装是液压设备将来能否正常可靠运行的一个重要环节。液压设备安装工艺不合理，甚至出现安装错误，将会造成液压设备无法正常运行，给生产带来巨大的经济损失，甚至造成重大事故。因此，必须重视液压系统安装这一重要环节。

8.1.1 安装前的准备工作

液压系统在安装前，应按照有关技术资料做好各项准备工作，这是安装工作顺利进行的基本保证。

1. 物资准备

按照液压系统图和液压件清单，核对液压件的数量和型号，逐一检查液压元件的质量状况。切不可使用已有破损和有明显缺陷的液压元件。并要准备好适用的通用工具和专用工具，严禁诸如用起子代替扳手、任意敲打等不符合操作规程的装配现象。

2. 质量检查

液压元件的技术性能是否符合要求，管件质量是否合格，将关系到液压系统工作可靠性和运行的稳定性。要使液压系统运行时少出故障，不漏油，液压系统的安装人员一定要把好质量关。

3. 技术资料的准备

液压系统原理图、电气原理图、管道布置图、液压元件、辅件、管件清单和有关元件样本与产品质检书等，这些必要的图样和资料都应准备齐全，以便装配人员在装配过程中遇到问题时能及时查阅。

8.1.2　安装时的注意事项

安装调试一台新的液压设备，一般注意事项如下。

（1）安装装配时，对装入主机的液压件和辅件必须严格清洗，去除有害于工作液的防锈剂和一切污物。液压件和管道各油口所有的堵头、塑料塞子、管堵等随着工程的进展逐步拆除，而不要先行卸掉，防止污物从油口进入元件内部。

（2）必须保证油箱的内外表面、主机的各配合表面及其他可见组成元件是清洁的。

（3）与工作液接触的元件外露部分（如活塞杆）应予以保护，以防污物进入。

（4）油箱盖、管口和空气滤清器须充分密封，以保证未被过滤的空气不进入液压系统。

（5）在油箱上或近油箱处，应提供说明油品类型及系统容量的铭牌。

（6）将设备指定的工作液过滤到要求的清洁度水准，然后方可注入系统。

（7）液压装置与工作机构连接在一起，才能完成预定的动作，因此要注意二者之间的连接装配质量（如同心度、相对位置、受力状况、固定方式及密封好坏等）。

8.1.3　液压泵和液压马达的安装

（1）泵轴与电动机驱动轴连接的联轴器安装不良是噪声振动的根源，因而要安装同心。同轴度应在 0.1 mm 以内，二者轴线倾角不大于 1°。一般应采用挠性连接，避免用三角皮带或齿轮直接带动泵轴转动（单边受力），并避免过力敲击泵轴和液压马达轴，以免损伤转子。

（2）泵的旋向要正确。泵与液压马达的进出油口不得接反，以免造成故障与事故。

（3）泵与马达支架或底板应有足够的强度和刚度，防止产生振动。

（4）泵的吸油高度应不超过使用说明书中的规定（一般为 500 mm），安装时尽量靠近油箱油面。

（5）泵吸油管不得漏气，以免空气进入系统，产生振动和噪声。

8.1.4　液压缸的安装

（1）液压缸安装时，要做好专用的密封件保护套，并将进出油口和放气口用专用材料填平，以

保证活塞装入缸筒时密封件不会切坏。

（2）要检查活塞杆是否弯曲，特别对长行程油缸。活塞杆弯曲会造成缸盖密封损坏，导致泄漏、爬行和动作失灵，并且加剧活塞杆的偏磨损。

（3）液压缸轴心线应与导轨平行。特别注意活塞杆全部伸出时的情况，若二者不平行，会产生较大的侧向力，造成液压缸卡死、换向不良、爬行和液压缸密封破损失效等故障。一般可以导轨为基准，用百分表调整液压缸。使活塞杆（伸出）的侧母线与V形导轨平行，上母线与平导轨平行，允差为0.04～0.08 mm/m。

（4）活塞杆轴心线对两端支座的安装基面，其平行度误差不得大于0.05 mm。

（5）对行程较长的液压缸，活塞杆与工作台的连接应保持浮动（以球面副相连），以补偿安装误差产生的卡死和补偿热膨胀的影响。

8.1.5 阀类元件的安装

阀类元件安装步骤如下：

（1）安装时，先用干净煤油或柴油（忌用汽油）清洗元件表面的防锈剂及其他污物，此时注意不可将塞在各油口的塑料塞子拔掉，以免脏东西进入阀内。

（2）对自行设计制造的专用阀应按有关标准进行试验，如性能试验、耐压试验等。

（3）板式阀类元件安装时，要检查各油口的密封圈是否漏装或脱落，是否突出安装平面而有一定的压缩余量，同一平面上的各种规格的密封圈突出量是否一致，安装O形圈各油口的沟槽是否拉伤，安装面上是否碰伤等，作出处置后再进行装配。O形圈涂上少许黄油可防止脱落。

（4）板式阀的安装螺钉（多为4个）要对角逐次均匀拧紧。不要单个螺钉先拧紧，这样会造成阀体变形及底板上的密封圈压缩余量不一致造成漏油和冲出密封圈。

（5）进出油口对称的阀容易将进出油口装反，对外形相似的压力阀类，安装时应特别注意区分以免装错。

（6）对管式阀，为了安装与使用方便，往往有两个进油口或两个回油口，安装时应将不用的油口用螺塞堵死或作其他处理，以免运转时喷油或产生故障。

（7）电磁换向阀一般宜水平安装，垂直安装时电磁铁一般朝上（两位阀），设计安装板时应考虑这一因素。

（8）溢流阀（先导式）有一遥控口，当不采用远程控制时，应用螺塞堵住（管式）或安装板不钻通（板式）。

8.1.6 其他辅件的安装

液压系统中的辅助元件，包括管路及管接头、滤油器、油冷却器、密封、蓄能器及仪表等，辅助元件的安装好坏也会严重影响到液压系统的正常工作，不容许有丝毫的疏忽。

在设计中，就要考虑好这些辅助元件的正确位置配置。尽量考虑使用、维修和调整上的方便并注意整齐美观。下面着重介绍油管的安装。

管路的安装质量影响到漏油、漏气、振动和噪声以及压力损失的大小，并由此会产生多种故障。管路的安装应注意下列事项。

（1）油管长度要适宜。施工中可先用铁丝比划弯成所需形状，再展直决定出油管长度。完全按设计图往往长度不一定十分准确。

（2）在满足连接的前提下，管道尽可能短，避免急拐弯，拐弯的位置越少越好，以减少压力损失。

（3）平行及交叉的管道间距，至少 10 mm 以上，防止相互干扰及振动引起管道的相互敲击碰擦。

（4）油管可用冷弯（铜管），也可用热弯（钢管）。热弯弯毕的管子应将管内氧化皮去掉。

（5）吸油管宜短宜粗些，一般吸油管口都装有滤油器，滤油器必须至少在油面以下 200 mm。对于柱塞泵的进油管，推荐管口不装滤油口，可将管口处切成 45° 斜面，斜面孔朝向箱壁，这样可增大通流面积、降低流速并防止杂质吸入液压泵。

（6）液压系统的回油管尽量远离吸油管并应插入油箱油面之下，可防止回油飞溅而产生气泡并很快被吸进泵内。回油管管口应切成 45° 斜面以扩大通流面积、改善回油流动状态以及防止空气反灌进入系统内。

（7）溢流阀的回油为热油，应远离吸油管，这样可避免热油未经冷却又被泵吸入系统，造成温升。

8.2 液压设备的调试

液压设备生产厂家在产品出厂前，用户单位在新设备安装后以及设备经过修理后，须对液压设备按有关标准进行调试。

8.2.1 做好技术准备，熟悉被调试设备

先仔细阅读设备使用说明书，全面了解液压设备的用途、技术性能、主要结构、设备精度标准、使用要求、安全技术要求、操作使用方法及试车注意事项等。

消化好“液压系统图”，弄清液压系统的工作原理和性能要求，为此必须明确液压、机械与电气三者的功能和彼此的联系、动作顺序和连锁关系，熟悉液压系统中各元件在设备上的实际位置，它们的作用、性能、结构原理及调整方法。还要分析液压系统各执行元件的动作循环和运动顺序及相应的油路、压力和流量。对有可能发生设备安全事故的部位如何采取有效的预防和可靠的应变措施等。

在上述考虑的基础上确定调试内容、步骤及调试方法。

8.2.2 调试前的检查

（1）试机前对裸露在外表的液压元件及管路等再进行一次擦洗，擦洗时用海绵，禁用棉纱。

（2）导轨、各加油口及其他滑动副按要求加足润滑油。

（3）检查液压泵旋向、液压缸、油马达及油泵的进出油管是否接错。

（4）检查各液压元件、管路等连接是否正确可靠，安装错了的予以更正。

（5）检查各手柄位置，确认“停止”“后退”及“卸荷”等位置，各行程挡块紧固在合适位置。

（6）旋松溢流阀手柄，适当拧紧安全阀手柄，使溢流阀调至最低工作压力；流量阀调至最小。

（7）合上电源。

8.2.3 调试

（1）点动：先点动泵，观察液压泵转向是否正确，电源接反不但无油液输出，有时还可能出事故，因此切记运转开始时只能“点动”。待泵声音正常并连续输出油液以及无其他不正常现象时，方可投入连续运转和空载调试。

（2）空载调试：先进行 10～20 min 低速运转，有时需要卸掉液压缸或液压马达与负载的连接。特别是在寒冷季节，这种不带载荷低速运转（暖机运转）尤为重要，某些进口设备对此往往有严格要求，有的装有加热器使油箱油液升温。对在低速低压能够运行的动作先进行试运行。

（3）逐渐均匀升压加速，具体操作方法是反复拧紧又立即旋松溢流阀、流量阀等的压力或流量调节手柄数次，并以压力表观察压力的升降变化情况和执行元件的速度变化情况，液压泵的发热、振动和噪声等状况，发现问题要及时分析解决。

（4）按照动作循环表结合电气机械先调试各单个动作，再转入循环动作调试，检查各动作是否协调。调试过程中普遍会出现一些问题，诸如爬行、冲击与不换向等故障，对复杂的国产和进口设备，如果出现难以解决的问题，可大家共同会诊，必要时可求助于液压设备生产厂家。

（5）最后进入满负载调试，即按液压设备技术性能进行最大工作压力和最大（小）工作速度试验，检查功率、发热、噪声振动、高速冲击、低速爬行等方面的情况。检查各部分的漏油情况，有时会出现空载不漏的部位，压力增高时却漏油等问题。发现问题，及时排除，并作出书面记载。如一切正常，可试加工试件。试车完毕，停车后机床一般要复原，并做好详细调试记录存档。有些进口设备调试记录可作为索赔的依据。

（6）经上述方法调试好的液压设备各手柄，一般不要再动。对即将包装出厂的设备应将各手轮全部松开。对长期不用的设备，应将压力阀的手轮松开，防止弹簧产生永久变形而影响到机械设备启用时出现各类故障，影响性能。

液压系统常见故障分析及排除

液压系统常见的故障有：噪声和振动、爬行、泄漏、冲击、油温过高、压力不足和运动速度低于规定值或不运动等。产生故障的主要原因是系统中某一元件失灵或系统中各元件综合性因素造成的。另外，机械、电器及外界因素也会使液压系统出现故障。有些故障通过调整可以解决，有些因磨损造成精度超差引起的故障则需要通过修理才能恢复其性能。

8.3.1 噪声和振动

要先找出产生噪声的部位，分析产生噪声和振动的原因，加以排除。

（1）噪声发生于液压泵中心线以下产生原因主要是液压泵吸空，也可能是由以下几个方面造成。

① 液压泵进油管漏气，可找出漏气部位加以排除。

② 吸油管过细、过长或浸入油面太低（一般吸油口应浸入油高 2/3 左右）。

③ 吸油高度过高，一般应小于 500 mm。

④ 滤油器堵塞，可清洗滤油器。

⑤ 油箱中油少，应补充油液达到标高。

（2）发生于液压泵附近的噪声，这是液压泵的故障引起的。

① 液压泵精度低或困油未消除，需进行修理。

② 液压泵因磨损而使径向和轴向间隙增大，输油量不足，需修理。

③ 液压泵吸油部位有损坏，需检查、修理。

（3）发生在控制阀附近的噪声，其原因主要为控制阀失灵。

① 控制阀阻尼小孔堵塞，应疏通小孔并进行清理换油。

② 调压弹簧永久变形或损坏，应更换弹簧。

③ 阀座损坏、密封不良或配合间隙过大，造成高低压油互通，应进行修理或换新阀。

④ 噪声发生在液压缸部位，一般这是液压缸中进入空气造成的，应进行排气。

⑤ 机械系统引起的振动。

机械系统引起的振动如管道碰壁、泵与电动机间的联轴器安装时同轴度超差、电动机和其他零件动平衡不良、传动齿轮精度低、运动部件缺乏阻尼而产生冲击及外界振动引起液压系统振动等。应根据产生原因加以排除。

8.3.2 爬行

爬行是液压传动机床中常见的不正常运动状态。其现象在轻微时为目光不易发现的振动，显著时为大距离的跳动。爬行一般发生于低速运动中。磨床工作台产生爬行时，将会严重影响工件的表面质量。产生爬行的原因有以下几方面。

（1）气混入液压系统，在压力油中形成气泡。应检查液压泵、液压缸两端油封和液压系统中各连接处的漏气处，加以排除。

（2）油液中有杂质，将小孔堵塞、滑阀卡死等。应清洗油路、油箱，更换液压油，并注意保持油液清洁，定期更换油液。

（3）精度不好，润滑不良，润滑油压力小和液压缸中心线与导轨不平行等原因使磨擦阻力发生变化而引起爬行。可根据产生原因进行修理、采取防爬导轨润滑油来解决。

（4）静压润滑导轨时，润滑油控制装置失灵，润滑油供应不稳定或中断也会引起爬行。可通过调整或修理控制装置排除爬行现象。

（5）液压元件故障造成爬行。如节流阀小流量时不稳定，液压缸内表面拉毛等。应更换节流阀，检修液压缸来排除故障。

8.3.3 泄漏

泄漏是指由于各液压元件的密封件损坏、油管破裂、配合件间隙增大、油压过高等原因，引起油液泄漏。泄漏会降低压力和速度，浪费油液，降低效率。应查明泄漏部位及原因，加以修复，并适当降低工作压力。

8.3.4 冲击

由于液流方向的迅速改变，使液流速度急速改变，出现瞬时高压造成冲击。液压冲击影响工作的表面质量，降低机床的寿命，甚至损坏。另外，节流缓冲装置失灵，油温过高黏度下降和活塞杆、支架与工作台连接不牢等也会引起冲击。应找出原因，加以排除。

8.3.5 油温过高

液压系统工作时，部分液压能量转化为热能，使油温增高。为了保证加工精度和系统稳定，一般液压传动中油温应低于 60℃，程序控制液压机床油温应低于 50℃，精密机床油温应低于 10℃～15℃。

引起油温过高的原因很多，应分别采用降温措施。

（1）压力损耗大，压力能转换为热能，使油温升高。如管路太长、弯曲过多、截面变化，管子中污物多而增加压力损失，油液黏度太大等。

（2）连接、配合处泄漏，容积损耗大，使油温升高。

（3）机械损失引起油温升高。如液压元件加工精度和装配质量差、安装精度差、润滑不良、密封过紧而使运动阻滞，摩擦损耗大；油箱太小，散热条件差，冷却装置发生故障等。

8.3.6 压力不足

压力控制阀失效，使液压系统不能正常工作循环，甚至运动部件不运动或运动速度下降。产生原因有以下几项。

（1）液压泵故障。如液压泵径向和轴向间隙过大，液压泵进出口装反或电动机反转，液压泵的叶片、柱塞被卡死和液压泵各连接处密封不严等。应查明原因，改正或修复。

（2）压力控制阀的活动零件被卡死在开口位置而使压力油经压力控制阀而回油，弹簧断裂或进出口装反等，应检修。

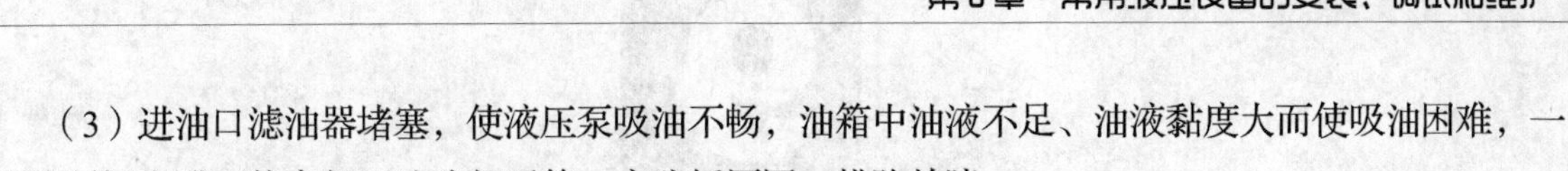

（3）进油口滤油器堵塞，使液压泵吸油不畅，油箱中油液不足、油液黏度大而使吸油困难，一些控制阀内泄而使高低压油路相通等。应分析原因，排除故障。

8.3.7 运动部件速度低于规定值或不运动

当流量控制阀处于最大开口位置时，仍出现此类故障，其主要原因是油量不足或摩擦阻力大，具体有以下原因，应检修或更换元件。

（1）泵损坏或严重磨损，轴向、径向间隙太大，造成油量和压力过小。应检修或更换液压泵。

（2）由于油箱中油液少，滤油器堵塞，油液黏度太大而使吸油不畅。

（3）系统元件中配合间隙大，内外泄漏太多。

（4）导轨装配或润滑不良，造成运动困难。

（5）压力控制阀、流量控制阀出现故障或被堵塞。

（6）液压缸的装配精度和安装精度差，造成运动阻滞。

思考与练习

8.1 液压设备安装前需做哪些准备工作?

8.2 液压系统安装中，对于液压泵的安装应注意些什么问题?

8.3 液压系统安装中，对于液压元件（阀类）安装应注意些什么问题?

8.4 液压系统安装中，对于油管安装应注意些什么问题?

8.5 液压系统空载调试时应如何进行?

8.6 液压系统常见故障有哪些?

8.7 液压系统中爬行故障产生的原因及如何解决?

第9章 液压传动实验

9.1 液压泵拆装实验

1. 实验目的

液压元件是液压系统的重要组成部分,通过对液压泵的拆装可加深对泵结构及工作原理的了解。掌握液压泵结构、性能、特点和工作原理，并能对液压泵的加工及装配工艺有一个初步的认识。

2. 实验用工具及材料

内六角扳手、固定扳手、螺丝刀、各类液压泵、液压阀及其他液压元件。

3. 实验内容及步骤

拆解各类液压元件，观察及了解各零件在液压泵中的作用，了解各种液压泵的工作原理，按一定的步骤装配各类液压泵。

9.1.1 齿轮泵拆装分析

1. 齿轮泵型号

CB-B 型齿轮泵。

2. 拆卸步骤

（1）松开 6 个紧固螺钉，分开端盖；从泵体中取出主动齿轮及轴、从动齿轮及轴。

（2）分解端盖与轴承、齿轮与轴、端盖与油封。此步可不做。

（3）装配顺序与拆卸相反。

3. 思考题（任选3题）

（1）齿轮泵的密封容积是怎样形成的？

（2）该齿轮泵有无配流装置？它是如何完成吸、压油分配的？

（3）该齿轮泵中存在几种可能产生泄漏的途径？为了减小泄漏，该泵采取了什么措施？

（4）该齿轮泵采取什么措施来减小泵轴上的径向不平衡力的？

（5）该齿轮泵如何消除困油现象？

9.1.2 限压式变量叶片泵拆装分析

1. 叶片泵型号

YBX型变量叶片泵。

2. 拆卸步骤

（1）松开固定螺钉，拆下弹簧压盖，取出弹簧及弹簧座。

（2）松开固定螺钉，拆下活塞压盖，取出活塞。

（3）松开固定螺钉，拆下滑块压盖，取出滑块及滚针。

（4）松开固定螺钉，拆下传动轴左右端盖，取出左配流盘、定子、转子传动轴组件和右配流盘。

（5）分解以上各部件。拆卸后清洗、检验、分析，装配与拆卸顺序相反。

3. 思考题（任选3题）

（1）单作用叶片泵密封空间由哪些零件组成？共有几个？

（2）单作用叶片泵和双作用叶片泵在结构上有什么区别？

（3）限压式变量泵配流盘上开有几个槽孔？各有什么用处？

（4）应操纵何种装置来调节限压式变量泵的最大流量和限定压力？

9.1.3 双作用叶片泵

1. 型号

YB-6型叶片泵。

2. 思考题

（1）叙述单作用叶片泵和双作用叶片泵的主要区别。

（2）双作用叶片泵的定子内表面是由哪几段曲线组成的？

（3）变量叶片泵有哪几种形式？

9.1.4 柱塞泵拆装分析

1. 柱塞泵型号

SCY14-1B 型手动变量轴向柱塞泵。

2. 拆装步骤

（1）松开固定螺钉，分开左端手动变量机构、中间泵体和右端泵盖三部件。

（2）分解各部件。

（3）清洗、检验和分析。

（4）装配。先装部件后总装。

3. 思考题（任选 3 题）

（1）柱塞泵的密封工作容积由哪些零件组成？密封腔有几个？

（2）柱塞泵如何实现配流？

（3）采用中心弹簧机构有何优点？

（4）柱塞泵的配流盘上开有几个槽孔？各有什么作用？

（5）手动变量机构由哪些零件组成？如何调节泵的流量？

9.2 控制阀的拆装实验

1. 实验目的

液压元件是液压系统的重要组成部分，通过对液压阀的拆装可加深对阀结构及工作原理的了解，并能对液压阀的加工及装配工艺有一个初步的认识。

2. 实验用工具及材料

内六角扳手、固定扳手、螺丝刀、各类液压泵、液压阀及其他液压元件。

3. 实验内容及步骤

拆解各类液压元件，观察及了解各零件在液压阀中的作用，了解各种液压阀的工作原理，按一定的步骤装配各类液压阀。

9.2.1 压力控制阀拆装分析

1. 溢流阀拆装分析

（1）溢流阀型号：P 型直动式中压溢流阀。

（2）拆卸步骤如下。

① 先将4个六角螺母用工具分别拧下，使阀体与阀座分离。

② 在阀体中拿出弹簧，使用工具将闷盖拧出，接着将阀芯拿出。

③ 在阀座部分中，将调节螺母从阀座上拧下，接着将阀套从阀座上拧下。

④ 将小螺母从调节螺母上拧出后，顶针自动从调节螺母中脱出。

（3）P型直动式中压溢流阀组成如表9.1所示。

表9.1 P型直动式中压溢流阀组成

序号	名称	数量
1	阀体	1
2	弹簧	1
3	阀座	1
4	闷盖	1
5	调节螺母	1
6	顶针	1
7	六角螺母	4
8	阀芯	1
9	阀套	1
10	小螺母	1
11	密封圈	2

2. 减压阀拆装分析

（1）减压阀型号：J型减压阀。

（2）写出拆卸步骤。

（3）在表9.2中填出J型减压阀组成。

表9.2 J型减压阀组成

序号	名称	数量

3. 顺序阀拆装分析

（1）顺序阀型号：X型顺序阀。

（2）写出拆卸步骤。

（3）在表 9.3 中填出 X 型减压阀组成。

表 9.3　　　　X 型减压阀组成

序号	名称	数量

4. 思考题

试比较溢流阀、减压阀和顺序阀三者之间的异同点。

（1）先导阀和主阀分别是由哪几个重要零件组成的？

（2）遥控口的作用是什么？原程调压和卸荷是怎样来实现的？

（3）溢流阀的静特性包括哪几个部分？

（4）静止状态时减压阀与溢流阀的主阀芯分别处于什么状态？

（5）泄漏油口如果发生堵塞现象，减压阀能否减压工作？为什么？泄油口为什么要直接单独接回油箱？

9.2.2 节流元件拆装分析

1. 节流阀拆装分析

（1）节流阀型号：L 型节流阀。

（2）写出拆卸步骤。

（3）在表 9.4 中填出 L 型节流阀组成。

表 9.4　　　　L 型节流阀组成

序号	名称	数量

2. 调速阀拆装分析

（1）调速型号：Q 型调速阀。

（2）写出拆卸步骤。

（3）在表 9.5 中填出 Q 型调速阀组成。

表 9.5　　Q 型调速阀组成

序号	名称	数量

3. 思考题

调速阀与节流阀的主要区别是什么?

9.2.3 方向控制阀拆装分析

1. 换向阀拆装分析

（1）型号：34E-25D 电磁阀。

（2）写出拆卸步骤。

（3）思考题：

① 说明实物中的 34D-10B 电磁换向阀的中位机能。

② 左右电磁铁都不得电时，阀芯靠什么对中?

③ 电磁换向阀的泄油口的作用是什么?

2. 单向阀

（1）型号：I-25 型。

（2）写出拆卸步骤。

（3）思考题：

液控单向阀与普通单向阀有何区别?

9.3 液压泵的性能测试

1. 实验目的

了解液压泵的主要性能，并学会小功率液压泵的测试方法。

2．实验设备、仪器

QCS003B 液压实验台、秒表。

3．实验原理

实验原理如图 9.1 所示。

（1）通过对液压泵空载流量、额定流量及电动机输入功率的测量，可计算出被试泵的容积效率 $\eta_{\text{v}}=\dfrac{Q_{额}}{Q_{空}}$；$\eta_{总}=\dfrac{P\cdot Q}{612\cdot N_{表}\cdot\eta_{电}}$。

（2）通过测定液压泵在不同工作压力下的实际流量，可得到流量—压力特性曲线 $Q=f(P)$。

4．实验步骤

（1）启动液压泵 8，使电磁阀 12 处于中位，电磁阀 11 处于关闭状态（见图 9.1），关闭节流阀 10，调节溢流阀 9，使系统压力高于液压泵（YB-6）的额定压力，达到 7 MPa。

（2）调节节流阀 10 的开度，使油泵有不同的负载，对应测出压力 p、流量 q 和电动机的输入功率 $N_{表}$。负载值由零（节流阀全开）至 6.3 MPa（油额定压力）。注意节流阀每次调节后，运转 1～2 min 后再测有关数据。

$$q=\frac{\Delta V}{t}\cdot 60(\mathrm{L}/\mathrm{min})$$

式中，ΔV——流量计读数；

t——对应 ΔV 所需的时间，s。

上述各项参数测试数据，均重复两次，取平均值，填入实验记录。

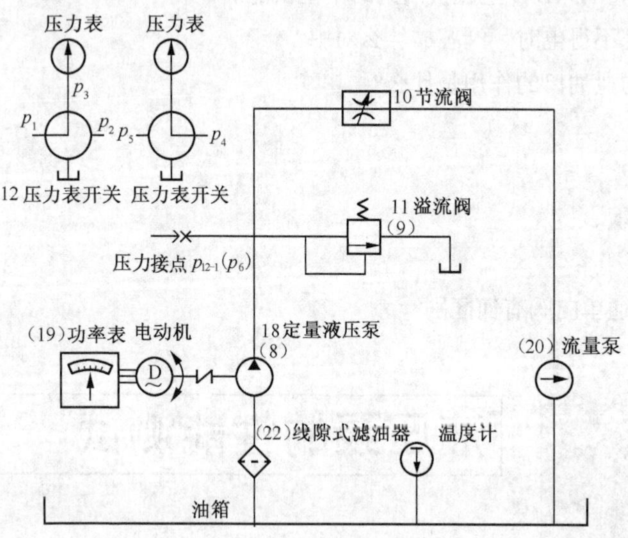

图9.1 液压泵性能实验液压系统原理图

5．实验记录

实验内容：液压泵性能测定

实验条件：油温：______℃。

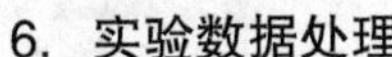

6. 实验数据处理

根据 q—p、η_m—p、η_v—p、$\eta_{总}$—p 做出油泵的特性曲线。将测算的实验数据填入表 9.6 中。

表 9.6 液压泵的性能测试实验数据

测算内容 \ 序号	1	2	3	4	5	6	7	8	9	10	11
被试泵输出压力 p/MPa											
泵输出油液体积变化 ΔV/L											
对应 ΔV 所需时间 t/s											
泵输出流量 $q=\frac{\Delta V}{t}60/(\mathrm{L\cdot min^{-1}})$											
电动机输入功率 $N_{表}$/kW											
对应 $N_{表}$的电动机效率											
液压泵的输入功率 P_i/kW											
液压泵的输出功率 P_o/kW											
液压泵的容积效率 η_v/%											
液压泵的机械效率 η_m/%											
液压泵的总效率 $\eta_{总}$/%											

7. 思考题

（1）实验油路中溢流阀起什么作用？

（2）在实验系统中调节节流阀为什么能对被试泵进行加载？

（3）从液压泵的效率曲线中可得到什么启发？

9.4 节流调速回路性能实验

1. 实验目的

（1）了解节流调速回路的构成，掌握其回路的特点。

（2）通过对节流阀 3 种调速回路性能的实验，分析它们的速度—负载特性，比较 3 种节流调速

方法的性能。

（3）通过对节流阀和调速阀进口节流调速回路的对比实验，分析比较它们的调速性能。

2. 实验原理

实验原理图如图 9.2 所示。

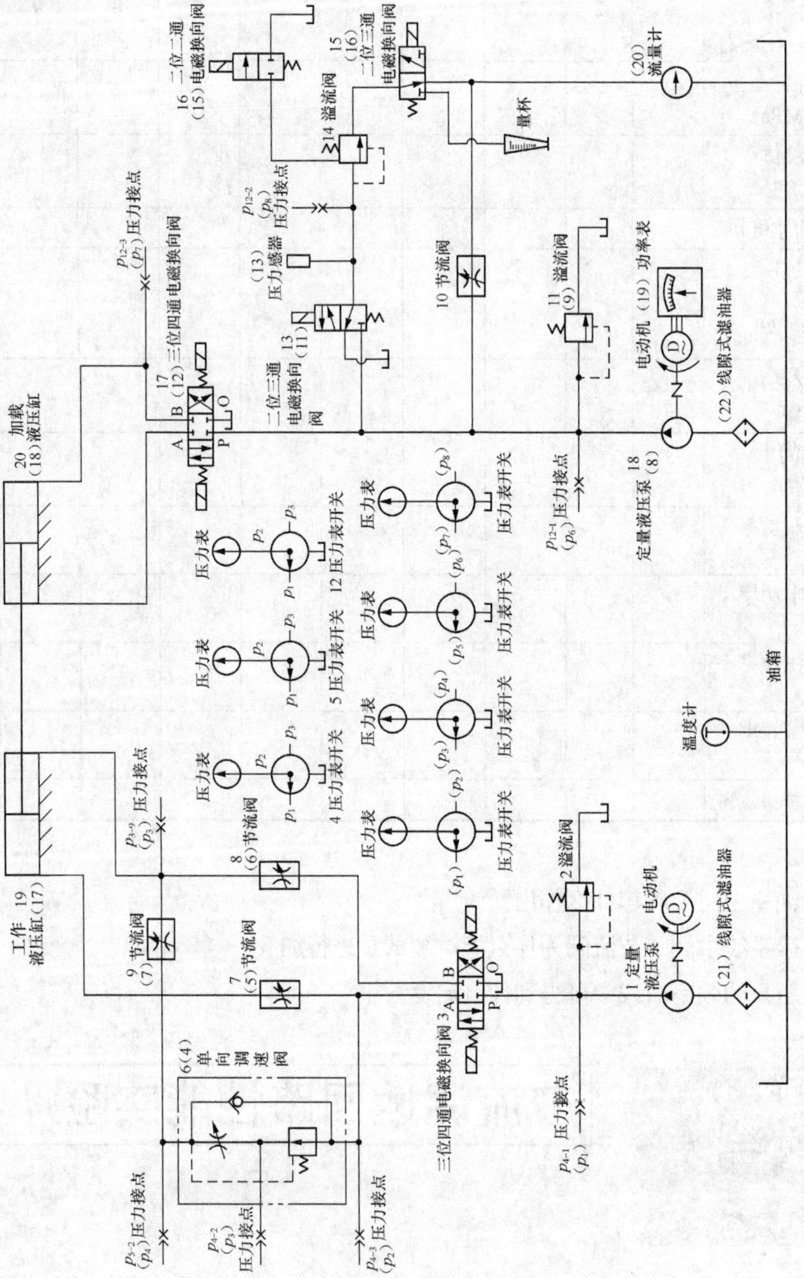

图9.2 节流调速回路性能实验液压系统原理图

（1）通过对节流阀的调整，使系统执行机构的速度发生变化。

（2）通过改变负载，可观察到负载的变化对执行机构速度的影响。

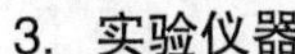

3. 实验仪器

QCSOO3B 教学实验台。

4. 实验内容

（1）采用节流阀的进油口节流调速回路的调速性能。

（2）采用节流阀的旁油路节流调速回路的调速性能。

（3）采用调速阀的进油口节流调速回路的调速性能。

5. 实验步骤（见图 9.2）

（1）调速回路的调整。进油口节流调速回路：将调速阀 4、节流阀 5、节流阀 7 关闭，回油路节流阀 6 全开，松开溢流阀 2，启动液压泵 1，调整溢流阀 2，使系统压力为 4～5 MPa（p），将电磁换向阀 3 的 P，A 口连通，慢慢调节节流阀 7 的开度，使工作缸活塞杆运动速度适中。反复切换电磁换向阀 3，使工作缸 17 活塞往复运动，检查系统工作是否正常。退回工作缸活塞。

（2）加载系统的调整。节流阀 10 全闭，启动液压泵 8，调节溢流阀 9 使系统压力为 0.5 MPa，通过三位四通电磁换向阀 12 的切换，使加载液压缸 18 活塞往复运动 3～5 次，排除系统中的空气，然后使活塞杆处于退回位置。

（3）节流调速实验数据的采集。

① 伸出加载缸 18 活塞杆，顶到工作缸 17 活塞杆头上，通过电磁换向阀 3 使工作缸活塞杆克复加载缸活塞杆的推力伸出。测得工作缸活塞杆的运动的速度。退回工作缸活塞杆。

② 通过溢流阀 9 调节加载缸的工作压力 p_7（每次增加 0.5 MPa），重复步骤步骤①逐次记载工作缸活塞杆运动的速度，直至工作缸活塞杆推不动所加负载为止。

节流阀的旁油路节流调速和调速阀的进油口节流调速实验的步骤与节流阀的进油口节流调速实验步骤相似。

6. 实验记录

实验条件：油温：____℃。液压缸无杆腔有效面积 A_1 =12.56 cm^2。

（1）实验内容：采用节流阀的进油口节流调速回路性能。将相应参数填入表 9.7。

表 9.7　节流调速回路性能实验数据

调定的参数	序号	测算内容								备注
		p_4/MPa	p_6/MPa	p_7/MPa	F/kN	L/mm	t/s	v/(mm·s^{-1})	N/kW	
p_1/MPa	1									p_4—工作缸压力，MPa L—工作缸行程 t—经行程所须时间 N—工作缸有效功率 $N=\frac{p_4 \cdot Q_1}{612}$(kW)
	2									
	3									
	4									
	5									
	6									
	7									

（2）实验内容：采用节流阀的旁油路节流调速回路性能。将相应参数填入表 9.8。

表 9.8　　节流阀旁油路节流调速回路的实验数据

调定的参数	序号	测算内容								备注
		p_4 /MPa	p_6 /MPa	p_7 /MPa	F /kN	L /mm	t /s	v /(mm·s^{-1})	N /kW	
p_1/MPa	1									p_4—工作缸压力，MPa L—工作缸行程 t—经行程所须时间 N—工作缸有效功率 $N=\frac{p_4 \cdot Q_1}{612}$(kW)
	2									
	3									
	4									
	5									
	6									
	7									

（3）实验内容：采用调速阀的进口节流调速回路性能。将相应参数填入表 9.9。

表 9.9　　调速阀进口节流调速回路性能

调定的参数	序号	测算内容								备注
		p_4 /MPa	p_6 /MPa	p_7 /MPa	F /kN	L /mm	t /s	v /(mm·s^{-1})	N /kW	
p_1/MPa	1									p_4—工作缸压力，MPa L—工作缸行程 t—经行程所须时间 N—工作缸有效功率 $N=\frac{p_4 \cdot Q_1}{612}$(kW)
	2									
	3									
	4									
	5									
	6									
	7									

7. 实验数据处理

根据实验数据，画出 3 种调速回路的速度—负载特性曲线。

8. 思考题

（1）进油路采用调速阀节流调速时，为何速度—负载特性变硬？而在最后速度却下降的很快?

（2）指出实验条件下，调速阀所适应的负载范围。

（3）分析比较节流阀进油口节流调速回路、旁油路节流调速回路和调速阀进油口节流调速回路的性能。

思考与练习

9.1　进油路采用调速阀节流调速时，为何速度—负载特性变硬？而在最后速度却下降得很快?

9.2　指出实验条件下，调速阀所适应的负载范围。

9.3　分析比较节流阀进油口节流调速回路、旁路节流调速回路和调速阀进油口节流调速回路的性能。

第二篇

气压传动

第10章 气压传动基础知识

【内容简介】

气压传动是以压缩空气为工作介质来传递动力和控制信号，控制和驱动各种机械和设备。本章主要介绍气压传动的基础知识。

【学习目标】

（1）掌握气压传动系统的工作原理及组成。

（2）了解气压传动的优缺点及应用和发展。

（3）了解空气的物理性质。

【重点】

气压传动系统的工作原理及组成、气压传动的优缺点。

10.1 气压传动系统的工作原理及其组成

10.1.1 气压传动系统的工作原理

图 10.1 所示为用于气动剪切机的气压传动系统实例，当工料 12 送入剪切机并到达规定位置时，机动阀 9 的顶杆受压右移而使阀内通路打开，气控换向阀 10 的控制腔便与大气相通，阀芯受弹簧力的作用而下移。由空气压缩机 1 产生并经过初次净化处理后储藏在气罐 4 中的压缩空气，经空气干

燥器 5、空气过滤器 6、减压阀 7 和油雾器 8 及气控换向阀 10，进入汽缸 11 的下腔；汽缸上腔的压缩空气通过阀 10 排入大气。此时，汽缸活塞向上运动，带动剪刃将工料切断。工料剪下后，即与机动阀脱开，机动阀 9 复位，所在的排气通道被封死，气控换向阀 10 的控制腔气压升高，迫使阀芯上移，气路换向，汽缸活塞带动剪刃复位，准备第二次下料。由此可以看出，剪切机构克服阻力切断工料的机械能是由压缩空气的压力能转换后得到的。同时，由于换向阀的控制作用使压缩空气的通路不断改变，汽缸活塞方可带动剪切机构频繁地实现剪切与复位的动作循环。

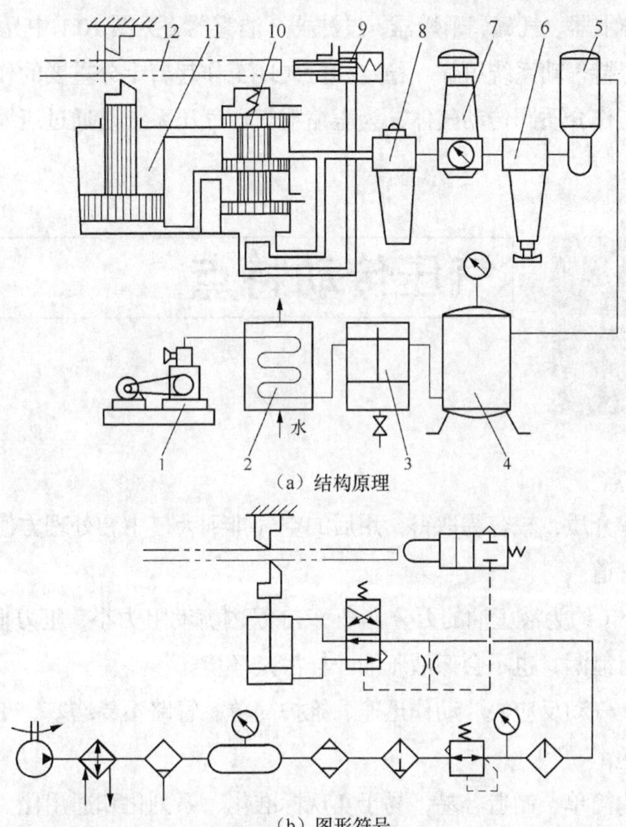

（a）结构原理

（b）图形符号

图10.1　剪切机气压传动系统原理图

1—空气压缩机；2—冷却器；3—分水排水器；4—气罐；5—空气干燥器；6—空气过滤器；7—减压阀；8—油雾器；9—机动阀；10—气控换向阀；11—汽缸；12—工料

可以看出，气动图形符号和液压图形符号有很明显的一致性和相似性，但也存在不少重大区别之处，例如，气动元件向大气排气，就不同于液压元件回油接入油箱的表示方法。

10.1.2　气压传动系统的组成

气压传动与液压传动都是利用流体作为工作介质，具有许多共同点。气压传动系统通常是由以下 5 个部分组成。

（1）动力元件（气源装置）。其主体部分是空气压缩机（见图 10.1 中元件 1）。它将原动机（如电动机）供给的机械能转变为气体的压力能，为各类气动设备提供动力。

（2）执行元件。执行元件包括各种汽缸（见图 10.1 中元件 11）和气动马达。它的功用是将气体的压力能转变为机械能，驱动工作部件。

（3）控制元件。控制元件包括各种阀体，如各种压力阀（见图 10.1 中元件 7）、方向阀（见图 10.1 中元件 9、30）、流量阀、逻辑元件等，用以控制压缩空气的压力、流量和流动方向以及执行元件的工作程序，以便使执行元件完成预定的运动规律。

（4）辅助元件。辅助元件是使压缩空气净化、润滑、消声以及用于元件间连接等所需的装置。如各种冷却器、分水排水器、气罐、干燥器、过滤器、油雾器（见图 10.1 中元件 2、3、4、5、6、8）及消声器等，它们对保持气动系统可靠、稳定和持久地工作起着十分重要的作用。

（5）工作介质。工作介质即传动气体，为压缩空气。气压系统是通过压缩空气实现运动和动力的传递的。

10.2 气压传动特点

1. 气压传动的优点

（1）以空气为工作介质，较容易取得，用后的空气排到大气中，处理方便，与液压传动相比不必设置回收的油箱和管道。

（2）因空气黏度小（约为液压油的万分之一），在管内流动阻力小，压力损失小，便于集中供气和远距离输送。即使有泄漏，也不会像液压油一样污染环境。

（3）与液压相比，气动反应快、动作迅速、维护简单、管路不易堵塞、工作介质清洁、不存在介质变质及补充等问题。

（4）气动元件结构简单、制造容易，易于实现标准化、系列化和通用化。

（5）气动系统对工作环境适应性好，特别在易燃、易爆、多尘埃、强磁、辐射、振动等恶劣环境中工作时，安全可靠性优于液压、电子和电气系统。

（6）排气时气体因膨胀而温度降低，因而气动设备可以自动降温，长期运行也不会发生过热现象。

2. 气压传动的缺点

（1）由于空气具有可压缩性，因此工作速度稳定性稍差，但采用气液联动装置会得到较满意的效果。

（2）因工作压力低，又因结构尺寸不宜过大，总输出力不宜大于 10～40 kN。

（3）噪声较大，在高速排气时要加消声器。

（4）气动装置中的气信号传递速度比光、电控制速度慢，因此气信号传递不适用高速传递的复杂回路。

气动与其他几种传动控制方式的性能比较如表 10.1 所示。

表 10.1　　气动与其他几种传动控制方式的性能比较

	气动	液压	电气	机械
输出力大小	中等	大	中等	较大
动作速度	较快	较慢	快	较慢
装置构成	简单	复杂	一般	普通
受负载影响	较大	一般	小	无
传输距离	中	短	远	短
速度调节	较难	容易	容易	难
维护	一般	较难	较难	容易
造价	较低	较高	较高	一般

10.3 空气的物理性质

10.3.1 空气的物理性质

1. 空气的组成

自然界的空气是由若干气体混合而成的，其主要成分是氮（N_2）和氧（O_2），其他气体占的比例极小，此外，空气中常含有一定量的水蒸气，对于含有水蒸气的空气称之为湿空气，不含有水蒸气的空气称为干空气。

空气中含有水分的多少对系统的稳定性有直接影响，因此不仅各种气动元器件对含水量有明确的规定，并且常采取一些措施防止水分带入。

湿空气所含水分的程度用湿度和含湿量来表示，湿度的表示方法有绝对湿度和相对湿度之分。

（1）绝对湿度。绝对湿度指每立方米湿空气中所含水蒸气的质量，即

$$x = \frac{m_s}{V} \tag{10-1}$$

式中，m_s——湿空气中水蒸气的质量；

V——湿空气的体积。

（2）饱和绝对湿度。饱和绝对湿度是指湿空气中水蒸气的分压力达到该湿度下蒸气的饱和压力时的绝对湿度，即

$$x_b = \frac{p_b}{R_s T} \tag{10-2}$$

式中，p_b——饱和空气中水蒸气的分压力，N/m^2；

R_s——水蒸气的气体常数，N•m /（kg•K）；

T——热力学温度，K。T=273.1+t （℃）。

（3）相对湿度。相对湿度指在某温度和总压力下，其绝对湿度与饱和绝对湿度之比，即

$$\phi = \frac{x}{x_b} \times 100\% \approx \frac{p_s}{p_b} \times 100\% \quad (10\text{-}3)$$

式中，x、x_b——分别为绝对湿度与饱和绝对湿度；

p_s、p_b——分别为水蒸气的分压力和饱和水蒸气的分压力。

当空气绝对干燥时，p_s=0，ϕ=0；当空气达到饱和时 p_s=p_b，ϕ=100%；一般湿空气的 ϕ 值在 0～100%之间变化，通常情况下，空气的相对湿度在 60%～70%范围内人体感觉舒适，气动技术中规定各种阀的相对湿度应小于 95%。

（4）空气的含湿量。空气的含湿量指每千克质量的干空气中所混合的水蒸气的质量，即

$$d = \frac{m_s}{m_g} = \frac{\rho_s}{\rho_g} \quad (10\text{-}4)$$

式中，m_s、m_g——分别为水蒸气的质量和干空气的质量；

ρ_s、ρ_g——分别为水蒸气的密度和干空气的密度。

2. 空气的密度和黏度

（1）密度。空气的密度是表示单位体积 V 内的空气的质量 m，用 ρ 表示，即

$$\rho = \frac{m}{V} \quad (10\text{-}5)$$

（2）黏度。空气的黏度是空气质点相对运动时产生阻力的性质。空气黏度的变化只受温度变化的影响，且随温度的升高而增大，主要是由于温度升高后，空气内分子运动加剧，使原本间距较大的分子之间碰撞增多的缘故。而压力的变化对黏度的影响很小，可忽略不计。

3. 气体体积的易变特性

气体与固体和液体相比最大的特点是分子间的距离相当长，分子运动起来较自由，在空气中分子之间的距离是分子直径的 9 倍左右，其距离约为 3.35×10^{-9} m，运动着的分子当其由运动起点到碰撞其他分子的移动距离叫该分子的自由通路，其长度对每个分子是不同的，但对于任意气体当压力和温度决定之后，其分子自由通路的平均值就决定了，把该值称为平均自由通路。空气在标准状态下，其长度是 6.4×10^{-8} m，约等于空气分子直径的 170 倍。由于气体分子间的距离大，分子间的内聚力小，体积也容易变化，体积随压力和温度的变化而变化，因此气体与液体相比有明显的可压缩性，但当其平均速度 v<50 m/s 时，其压缩性并不明显，然而当 v>50 m/s 时，气体的可压缩性将逐渐明显。

10.3.2 气体状态方程

1. 理想气体的状态方程

所谓理想气体是指没有黏性的气体，当气体处于某一平衡状态时，气体的压力、温度和比体积之间的关系为

$$pv = RT$$

或者

$$pV = mRT \tag{10-6}$$

式中，p——气体的绝对压力，N/m^2；

v——空气的比体积（m^3/kg）；

R——气体常数，干空气 R= 287.1 N•m /（kg•K）、水蒸气 R=462.05 N•m /（kg•K）；

T——空气的热力学温度，K；

m——空气的质量，kg；

V——气体的体积，m^3。

但由于实际气体具有黏性，因而严格地讲它并不完全依从理想气体方程式，随着压力和温度的变化，其 pv/RT 并不是恒等于 1。当压力在 0～10.0 MPa，温度在 0～200℃之间变化时，pv/RT 的比值仍接近于 1，其误差小于 4%。在气动技术中，气体的工作压力一般在 2.0 MPa 以下，因而此时将实际气体看成理想气体，由此引起的误差是相当小的。

2．理想气体的状态变化过程

（1）等容变化过程（查理定律）。一定质量的气体，在状态变化过程中体积保持不变时，则有

$$\frac{p_1}{T_1} = \frac{p_2}{T_2} = 常数 \tag{10-7}$$

式（10-7）表明，当体积不变时，压力的变化与温度的变化成正比，当压力上升时，气体的温度随之上升。

（2）等压变化过程（盖—吕萨克定律）。一定质量的气体，在状态变化过程中，当压力保持不变时，有

$$\frac{v_1}{T_1} = \frac{v_2}{T_2} = 常数 \tag{10-8}$$

式（10-8）表明，当压力不变时，温度上升，气体的比体积增大（气体膨胀）；当温度下降时，气体比体积减小（气体被压缩）。

（3）等温变化过程（波意耳定律）。一定质量的气体，在其状态变化过程中，当温度不变时，有

$$p_1 v_1 = p_2 v_2 = 常数 \tag{10-9}$$

式（10-9）表明，在温度不变的条件下，气体压力上升时，气体体积被压缩，比体积下降；压力下降时，气体体积膨胀，比体积上升。

（4）绝热变化过程。一定质量的气体，在状态变化过程中，与外界完全无热量交换时，有

$$p_1 v_1^{\kappa} = p_2 v_2^{\kappa} = 常数 \tag{10-10}$$

式中，κ——等熵指数，对于干空气，κ=1.4，对饱和蒸气，κ=1.3。

根据式（10-6）和式（10-10）可得

$$\frac{T_1}{T_2} = \left(\frac{v_2}{v_1}\right)^{\kappa-1} = \left(\frac{p_1}{p_2}\right)^{\frac{\kappa-1}{\kappa}} \tag{10-11}$$

式（10-10）和式（10-11）表明，在绝热过程中，气体状态变化与外界无热量交换，系统靠消

耗本身的内能对外做功。在气压传动中，快速动作可被认为是绝热变化过程。例如，压缩机的活塞在汽缸中的运动是极快的，以致缸中气体的热量来不及与外界进行热交换，这个过程就被认为是绝热过程。应该指出，在绝热过程中，气体温度的变化是很大的。例如，空气压缩机压缩空气时，温度可高达 250℃，而快速排气时，温度可降至-100℃。

思考与练习

10.1 简述气压传动的优缺点。

10.2 简述一个典型的气动系统的组成部分。

10.3 在常温 t=20℃时，将空气从 0.1 MPa（绝对压力）压缩到 0.7 MPa（绝对压力），求温升 Δt 为多少?

10.4 空气压缩机向容积为 40 L 的气罐充气直至 P_1=0.8 MPa 时停止，此时气罐内温度 t_1=40℃，又经过若干小时罐内温度降至室温 t=10℃，问：

（1）此时罐内表压力为多少?

（2）此时罐内压缩了多少室温为 10℃的自由空气（设大气压力近似为 0.1 MPa）?

第11章 气压传动元件

【内容简介】

本章主要介绍气压传动系统的组成元件。

【学习目标】

（1）了解空气压缩机的原理，了解气源装置的主要处理环节及相关辅助设备。

（2）了解常用汽缸、气动马达的结构。

（3）了解常用气动控制元件的结构、原理和特点。

【重点】

气源净化的要求、单作用汽缸和双作用汽缸、气—液阻尼缸、换向阀等。

11.1 气源装置与气动辅助元件

气源装置为气动系统提供符合规定质量要求的压缩空气，是气动系统的一个重要部分。对压缩空气的主要要求是具有一定压力、流量和洁净度。

如图 11.1 所示，气源装置的主体是空气压缩机（气源），它是气压传动系统的动力元件。由于大气中混有灰尘、水蒸气等杂质，因此，由大气压缩而成的压缩空气必须经过降温、净化、稳压等一系列处理后方可供给系统使用。这就需要在空气压缩机出口管路上安装一系列辅助元件，如冷却器、油水分离器、过滤器、干燥器和汽缸等。此外，为了提高气压传动系统的工作性能，改善工作

条件，还需要用到其他辅助元件，如油雾器、转换器、消声器等。

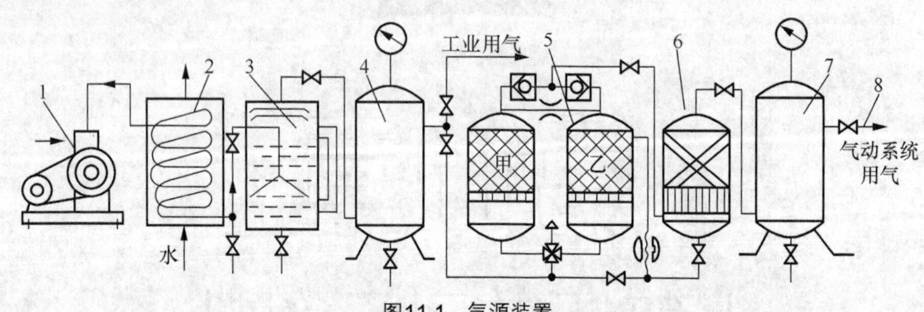

图11.1　气源装置

1—空气压缩机；2—冷却器；3—油水分离器；4、7—储气罐
5—干燥器；6—过滤器；8—输气管

11.1.1　空气压缩机

空气压缩机是气动系统的动力源，是气压传动的心脏部分，它是把电动机输出的机械能转换成气体压力能的能量转换装置。

1．空气压缩机的分类

空气压缩机的种类很多，按结构形式主要可分为容积型和速度型两类，其分类如表 11.1 所示；按输出压力大小可分为低压空压机、中压空压机、高压空压机和超高压空压机，如表 11.2 所示；按输出流量（排量）可分为微型、小型、中型和大型，如表 11.3 所示。

表 11.1　　按结构形式分类

类型		名称		
容积型	往复式	活塞式	膜片式	
	回转式	滑片式	螺杆式	转子式
速度型		轴流式	离心式	转子式

表 11.2　　按输出压力分类

名称	鼓风机	低压空压机	中压空压机	高压空压机	超高压空压机
压力 p/MPa	≤0.2	0.2～1	1～10	10～100	>100

表 11.3　　按排量分类

名称	微型空压机	小型空压机	中型空压机	大型空压机
输出额定流量 q/（$m^3 \cdot s^{-1}$）	≤0.017	0.017～0.17	0.17～1.7	>1.7

2．空气压缩机的工作原理

气压系统中最常用的空气压缩机是往复活塞式，其工作原理如图 11.2 所示。活塞的往复运动是由电动机带动曲柄 8 转动，通过连杆 7、滑块 5、活塞杆 4 转化成直线往复运动而产生的。当活塞 3 向右运动时，汽缸 2 内容积增大，形成部分真空而低于大气压力，外界空气在大气压力作用下推开吸气阀 9 而进入汽缸中，这个过程称为吸气过程；当活塞向左运动时，吸气阀在缸内压缩气体的作用下而关闭，随着活塞的左移，缸内空气受到压缩而使压力升高，这个过程称为压缩过程；当汽缸内压力增高到略高于输气管路内压力 p 时，排气阀 1 打开，压缩空气排入输气管路内，这个过程称为排气过程。曲柄旋转一周，活塞往复行程一次，即完成一个工作循环。图 11.2 中只表示一个活塞一个缸的空气压缩机，大多数空气压缩机是多缸多活塞的组合。

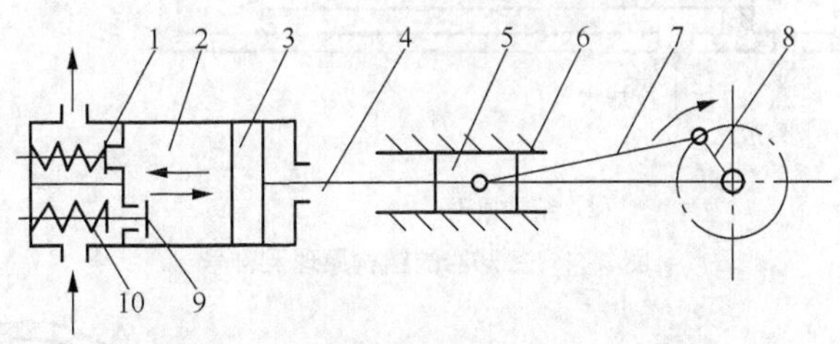

图11.2　活塞式空气压缩机的工作原理图

1—排气阀；2—汽缸；3—活塞；4—活塞杆；5—滑块；
6—滑道；7—连杆；8—曲柄；9—吸气阀；10—弹簧

但压缩机的实际工作循环是由吸气、压缩、排气和膨胀 4 个过程所组成，这可从图 11.3 所示的压容图上看出，图中线段 ab 表示吸气过程，其高度 p_1，即为空气被吸入汽缸时的起始压力；曲线 bc 表示活塞向左运动时汽缸内发生的压缩过程；曲线 cd 表示汽缸内压缩气体压力达到出口处压力 p_2，排气阀被打开时的排气过程；当活塞回到 d 时运动终止，排气过程结束，排气阀关闭。这时余隙（活塞与汽缸之间余留的空隙）中还留有一些压缩空气将膨胀而达到吸气压力 p_1，曲线 aa' 即表示余隙内空气的膨胀过程。所以汽缸重新吸气的过程并不是从 a 点开始，而是从 a' 点开始，显然这将减少压缩机的输气量。

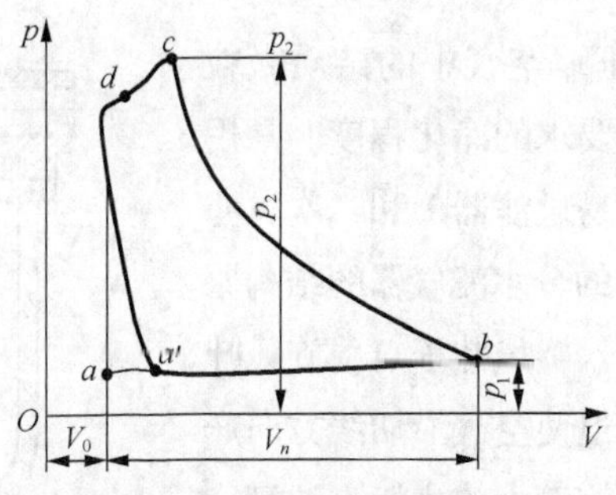

图11.3　压缩机实际工作循环 p—V 图

11.1.2　气源净化装置

1. 冷却器

冷却器安装在空气压缩机的后面，也称后冷却器。它将空气压缩机排出的温度达 140℃～170℃

的压缩空气降至 40℃～50℃，这样就可以将压缩空气中的油雾和水汽达到饱和，使其大部分凝结成油滴和水滴而析出。常用冷却器的结构形式有蛇形管式、列管式、散热片式、套管式等，冷却方式有水冷式和气冷式两种。图 11.4 所示为列管水冷式冷却器的结构原理及其符号。

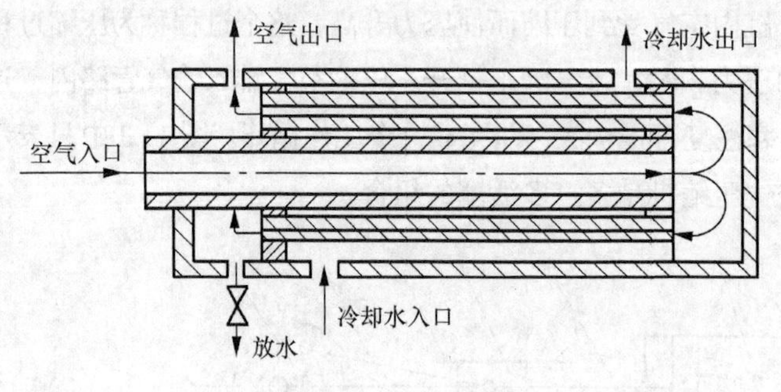

(a) 结构原理

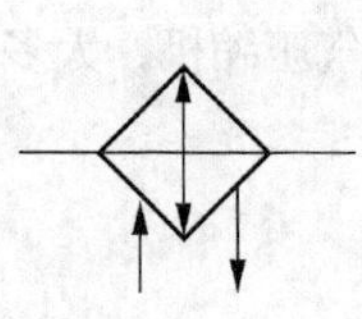

(b) 符号

图11.4　冷却器的结构原理及符号

2. 油水分离器

油水分离器安装在后冷却器后面的管道上，其作用是分离并排除空气中凝聚的水分、油分和灰尘等杂质，使压缩空气得到初步净化。油水分离器的结构形式有环行回转式、撞击折回式、离心旋式、水浴式以及以上形式的组合等。图 11.5 所示为撞击折回式油水分离器的结构形式及其符号，当压缩空气由入口进入油水分离器后，首先与隔板撞击，一部分水和油留在隔板上，然后气流上升产生环行回转，这样凝集在压缩空气中的水滴和油滴及灰尘杂质受惯性力作用而分离析出，沉降于壳体底部，并由下面的放水阀定期排出。

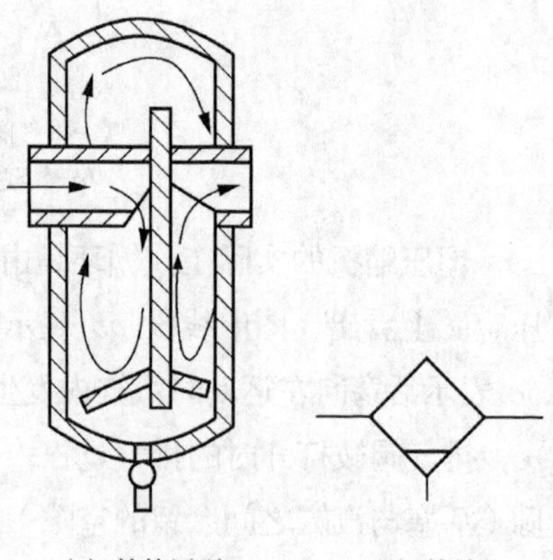

(a) 结构原理　　(b) 符号

图11.5　油水分离器图

3. 空气过滤器

空气过滤器的作用是滤除压缩空气中的杂质微粒（如灰尘、水分等），达到系统所要求的净化程度。常用的过滤器有一次过滤器（也称简易过滤器）和二次过滤器，图 11.6 所示为二次过滤器用的分水滤气器的结构原理。从入口进入的压缩空气被引入旋风叶子 1，旋风叶子上有许多呈一定角度的缺口，迫使空气沿切线方向产生强烈旋转。这样夹杂在空气中的较大的水滴、油滴、灰尘等便依靠自身的惯性与存水杯 2 的内壁碰撞，并从空气中分离出来，沉到杯底。而微粒灰尘和雾状水汽则由滤芯 3 滤除。为防止气体旋转将存水杯中积存的污水卷起，在滤芯下部设有挡水板 4。在水杯中的污水应通过下面的排水阀 5 及时排放掉。

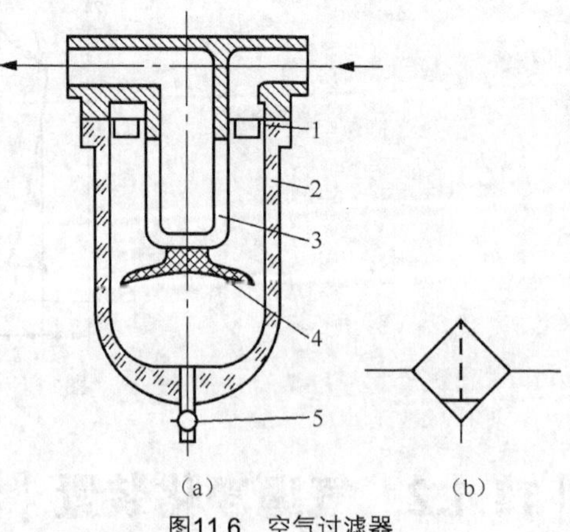

(a)　　(b)

图11.6　空气过滤器

1—旋风叶子；2—存水杯；3—滤芯；4—挡水板；5—排水阀

4. 干燥器

压缩空气经过除水、除油、除尘的初步净化后，已能满足一般气压传动系统的要求。而对某些要求较高的气动装置或气动仪表，其用气还需要经过干燥处理。图 11.7 所示为一种常用的吸附式干燥器的结构原理图。当压缩空气通过具有吸附水分性能的吸附剂（如活性氧化铝、硅胶等）后水分即被吸附，从而达到干燥的目的。

5. 储气罐

储气罐的功用：①消除压力波动；②储存一定量的压缩空气，维持供需气量之间的平衡；③进一步分离气中的水、油等杂质。储气罐一般采圆筒状焊接结构，有立式和卧式两种，通常以立式应用较多，如图 11.8 所示。

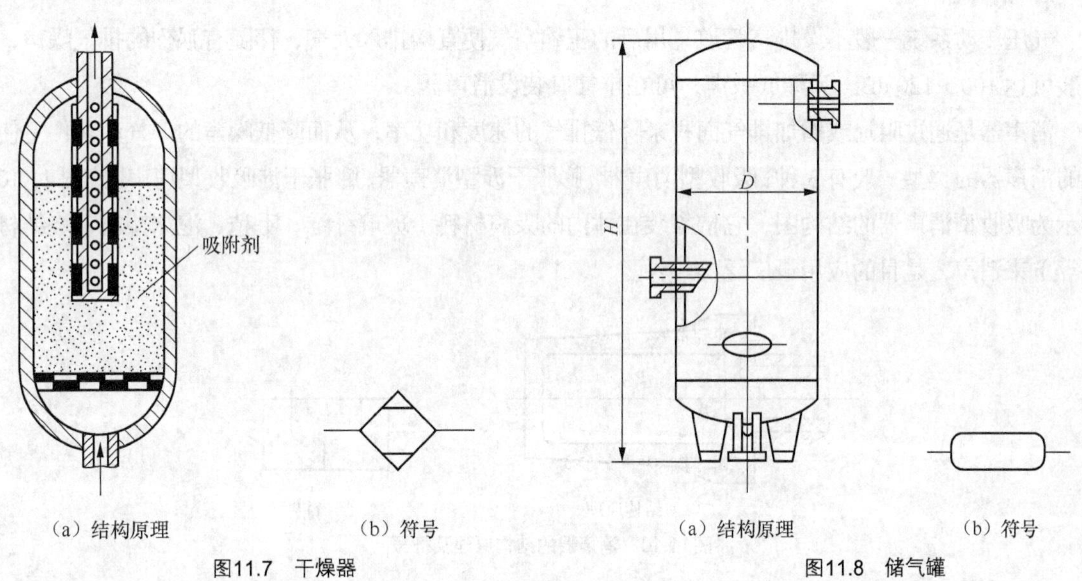

（a）结构原理　（b）符号

图11.7　干燥器

（a）结构原理　（b）符号

图11.8　储气罐

上述冷却器、油水分离器、过滤器、干燥器和储气罐等元件通常安装在空气压缩机的出口管路上，组成一套气源净化装置，是压缩空气站的重要组成部分。

11.1.3 其他辅助元件

1. 油雾器

压缩空气经过净化后，所含污油、浊水得到了清除，但是一般的气动装置还要求压缩空气具有一定的润滑性，以减轻其对运动部件的表面磨损，改善其工作性能。因此要用油雾器对压缩空气喷洒少量的润滑油。油雾器的工作原理如图 11.9 所示。压力为 p_1 的压缩空气流经狭窄的颈部通道时，流速增大，压力降为 p_2，由于压差 $p=p_1-p_2$ 的出现，油池中的润滑油就沿竖直细管（称文氏管）被吸往上方，并滴向颈部通道，随即被压缩气流喷射雾化带入系统。

油雾器、分水滤气器、减压阀三件通常组合使用称为气动三联件，是多数气动设备必不可少的气源装置，其安装次序依进气方向为分水滤气器、减压阀、油雾器。

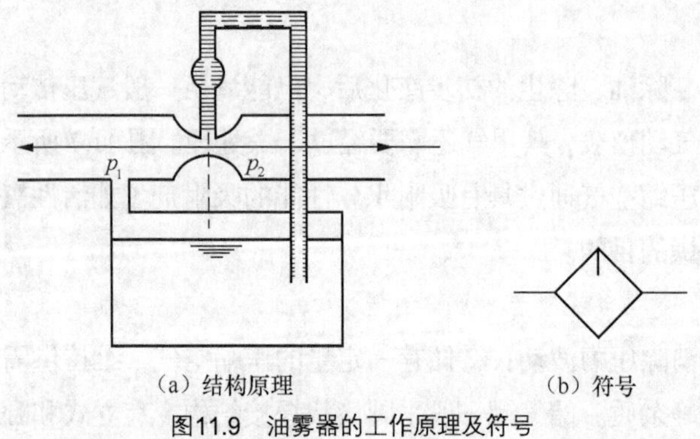

（a）结构原理　　（b）符号

图11.9　油雾器的工作原理及符号

2. 消声器

气压传动系统一般不设排气管道，用后的压缩空气便直接排入大气，伴随有强烈的排气噪声，一般可达 100～120 dB。为降低噪声，可在排气口装设消声器。

消声器是通过阻尼或增加排气面积来降低排气的速度和功率，从而降低噪声的。气动元件上使用的消声器的类型一般有 3 种：吸收型消声器、膨胀干涉型消声器、膨胀干涉吸收型消声器。图 11.10 所示为吸收型消声器的结构图，它依靠装在体内的吸声材料（玻璃纤维、毛毡、泡沫塑料、烧结材料等）来消声，是目的应用最广泛的一种。

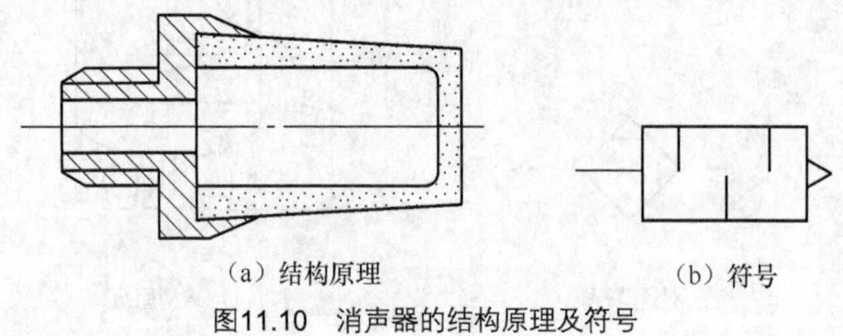

（a）结构原理　　（b）符号

图11.10　消声器的结构原理及符号

3. 转换器

气动系统的工作介质是气体，而信号的传感和动作不一定全用气体，可能用液体或电传输，这就要通过转换器来进行转换。常用的转换器有 3 种，即电气转换器、气电转换器、气液转换器。

（1）气电转换器。这是将气信号转变为电信号的装置，也称为压力继电器。压力继电器按信号压力的大小分为低压型（0～0.11 MPa）、中压型（0.1～0.6 MPa）和高压型（>1 MPa）3 种。图 11.11 所示为高、中压型压力继电器的结构原理图。压缩空气进入下部气室 A 后，膜片 6 受到由下往上的空气压力作用，当压力上升到某一数值后，膜片上方的圆盘 5 带动爪枢 4 克服弹簧力向上移动，使两个微动开关 3 的触头受压发出电信号。旋转定压螺母 1，即可调节转换压力的范围。

（2）气液转换器。这是将气压能转换为液压能的装置。气液转换器有两种结构形式：一种是直接作用式，即在一筒式容器内，压缩空气直接作用在液面上，或通过活塞、隔膜等作用在液面上，推压液体以同样的压力输出。图 11.12 所示为直接作用式气液转换器的结构原理图；另一种气液转换器是换向阀式元件，它是一个气控液压换向阀，采用这种转换器需要另备液压源。

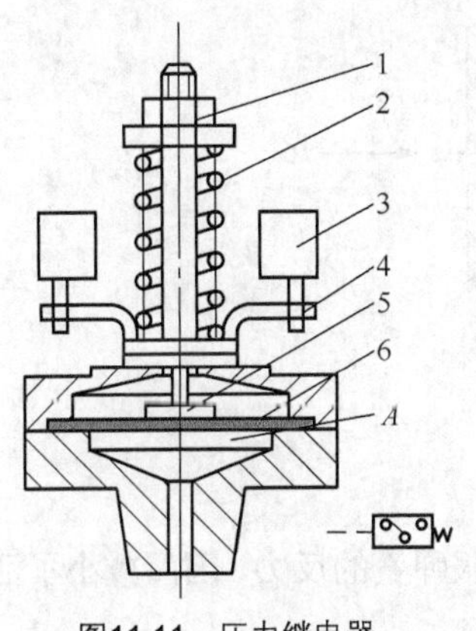

图11.11 压力继电器

1—定压螺母；2—弹簧；3—微动开关；
4—爪枢；5—圆盘；6—膜片

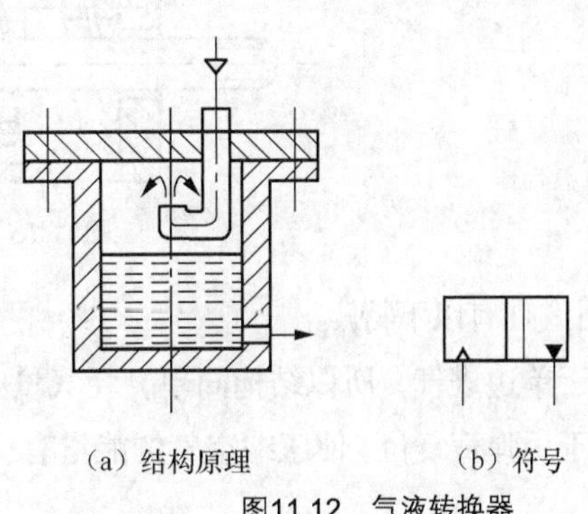

（a）结构原理 （b）符号

图11.12 气液转换器

11.2 气动执行元件

汽缸和气马达是气压传动系统的执行元件，它们将压缩空气的压力能转换为机械能，汽缸用于实现直线往复运动或摆动，气马达则用于实现连续回转运动。

11.2.1 汽缸

1. 汽缸的分类

汽缸是用于实现直线运动并做功的元件，其结构、形状有多种形式，分类方法也很多，常用的有以下几种。

（1）按压缩空气作用在活塞端面上的方向，可分为单作用汽缸和双作用汽缸。单作用汽缸只有一个方向的运动是靠气压传动，活塞的复位靠弹簧力或重力；双作用汽缸活塞的往返全部靠压缩空气来完成。

（2）按结构特点可分为活塞式汽缸、叶片式汽缸、薄膜式汽缸和气液阻尼缸等。

（3）按安装方式可分为耳座式汽缸、法兰式汽缸、轴销式汽缸和凸缘式汽缸。

（4）按汽缸的功能可分为普通汽缸和特殊汽缸。普通汽缸主要指活塞式单作用汽缸和双作用汽缸；特殊汽缸包括气液阻尼缸、薄膜式汽缸、冲击式汽缸、增压汽缸、步进汽缸和回转汽缸等。

2. 几种常见汽缸的工作原理和用途

（1）单作用汽缸。单作用汽缸是指压缩空气仅在汽缸的一端进气，并推动活塞运动，而活塞的返回则是借助于其他外力，如重力、弹簧力等，其结构如图 10.13 所示。

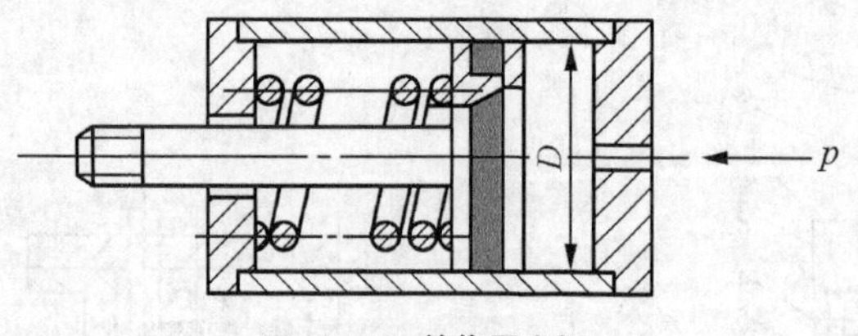

图11.13　单作用汽缸

单作用汽缸有以下特点。

① 由于单边进气，所以结构简单，耗气量小。

② 由于用弹簧复位，使压缩空气的能量有一部分用来克服弹簧的反力，因而减小了活塞杆的输出推力。

③ 缸体内因安装弹簧而减小了空间，缩短了活塞的有效行程。

④ 汽缸复位弹簧的弹力是随其变形大小而变化的，因此活塞杆的推力和运动速度在行程中是变化的。

因此，单作用活塞式汽缸多用于短行程及对活塞杆推力、运动速度要求不高的场合，如定位和夹紧装置等。

汽缸工作时，活塞杆输出的推力必须克服弹簧的弹力及各种阻力，推力可用下式计算。

$$F=\frac{\pi}{4}D^2p\eta_c-F_s \tag{11-1}$$

式中，F——活塞杆上的推力；

D——活塞直径；

p——汽缸工作压力；

F_s——弹簧力；

η_c——汽缸的效率，一般取 70%～80%，活塞运动速度小于 0.2 m/s 时取大值，活塞运动速度大于 0.2 m/s 时取小值。

汽缸工作时的总阻力包括运动部件的惯性力和各密封处的摩擦力等，它与多种因素有关。综合考虑以后，以效率 η_c 的形式计入式（11-1）。

（2）双作用汽缸。

① 单活塞杆双作用汽缸。单活塞杆双作用汽缸是使用最为广泛的一种普通汽缸，其结构如图 11.14 所示。这种汽缸工作时活塞杆上的输出力用下式计算。

$$F_1=\frac{\pi}{4}D^2p\eta_c \tag{11-2}$$

$$F_2=\frac{\pi}{4}\left(D^2-d^2\right)p\eta_c \tag{11-3}$$

式中，F_1——当无杆腔进气时活塞杆上的输出力；

F_2——当有杆腔进气时活塞杆上的输出力；

D——活塞直径；

d——活塞杆直径；

p——汽缸工作压力；

η_c——汽缸的效率，一般取 70%～80%，活塞运动速度小于 0.2 m/s 时取大值，活塞运动速度大于 0.2 m/s 时取小值。

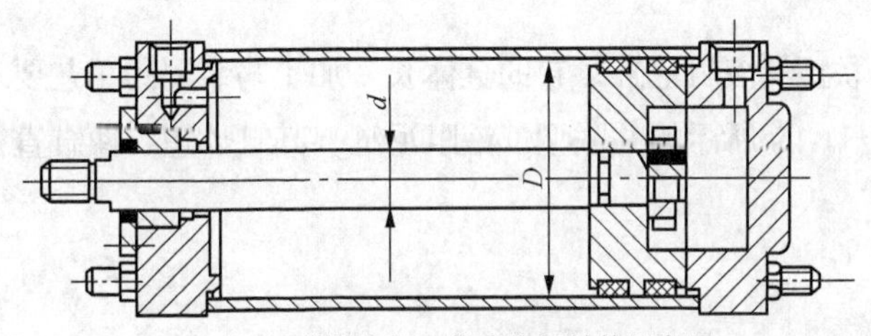

图11.14　单活塞杆双作用汽缸结构示意图

② 双活塞杆双作用汽缸。双活塞杆双作用汽缸使用得较少，其结构与单活塞杆汽缸基本相同，只是活塞两侧都装有活塞杆。因两端活塞杆直径相同，所以活塞往复运动的速度和输出力均相等，其输出力用式（11-3）计算。这种汽缸常用于气动加工机械及包装机械设备上。

（3）薄膜式汽缸。薄膜式汽缸是利用压缩空气通过膜片推动活塞杆作往复运动，它具有结构紧凑、简单、制造容易、成本低、维修方便、寿命长、泄漏少、效率高等优点，适用于气动夹具、自动调节阀及短行程场合。它主要由缸体、膜片和活塞杆等零件组成。它可以是单作用式的，也可以是双作用式的，其结构分别如图 11.15（a）、（b）所示。其膜片有盘形膜片和平膜片两种，膜片材料为夹织物橡胶、钢片或磷青铜片。薄膜式汽缸与活塞式汽缸相比，因膜片的变形量有限，故其行程较短，一般不超过 40～50 mm。其最大行程 L_{max} 与缸径 D 的关系为

$$L_{max}=(0.12\sim0.25)D$$

因膜片变形要吸收能量，所以活塞杆上的输出力随着行程的增大而减小。

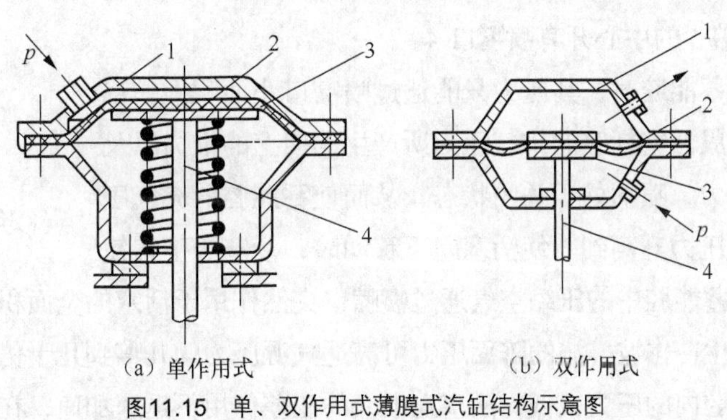

图11.15　单、双作用式薄膜式汽缸结构示意图

1—缸体；2—膜片；3—膜盘；4—活塞杆

（4）气液阻尼缸。普通汽缸工作时，由于气体压缩性大，当负载变化较大时会产生“爬行”或“自走”现象，使汽缸的工作不平稳。为了使活塞运动平稳而采用了气液阻尼缸。气液阻尼缸是由汽缸和液压缸组合而成，它以压缩空气为动力，并利用油液的不可压缩性来获得活塞的平稳运动。

图 11.16 所示为气液阻尼缸的工作原理。它将液压缸和汽缸串联成一个整体，两个活塞固定在一根活塞杆上。当汽缸右腔供气时，活塞克服外载并带动液压缸活塞向左运动，此时液压缸左腔排

油，油液只能经节流阀 1 缓慢流回右腔，对整个活塞的运动起到阻尼作用。因此，调节节流阀，就能达到调节活塞运动速度的目的。当压缩空气进入汽缸左腔时，液压缸右腔排油，此时单向阀 3 打开，活塞能快速返回。油箱 2 的作用只是用来补充液压缸因泄漏而减少的油量，因此改用油杯就可以了。

图 11.16 所示为串联型气液阻尼缸，它的缸体长，加工与装配的工艺要求高，且两缸间可能产生油气互串现象。而图 11.17 所示的并联型气液阻尼缸，其缸体短，两缸直径可以不同且两缸不会产生油气互串现象。

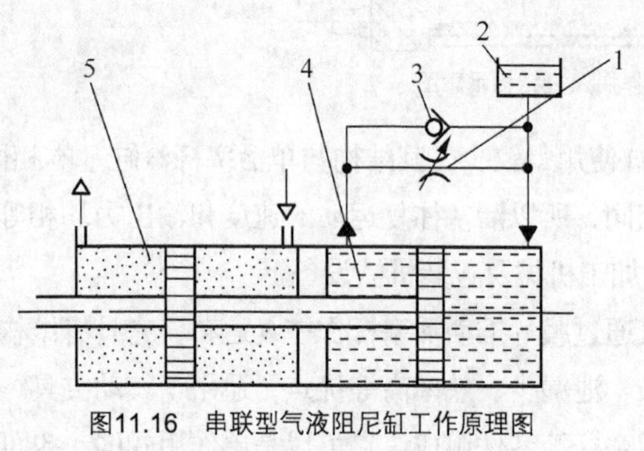

图11.16　串联型气液阻尼缸工作原理图

1—节流阀；2—油箱；3—单向阀
4—液压缸；5—汽缸

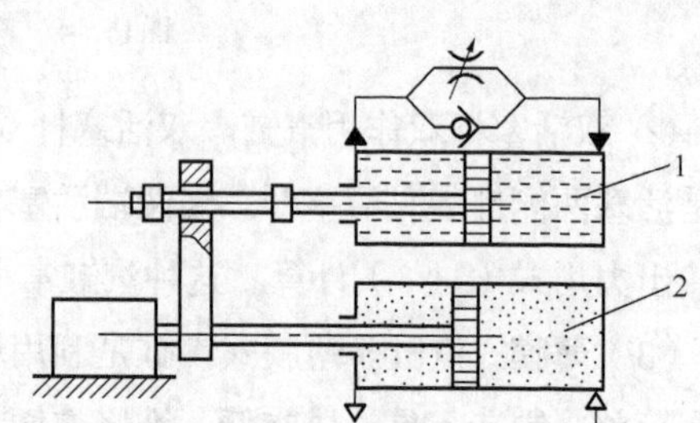

图11.17　并联型气液阻尼缸工作原理图

1—液压缸；2—汽缸

（5）冲击汽缸。冲击汽缸是一种较新型的气动执行元件，主要由缸体、中盖、活塞和活塞杆等零件组成，如图 11.18 所示。冲击汽缸在结构上比普通汽缸增加了一个具有一定容积的蓄能腔和喷嘴，中盖 5 与缸体固定，中盖和活塞把汽缸分隔成 3 个部分，即活塞杆腔 1、活塞腔 2 和蓄能腔 3。中盖 5 的中心开有喷嘴口 4。

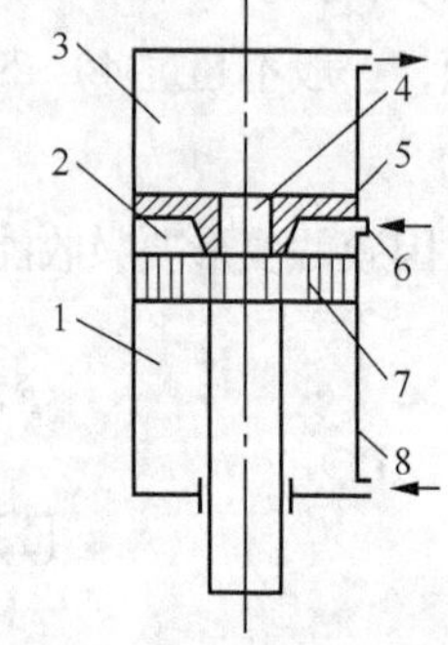

图11.18　冲击汽缸的工作原理图

当压缩空气进入蓄能腔时，其压力只能通过喷嘴口小面积地作用在活塞上，还不能克服活塞杆腔的排气压力所产生的向上的推力以及活塞与缸体间的摩接力，喷嘴处于关闭状态，从而使蓄能腔的充气压力逐渐升高。当充气压力升高到能使活塞向下移动时，活塞的下移使喷嘴口开启，聚集在蓄能腔中的压缩空气通过喷嘴口突然作用于活塞的全面积上。高速气流进入活塞腔进一步膨胀并产生冲击波，波的阵面压力可高达气源压力的几倍到几十倍，给予活塞很大的向下推力。此时活塞杆腔内的压力很低，活塞在很大的压差作用下迅速加速，在很短的时间内以极高的速度向下冲击，从而获得很大的动能。利用这个能量可产生很大的冲击力，实现冲击做功。如内径 230 mm、行程 403 mm 的冲击气配，可产生 400～500 kN 的冲击力。

冲击汽缸广泛用于锻造、冲压、下料及压坯等各方面。

3. 标准化汽缸简介

（1）标准化汽缸的标记和系列。标准化汽缸是用符号“QG”表示汽缸，用符号“A、B、C、D、H”表示 5 种系列，具体的标记方法为

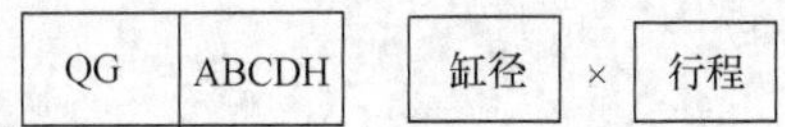

5 种标准化汽缸系列如下。

① QGA——无缓冲普通汽缸。

② QGB——细杆（标族杆）缓冲汽缸。

③ QGC——粗杆缓冲汽缸。

④ QGD——气液阻尼缸。

⑤ QGH——回转汽缸。

例如，QGA100×125 表示直径为 100 mm、行程为 125 mm 的无缓冲普通汽缸。

（2）标准化汽缸的主要参数。标准化汽缸的主要参数是缸筒内径 D 和行程 L。因为在一定的气源压力下，缸筒内径标志汽缸活塞杆的理论输出力，行程标示汽缸的作用范围。

标准化汽缸系列有 11 种规格。

缸径 D（mm）：40、50、63、125、160、200、250、320、400。

行程 L（mm）：对无缓冲汽缸 L =（0.5～2）D；对有缓冲汽缸 L =（1～10）D。

11.2.2 气马达

气马达属于气动执行元件，它是把压缩空气的压力能转换为机械能的转换装置。它的作用相当于电动机或液压马达，即输出力矩，驱动机构作旋转运动。

1. 气马达的分类和工作原理

最常用的气马达有叶片式、薄膜式、活塞式 3 种，分别如图 11.19（a）、（b）、（c）所示。

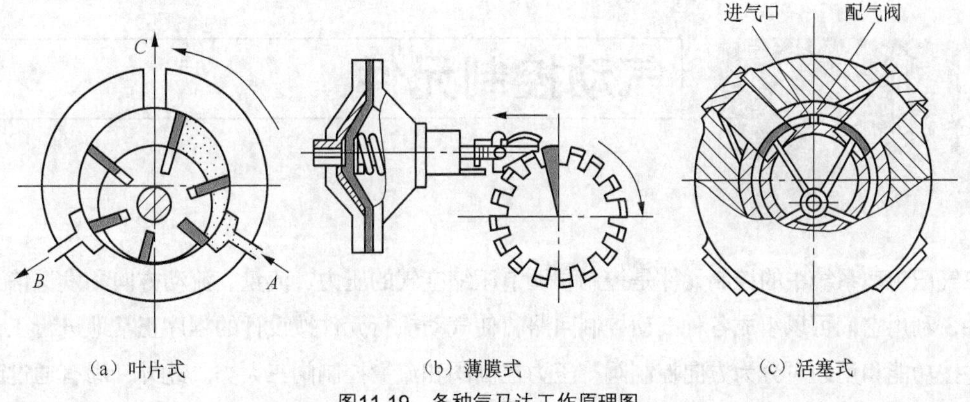

（a）叶片式　（b）薄膜式　（c）活塞式

图11.19 各种气马达工作原理图

图 11.19（a）所示为叶片式气马达的工作原理。压缩空气由孔 A 输入后分为两路：一路经定子两端密封盖的槽进入叶片底部（图中未示）将叶片推出，叶片就是靠此气压推力和转子转动的离心力作用而紧密地贴紧在定子内壁上；另一路进入相应的密封工作空间，压缩空气作用在两个叶片上。由于两叶片伸出长度不等，就产生了转矩，因而叶片与转子按逆时针方向旋转。做功后的气体由定子上的孔 C 排出，剩余残气经孔 B 排出。若改变压缩空气输入方向，则可改

变转子的转速。

图 11.19（b）所示为薄膜式气马达工作原理。它实际上是一个薄膜式汽缸，当它作往复运动时，通过推杆端部的棘爪使棘轮作间歇性转动。

图 11.19（c）所示为径向活塞式气马达的工作原理。压缩空气从进气口进入配气阀后再进入汽缸，推动活塞及连杆组件运动，迫使曲轴旋转，同时，带动固定在曲轴上的配气阀转动，使压缩空气随着配气阀角度位置的改变而进入不同的缸内，依次推动各个活塞运动，由各活塞及连杆带动曲轴连续运转，与此同时，与进气状态的汽缸相对应的汽缸则处于排气状态。

2. 气马达的特点

气马达具有以下优点。

（1）工作安全。可以在易燃、易爆、高温、振动、潮湿、灰尘多等恶劣环境下工作，同时不受高温及振动的影响。

（2）具有过载保护作用。可长时间满载工作而温升较小，过载时马达只是降低转速或停车，当过载解除后，立即可重新正常运转。

（3）可以实现无级调速。通过控制调节节流阀的开度来控制进入气马达的压缩空气的流量，就能控制调节气马达的转速。

（4）具有较高的启动转矩，可以直接带负载启动，启动、停止迅速。

（5）功率范围及转速范围均较宽。功率小至几百瓦，大至几万瓦；转速可从每分钟几转到上万转。

（6）结构简单，操纵方便，可正、反转，维修容易，成本低。

气马达的缺点是速度稳定性较差、输出功率小、耗气量大、效率低、噪声大等。

11.3 气动控制元件

在气压传动系统中的控制元件是控制和调节压缩空气的压力、流量、流动方向和发送信号的重要元件，利用它们可以组成各种气动控制回路，使气动执行元件按设计的程序正常地进行工作。控制元件按功能和用途可分为方向控制阀、压力控制阀和流量控制阀三大类。此外，尚有通过改变气流方向和通断实现各种逻辑功能的气动逻辑元件和射流元件等。

11.3.1 方向控制阀

1. 方向控制阀的分类

气动换向阀和液压换向阀相似，分类方法也大致相同。气动换向阀按阀芯结构不同可分为：滑柱式（又称柱塞式、也称滑阀）、截止式（又称提动式）、平面式（又称滑块式）、旋塞式和膜片式。

其中以截止式换向阀和滑柱式换向阀应用较多；按其控制方式不同可以分为：电磁换向阀、气动换向阀、机动换向阀和手动换向阀，其中后3类换向阀的工作原理和结构与液压换向阀中相应的阀类基本相同；按其作用特点可以分为：单向型控制阀和换向型控制阀。

2. 单向型控制阀

（1）单向阀。单向阀是指气流只能向一个方向流动而不能反向流动的阀。单向阀的工作原理、结构和图形符号与液压阀中的单向阀基本相同，只不过在气动单向阀中，阀芯和阀座之间有一层胶垫（密封垫），如图11.20和图11.21所示。

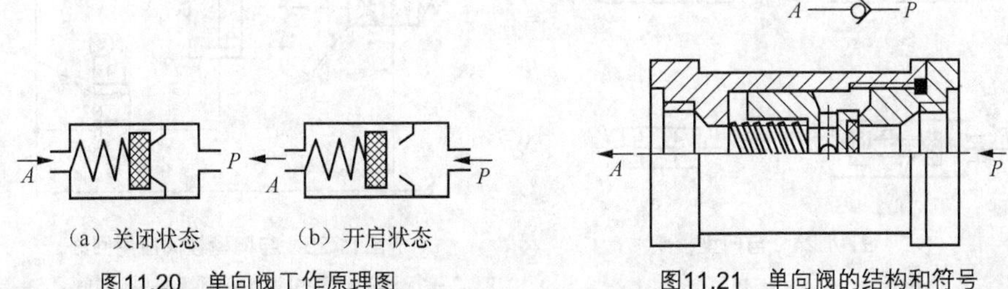

图11.20　单向阀工作原理图

图11.21　单向阀的结构和符号

（2）或门型梭阀。在气压传动系统中，当两个通路 P_1 和 P_2 均与通路 A 相通，而不允许 P_1 与 P_2 相通时，就要采用或门型梭阀。由于阀芯像织布梭子一样来回运动，因而称为梭阀。该阀的结构相当于两个单向阀的组合。在气动逻辑回路中，该阀起到“或”门的作用，是构成逻辑回路的重要元件。

图11.22所示为或门型梭阀的工作原理图。当通路 P_1 进气时，将阀芯推向右边，通路 P_2 被关闭，于是气流从 P_1 进入通路 A，如图11.22（a）所示；反之，气流则从 P_2 进入 A，如图11.22（b）所示；当 P_1、P_2 同时进气时，哪端压力高，A 就与哪端相通，另一端就自动关闭。图11.22（c）所示为该阀的图形符号。

或门型梭阀在逻辑回路和程序控制回路中被广泛采用，图11.23所示为在手动—自动回路的转换上常应用的或门型梭阀。

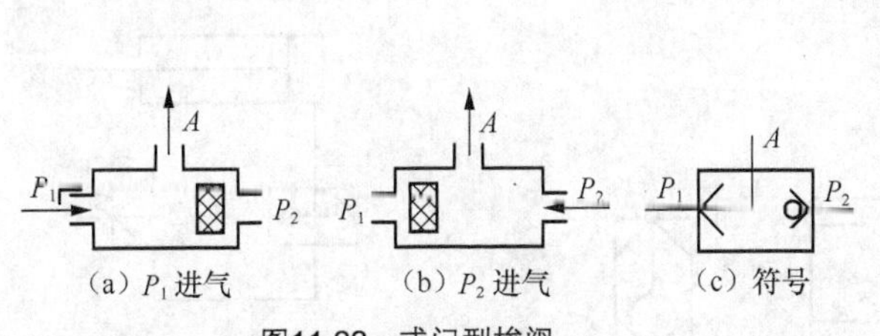

图11.22　或门型梭阀

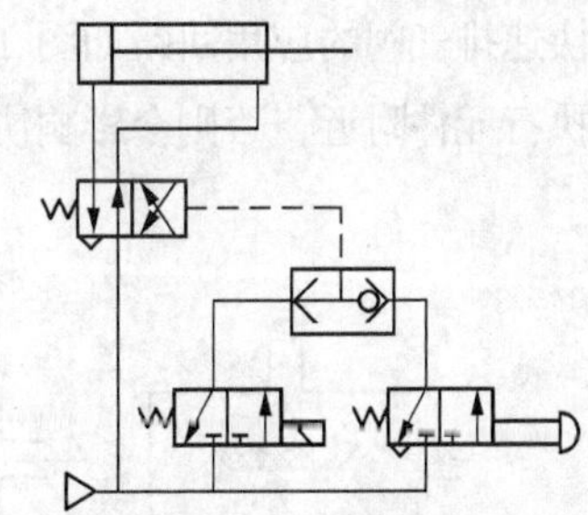

图11.23　或门型梭阀在手动—自动回路中的应用

（3）与门型梭阀（双压阀）。与门型梭阀又称双压阀，该阀只有两个输入口 P_1、P_2 同时进气时，A 口才有输出，这种阀也是相当于两个单向阀的组合。图11.24所示为与门型梭阀（双压阀）的工作原理图。当 P_1 或 P_2 单独有输入时，阀芯被推向右端或左端，如图11.24（a）、（b）所示，此时 A 口无输出；只有当 P_1 和 P_2 同时有输入时，A 口才有输出，如图11.24（c）所示。当 P_1 和 P_2 气体压力不等时，则气压低的通过 A 口输出。图11.24（d）所示为该阀的图形符号。

与门型梭阀的应用很广泛，图 11.25 所示为该阀在钻床控制回路中的应用。行程阀 1 为工件定位信号，行程阀 2 是夹紧工件信号。当两个信号同时存在时，与门型梭阀（双压阀）3 才有输出，使换向阀 4 切换，钻孔缸 5 进给，钻孔开始。

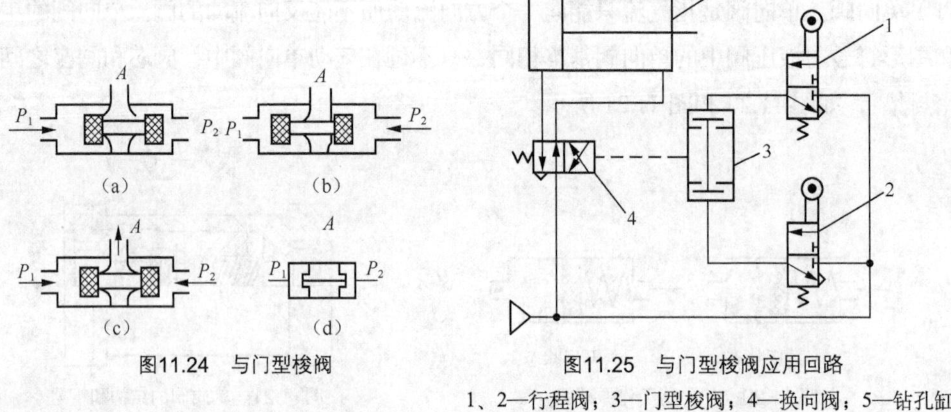

图11.24 与门型梭阀

图11.25 与门型梭阀应用回路

1、2—行程阀；3—门型梭阀；4—换向阀；5—钻孔缸

（4）快速排气阀。快速排气阀简称快排阀。它是为加快汽缸运动速度作快速排气用的。通常汽缸排气时，气体是从汽缸经过管路由换向阀的排气口排出的。如果从汽缸到换向阀的距离较长，而换向阀的排气口又小时，排气时间就较长，汽缸动作速度较慢。此时，若采用快速排气阀，则汽缸内的气体就能直接由快排阀排往大气中，加速汽缸的运动速度。实验证明，安装快排阀后，汽缸的运动速度可提高 4～5 倍。

快速排气阀的工作原理如图 11.26 所示。当进气腔 P 进入压缩空气时，将密封活塞迅速上推，开启阀门 2，同时关闭排气口 1，使进气腔 P 与工作腔 A 相通，如图 11.26（a）所示；当 P 腔没有压缩空气进入时，在 A 腔和 P 腔压差作用下，密封活塞迅速下降，关闭 P 腔，使 A 腔通过阀口 1 经 O 腔快速排气，如图 11.26（b）所示。图 11.26（c）所示为该阀的图形符号。

快速排气阀的应用回路如图 11.27 所示。在实际使用中，快速排气阀应配置在需要快速排气的气动执行元件附近，否则会影响快排效果。

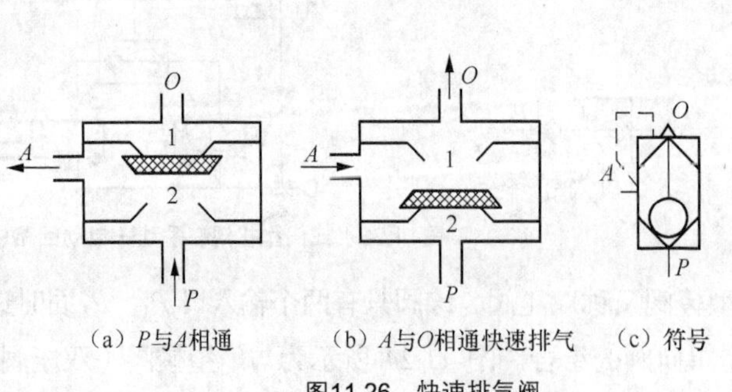

图11.26 快速排气阀

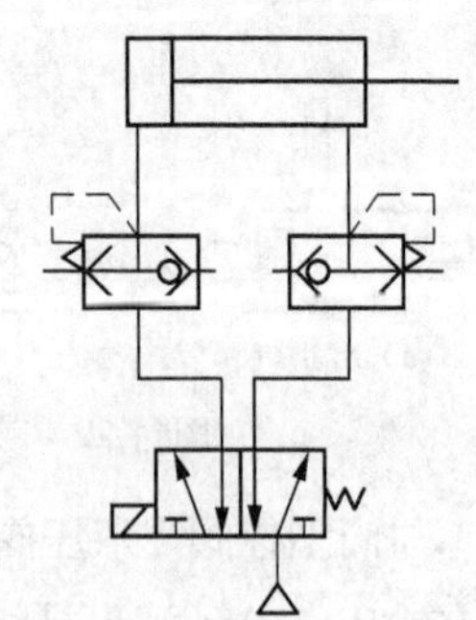

图11.27 快速排气阀的应用回路

3. 换向型控制阀

换向型方向控制阀（简称换向阀）的功用是改变气体通道使气体流动方向发生变化，从而改变

气动执行元件的运动方向。换向型控制阀包括气压控制阀、电磁控制阀、机械控制阀、人力控制阀和时间控制阀。

（1）气压控制换向阀。气压控制换向阀是利用气体压力来使主阀芯运动而使气体改变流向的，按控制方式不同可分为加压控制、卸压控制和差压控制 3 种。

加压控制是指所加的控制信号压力是逐渐上升的，当气压增加到阀芯的动作压力时，主阀便换向；卸压控制指所加的气控信号压力是减小的，当减小到某一压力值时，主阀换向；差压控制是使主阀芯在两端压力差的作用下换向。

气控换向阀按主阀结构不同，又可分为截止式和滑阀式两种主要形式，滑阀式气控阀的结构和置作原理与液动换向阀基本相同，在此仅介绍截止式换向阀的工作原理。

① 截止式气控阀的工作原理。图 11.28 所示为单气控截止式换向阀的工作原理图，图 11.28（a）所示为没有控制信号 K 时的状态，阀芯在弹簧及 P 腔压力作用下关闭，阀处于排气状态；当输入控制信号 K，如图 11.28（b）时，主阀芯下移，打开阀口使 P 与 A 相通。故该阀属常闭型二位三通阀，当 P 与 O 换接时，即成为常通型二位三通阀，图 11.28（c）所示为其图形符号。

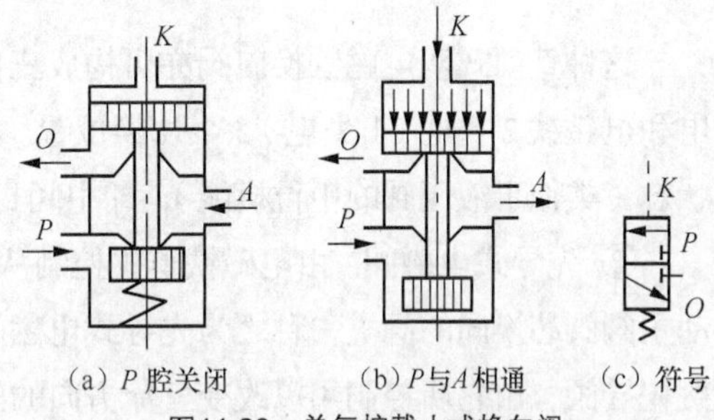

图11.28　单气控截止式换向阀

② 截止式换向阀的特点。截止式换向阀和滑阀式换向阀一样，可组成二位三通、二位四通、二位五通或三位四通、三位五通等多种形式，与滑阀相比，它的特点如下。

（a）阀芯的行程短。只要移动很小的距离就能使阀完全开启，故阀开启时间短，通流能力强，流量特性好，结构紧凑，适用于大流量的场合。

（b）截止式阀一般采用软质材料（如橡胶）密封，且阀芯始终存在背压，所以关闭时密封性好，泄漏量小但换向力较大，换向时冲击力也较大，所以不宜用在灵敏度要求较高的场合。

（c）抗粉尘及污染能力强，对过滤精度要求不高。

（2）电磁控制换向阀。气压传动中的电磁控制换向阀和液压传动中的电磁控制换向阀一样，也由电磁铁控制部分和主阀两部分组成，按控制方式不同分为电磁铁直接控制（直动）式电磁阀和先导式电磁阀两种。它们的工作原理分别与液压阀中的电磁阀和电液动阀相类似，只是二者的工作介质不同而已。

① 直动式电磁阀。由电磁铁的衔铁直接推动换向阀阀芯换向的阀称为直动式电磁阀，直动式电磁阀分为单电磁铁和双电磁铁两种，单电磁铁换向阀的工作原理如图 11.29 所示，图 11.29（a）所示为原始状态、图 11.29（b）所示为通电时的状态，图 11.29（c）所示为该阀的图形符号。从图中可知，这种阀阀芯的移动靠电磁铁，而复位靠弹簧，因而换向冲击较大，故一般只制成小型的阀。

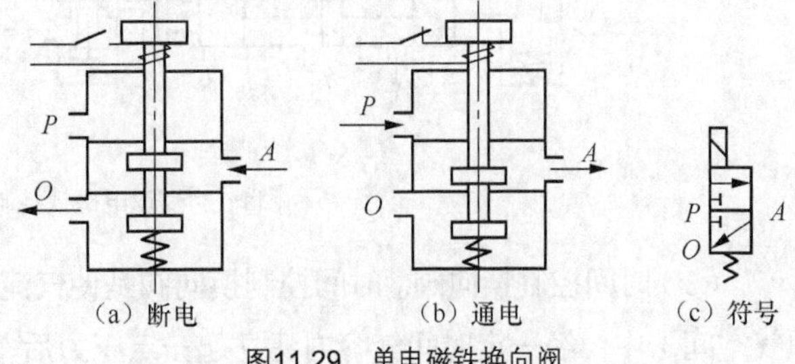

图11.29　单电磁铁换向阀

若将阀中的复位弹簧改成电磁铁，就成为双电磁铁直动式电磁阀，如图 11.30 所示。图 11.30（a）所示为 1 通电、2 断电时的状态，图 11.30（b）所示为 2 通电、1 断电时的状态，图 11.30（c）所示为其图形符号。由此可见，这种阀的两个电磁铁只能交替得电工作，不能同时得电，否则会产生误动作。因而这种阀具有记忆的功能。

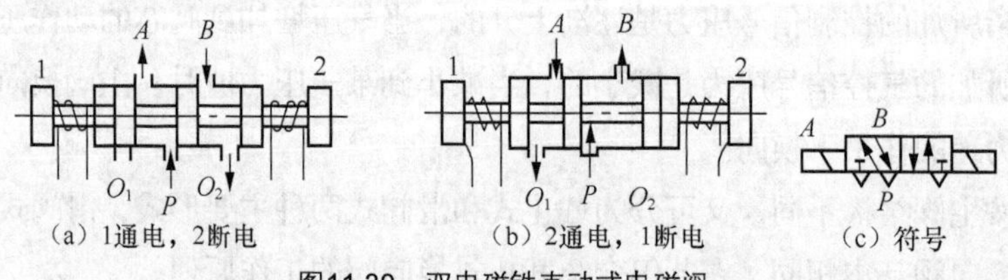

图11.30 双电磁铁直动式电磁阀

这种直动式双电磁铁换向阀亦可构成三位阀，即电磁铁 1 得电（2 失电）、电磁铁 1、2 同时失电和电磁铁 2 得电（1 失电）3 个切换位置。在两个电磁铁均失电的中间位置，可形成 3 种气体流动状态（类似于液压阀的中位机能），即中间封闭（O 型），中间加压（P 型）和中间泄压（Y 型）。

② 先导式电磁阀。由电磁铁首先控制从主阀气源节流出来的一部分气体，产生先导压力，去推动主阀阀芯换向的阀类，称之为先导式电磁阀。该先导控制部分，实际上是一个电磁阀，称之为电磁先导阀，由它所控制用以改变气流方向的阀，称为主阀。由此可见，先导式电磁阀由电磁先导阀和主阀两部分组成。一般电磁先导阀都单独制成通用件，既可用于先导控制，也可用于气流量较小的直接控制。先导式电磁阀也分单电磁铁控制和双电磁铁控制两种，图 11.31 所示为双电磁铁控制的先导式换向阀的工作原理图，图中控制的主阀为二位阀。同样，主阀也可为三位阀。

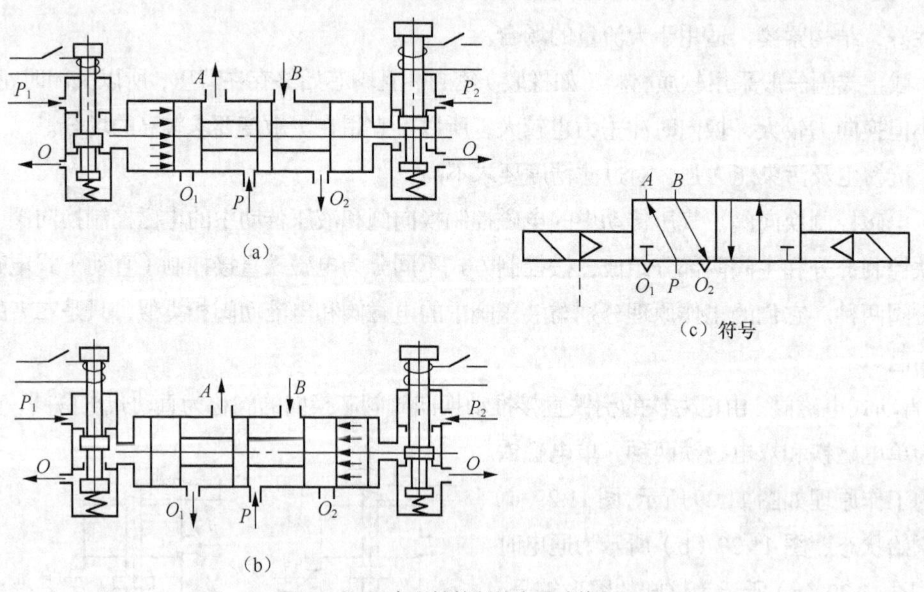

图11.31 双电磁铁控制的先导式换向阀

（3）时间控制换向阀。时间控制换向阀是使气流通过气阻（如小孔、缝隙等）节流后到气容（储气空间）中，经一定时间气容内建立起一定压力后，再使阀芯换向的阀。在不允许使用时间继电器

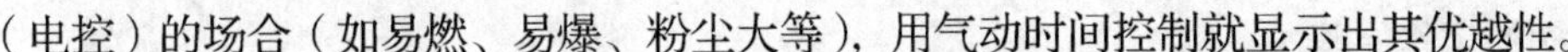

（电控）的场合（如易燃、易爆、粉尘大等），用气动时间控制就显示出其优越性。

① 延时阀。图 11.32 所示为二位三通延时换向阀，它是由延时部分和换向部分组成的。当无气控信号时，P 与 A 断开，A 腔排气；当有气控信号时，气体从 K 腔输入经可调节流阀节流后到气容 a 内，使气容不断充气，直到气容内的气压上升到某一值时，使阀芯由左向右移动，使 P 与 A 接通，A 有输出。当气控信号消失后，气容内气压经单向阀到 K 腔排空。这种阀的延时时间可在 0～20s 间调整。

② 脉冲阀。图 11.33 所示为脉冲阀的工作原理图，它与延时阀样也是靠气流流经气阻，气容的延时作用，使压力输入长信号变为短暂的脉冲信号输出的阀类。当有气压从 P 口输入时，阀芯在气压作用下向上移动，A 端有输出。同时，气流从阻尼小孔向气容充气，在充气压力达到动作压力时，阀芯下移，输出消失，这种脉冲阀的工作气压范围为 0.15～0.8 MPa，脉冲时间小于 2 s。

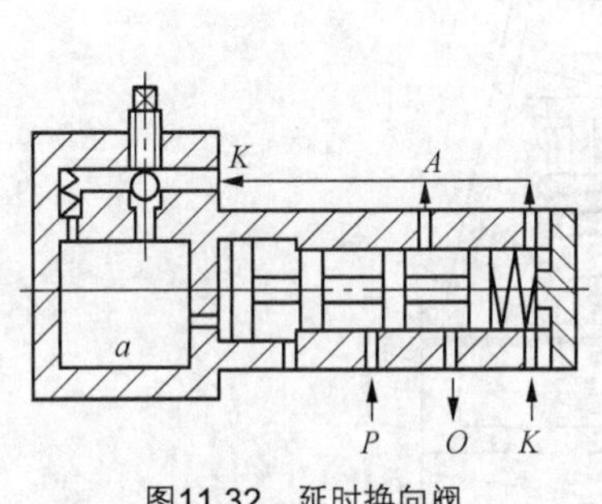

图11.32 延时换向阀

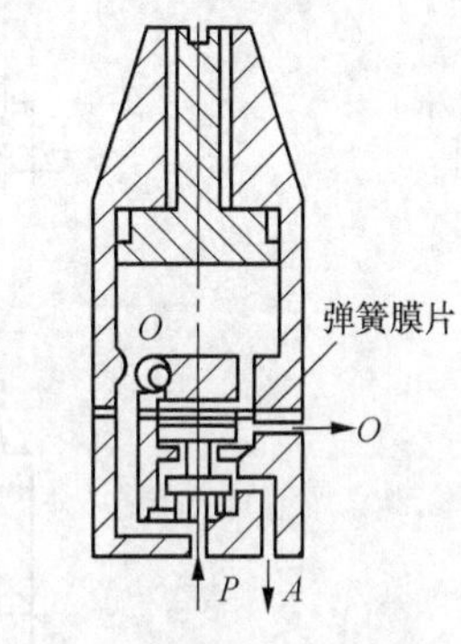

图11.33 脉冲阀的工作原理图

机械控制和人力控制换向阀是靠机动（行程挡块等）和人力（手动或脚踏等）来使阀产生切换动作的，其工作原理与液压阀中相类似的阀基本相同，在此不再重复。

11.3.2 压力控制阀

压力控制阀主要用来控制系统中气体的压力，满足各种压力要求或用以节能。

气压传动系统与液压传动系统不同的一个特点是液压传动系统的液压油是由安装在每台设备上的液压源直接提供，而气压传动则是将比使用压力高的压缩空气储于储气罐中，然后减压到适用于系统的压力。因此每台气动装置的供气压力都需要用减压阀（在气动系统中又称调压阀）来减压，并保持供气压力值稳定。对于低压控制系统（如气动测量），除用减压阀降低压力外，还需要用精密减压阀（或定值器）以获得更稳定的供气压力。这类压力控制阀当输入压力在一定范围内改变时，能保持输出压力不变；当管路中压力超过允许压力时，为了保证系统的工作安全，往往用安全阀实现自动排气，以使系统的压力下降；有时，气动装置中不便安装行程阀而要依据气压的大小来控制两个以上的气动执行机构的顺序动作，能实现这种功能的压力控制阀称为顺序阀。因此，在气压传动系统中压力控制可分为 3 类：一类是起降压稳压作用的减压阀、定值器；另一类是起限压安全保护作用的安全阀、限压切断阀等；还有一类是根据气路压力不同进行某种控制的顺序阀、平衡阀等。所有的压力控制阀，都是利用空气压力和弹簧力相平衡的原理来工作的。由于安全阀、顺序阀的工作原理与液压控制阀中溢流阀（安全阀）和顺序阀基本相同，因而本节主要讨论气动减压阀（调压阀）的工作原理和主要性能。

1. 气动调压阀的工作原理

图 11.34 所示为直动式调压阀的工作原理图及符号。当顺时针方向调整手柄 1 时，调压弹簧 2（实际上有两个弹簧）推动下弹簧座 3、膜片 4 和阀芯 5 向下移动，使阀口开启，气流通过阀口后压力降低，从右侧输出二次压力气。与此同时，有一部分气流由阻尼孔 7 进入膜片室，在膜片下产生一个向上的推力与弹簧力平衡，调压阀便有稳定的压力输出。当输入压力 p_1 增高时，输出压力 p_2 也随之增高，使膜片下的压力也增高，将膜片向上推，阀芯 5 在复位弹簧 9 的作用下上移，从而阀口 8 的开度减小，节流作用增强，使输出压力降低到调定值为止；反之，若输入压力下降，则输出压力也随之下降，膜片下移，阀口开度增大，节流作用降低，使输出压力回升到调定压力，以维持压力稳定。

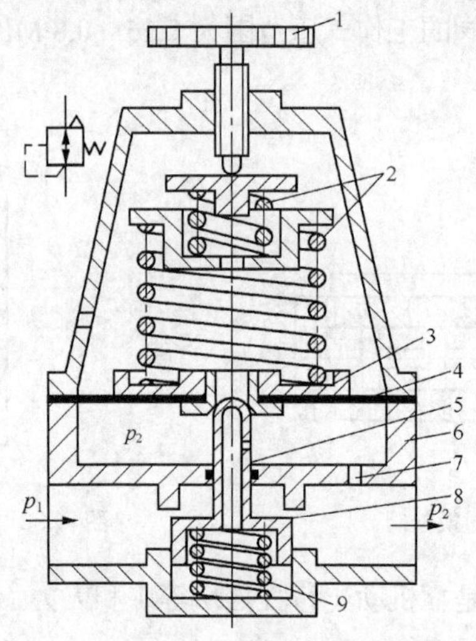

图11.34 直动式调压阀

1—调整手柄；2—调压弹簧；3—下弹簧座；4—膜片；5—阀芯；
6—阀体；7—阻尼孔；8—阀口；9—复位弹簧

调节手柄 1 以控制阀口开度的大小，即可控制输出压力的大小。目前常用的 QTY 型调压阀的最大输入压力为 1.0 MPa，其输出流量随阀的通径大小而改变。

2. 气动调压阀的基本性能

（1）调压阀的调压范围。气动调压阀的调压范围是指它的输出压力 p_2 的可调范围，在此范围内要求达到规定的精度。调压范围主要与调压弹簧的刚度有关。为使输出压力在高低调定值下都能得到较好的流量特性，常采用两个并联或串联的调压弹簧。一般调压阀最大输出压力是 0.6 MPa，调压范围是 0.1～0.6 MPa。

（2）调压阀的压力特性。调压阀的压力特性是指流量 q 一定时，输入压力 p_1 波动而引起输出压力 p_2 波动的特性。当然，输出压力波动越小，减压阀的特性越好。

输出压力 p_2 必须低于输入压力 p_1 一定值后，才基本上不随输入压力变化而变化，如图 11.35 所示。

（3）调压阀的流量特性。调压阀的输入压力 p_1 一定时，输出压力 p_2 随输出流量 q 而变化的特性。很明显，当流量 q 发生变化时，输出压力 p_2 的变化越小越好。图 11.36 所示为调压阀的流量特性，由图可见，输出压力越低，它输出流量的变化波动就越小。

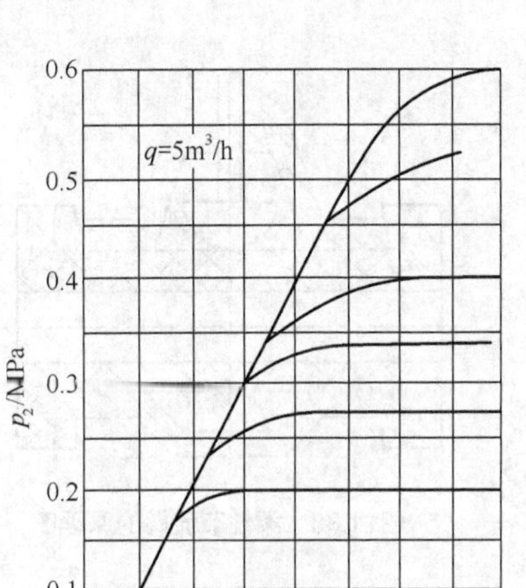

图11.35 压力特性曲线

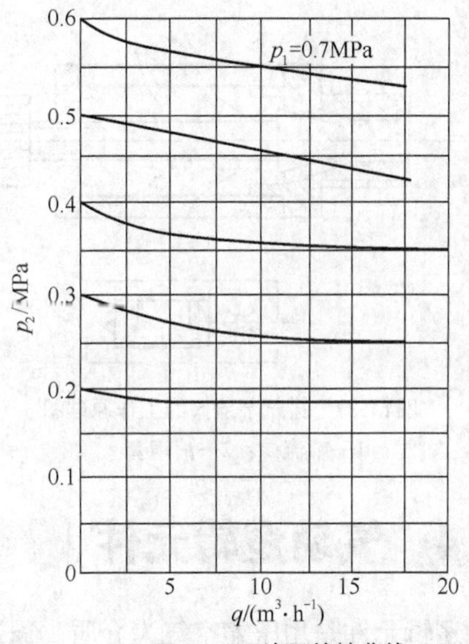

图11.36 流量特性曲线

11.3.3 流量控制阀

在气压传动系统中，经常要求控制气动执行元件的运动速度，这要靠调节压缩空气的流量来实现。凡用来控制气体流量的阀，称为流量控制阀。流量控制阀就是通过改变阀的通流截面积来实现流量控制的元件，它包括节流阀、单向节流阀、排气节流阀、柔性节流阀等。由于节流阀和单向节流阀的工作原理与液压阀中同类型阀相似，在此不再重复。本节仅对排气节流阀和柔性节流阀简要介绍。

1. 排气节流阀

排气节流阀的节流原理和节流阀一样，也是靠调节通流面积来调节阀的流量的。它们的区别是，节流阀通常是安装在系统中调节气流的流量，而排气节流阀只能安装在排气口处，调节排入大气的流量。以此来调节执行机构的运动速度。图 11.37 所示为排气节流阀的工作原理图，气流从 A 口进入阀内，由节流口 1 节流后经消声套 2 排出。因而它不仅能调节执行元件的运动速度，还能起到降低排气噪声的作用。

排气节流阀通常安装在换向阀的排气口处与换向阀联用，起单向节流阀的作用。它实际上只不过是节流阀的一种特殊形式。由于其结构简单，安装方便，能简化回路，故应用日益广泛。

2. 柔性节流阀

图 11.38 所示为柔性节流阀的原理图，依靠阀杆夹紧柔韧的橡胶管而产生节流作用；也可以利用气体压力来代替阀杆压缩橡胶管。柔性节流阀结构简单，动作可靠性高，对污染不敏感，通常工作压力范围为 0.3～0.63 MPa。

应当指出，用流量控制阀控制气动执行元件的运动速度，其精度远不如液压控制高。特别是在超低速控制中，要按照预定行程变化来控制速度，只用气动是很难实现的。在外部负载变化较大时，仅用气动流量阀也不会得到满意的调速效果。为提高其运动平稳性，建议采用气液联动的方式。

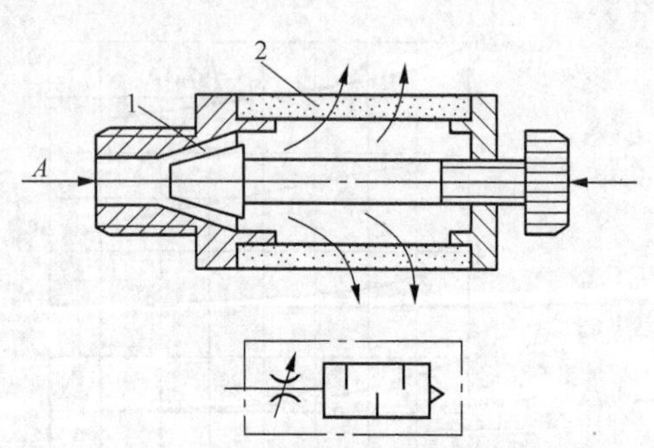

图11.37 排气节流阀的工作原理图
1—节流口；2—消声套

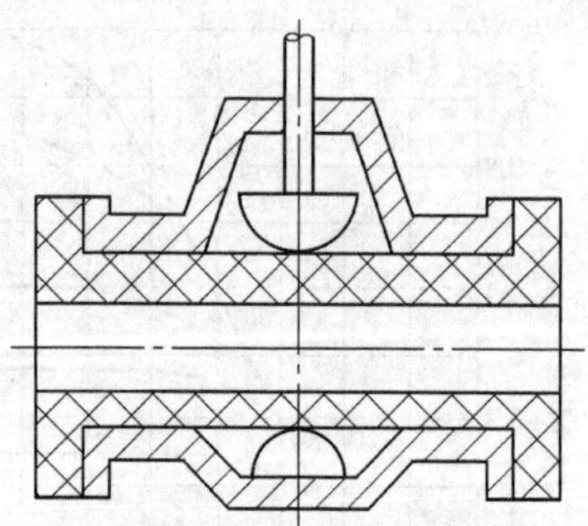
图11.38 柔性节流阀的原理图

11.3.4 气动逻辑元件

气动逻辑元件是用压缩空气为介质，通过元件的可动部件在气控信号作用下动作，改变气流方向以实现一定逻辑功能的气体控制元件。实际上气动方向控制阀也具有逻辑元件的各种功能，所不同的是它的输出功率较大，尺寸大。而气动逻辑元件的尺寸较小，因此在气动控制系统中广泛采用各种形式的气动逻辑元件（逻辑阀）。

1. 气动逻辑元件的分类

气动逻辑元件的种类很多，一般可按下列方式来分类：

（1）按工作压力来分。气动逻辑元件可分为高压元件（工作压力为 0.2～0.8 MPa）、低压元件（工作压力为 0.02～0.2 MPa）及微压元件（工作压力在 0.02 MPa 以下）3 种。

（2）按逻辑功能分。气动逻辑元件可分为“是门”（$S=A$）元件、“或门”（$S=A+B$）元件、“与门”（$S=A \cdot B$）元件，“非门”（$S=\bar{A}$）元件和双稳元件等。

（3）按结构形式分。气动逻辑元件可分为截止式逻辑元件、膜片式逻辑元件和滑阀式逻辑元件等。

2. 高压截止式逻辑元件

高压截止式逻辑元件是依靠控制气压信号推动阀芯或通过膜片的变形推动阀芯动作，改变气流的流动方向以实现一定逻辑功能的逻辑元件。这类元件的特点是行程小、流量大、工作压力高、对气源净化要求低，便于实现集成安装和实现集中控制，其拆卸也很方便。

（1）或门。截止式逻辑元件中的或门，大多由硬芯膜片及阀体所构成，膜片可水平安装，也可垂直安装。图 11.39 所示为或门元件的工作原理图，图中 A、B 为信号输入孔，S 为输出孔。当只有 A 有信号输入时，阀芯 a 在信号气压作用下向下移动，封住信号孔 B，气流经 S 输出；当只有 B 有输入信号时，阀芯口在此信号作用下上移。封住 A 信号孔通道，S 也有输出；当 A、B 均有输入信号时，阀芯口在两个信号作用下或上移、或下移、或保持在中位，S 均会有输出。也就是说，或有 A、或有 B、或者 A、B 二者都有，均有输出 S，亦即 $S=A+B$。

（2）是门和与门元件。图 11.40 所示为是门和与门元件的工作原理图，图中 A 为信号输入孔，S 为信号输出孔，中间孔接气源 P 时为是门元件。也就是说，在 A 输入孔无信号时，阀芯 2 在弹簧及气源压力 p 作用下处于图示位置，封住 P、S 间的通道，使输出孔 S 与排气孔相通，S 无输出。反之，

当 A 有输入信号时，膜片 1 在输入信号作用下将阀芯 2 推动下移，封住输出口与排气孔间通道，P 与 S 相通，S 有输出。也就是说，无输入信号时无输出；有输入信号时就有输出。元件的输入和输出信号之间始终保持相同的状态，即 $S=A$。

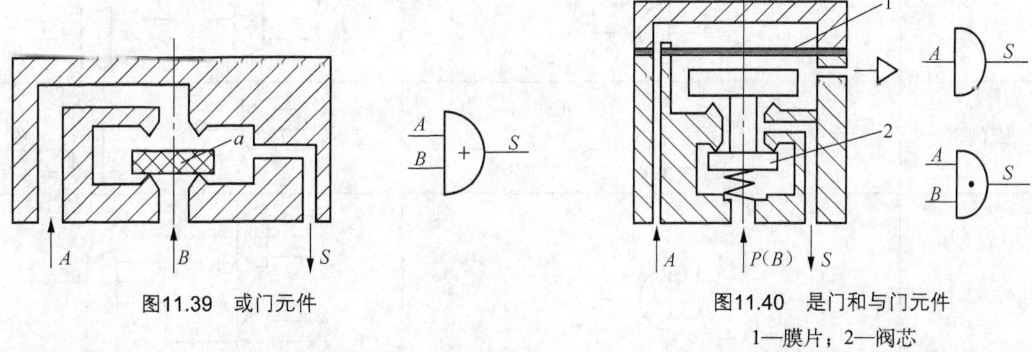

图11.39　或门元件

图11.40　是门和与门元件

1—膜片；2—阀芯

若将中间孔不接气源而换接另一输入信号 B，则成与门元件，也就是只有当 A、B 同时有输入信号时，S 才有输出，即 $S=AB$。

（3）非门和禁门元件。图 11.41 所示为非门元件的工作原理图。当元件的输入端 A 没有信号输入时，阀芯 3 在气源压力作用下紧压在上阀座上，输出端 S 有输出信号；反之，当元件的输入端 A 有输入信号时，作用在膜片 2 上的气压力经阀杆使阀芯 3 向下移动，关断气源通路，没有输出。也就是说，当有信号 A 输入时，就没有输出 S，当没有信号 A 输入时，就有输出 S，即 $S=\overline{A}$。显示活塞 1 用以显示有无输出。

若把中间孔不作气源孔 P，而改作另一输入信号孔 B，该元件即为“禁门”元件。也就是说，当 A、B 均有输入信号时，阀杆及阀芯 3 在 A 输入信号作用下封住 B 孔，S 无输出；在 A 无输入信号而 B 有输入信号时，S 就有输出。A 的输入信号对 B 的输入信号起“禁止”作用。即 $S=\overline{A}B$。

（4）或非元件。图 11.42 所示为或非元件的工作原理图，它是在非门元件的基础上增加两个信号输入端，即具有 A、B、C 三个输入信号。很明显，当所有的输入端都没有输入信号时，元件有输出 S，只要 3 个输入端中有一个有输入信号，元件就没有输出 S，即 $S=A+B+C$。

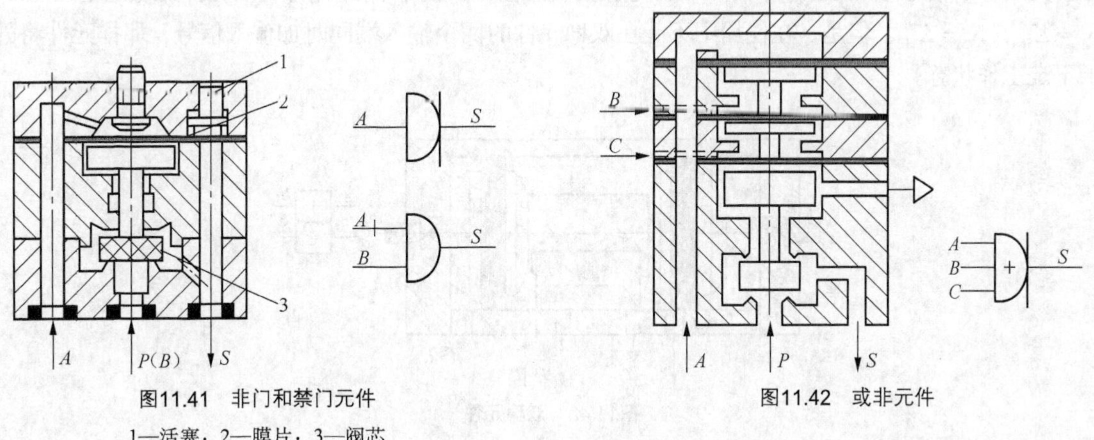

图11.41　非门和禁门元件

1—活塞；2—膜片；3—阀芯

图11.42　或非元件

或非元件是一种多功能逻辑元件，用这种元件可以实现是门、或门、与门、非门及记忆等各种逻辑功能，如表 11.4 所示。

表 11.4　　或非元件实现的逻辑功能

是门	A　S	A　$S=A$
或门	A　B　+　S	A　B　+　$S=A+B$
与门	A　B　•　S	A　B　+　$S=A \cdot B$
非门	A　S	A　+　$S=\bar{A}$
双稳	A　1　S_1　B　0　S_2	A　+　S_1　B　+　S_2

（5）双稳元件。双稳元件属记忆元件，在逻辑回路中起着重要的作用。图 11.43 所示为双稳元件的工作原理图。当 A 有输入信号时，阀芯 a 被推向图中所示的右端位置，气源的压缩空气便由 P 通至 S_1 输出，而 S_2 与排气口相通，此时“双稳”处于“1”状态；在控制端 B 的输入信号到来之前，A 的信号虽然消失，但阀芯 a 仍保持在右端位置，S_1 总是有输出；当 B 有输入信号时，阀芯 a 被推向左端，此时压缩空气由 P 至 S_2 输出，而 S_1 与排气孔相通，于是“双稳”处于“0”状态，在 B 信号消失后，a 信号输入之前，阀芯 a 仍处于左端位置，S_2 总有输出。所以该元件具有记忆功能.即 $S_1=K_B^A$，$S_2=K_A^B$。但是，在使用中不能在双稳元件的两个输入端同时加输入信号，那样元件将处于不定工作状态。

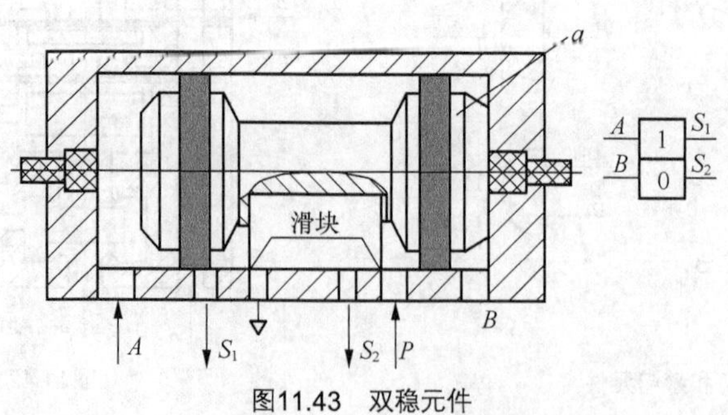

图11.43　双稳元件

3. 高压膜片式逻辑元件

高压膜片元件是利用膜片式阀芯的变形来实现各种逻辑功能的。它的最基本的单元是三门元件和四门元件。

（1）三门元件。三门元件的工作原理如图 11.44 所示，它是由左、右气室及膜片组成，左气室有输入口 *A* 和输出口 *B*，右气室有一个输入口 *C*，一膜片将左右两个气室隔开。因为元件共有 3 个口，所以称为三门元件。在图 11.44 中，*A* 口接气源（输入），*B* 口为输出口，*C* 口接控制信号，若 *A* 口和 *C* 口输入相等的压力，因 *B* 口通大气，由于膜片两边作用面积不同，受力不等，*A* 口通道被封闭，所以从 *A* 到 *B* 的气路不通。当 *C* 口的信号消失后，膜片在 *A* 口气源压力作用下变形，使 *A* 到 *B* 的气路接通；但在 *B* 口接负载时，三门的关断是有条件的，即 *B* 口降压或 *C* 口升压才能保证可靠地关断。利用这个压力差作用的原理，关闭或开启元件的通道，可组成各种逻辑元件。

（2）四门元件。四门元件的工作原理如图 11.45 所示，膜片将元件分成左右两个对称的气室，左气室有输入口 *A* 和输出口 *B*，右气室有输入口 *C* 和输出口 *D*，因为共有 4 个口，所以称之为四门元件。四门元件是一个压力比较元件。若输入口 *A* 的气压比输入口 *C* 的气压低，则膜片封闭 *B* 的通道，使 *A* 和 *B* 气路断开，*C* 和 *D* 气路接通。反之，*C* 到 *D* 通路断开，*A* 到 *B* 气路接通。也就是说膜片两侧都有压力且压力不相等时，压力小的一侧通道被断开，压力高的一侧通道被导通；若膜片两侧气压相等，则要看哪一通道的气流先到达气室，先到者通过，迟到者不能通过。

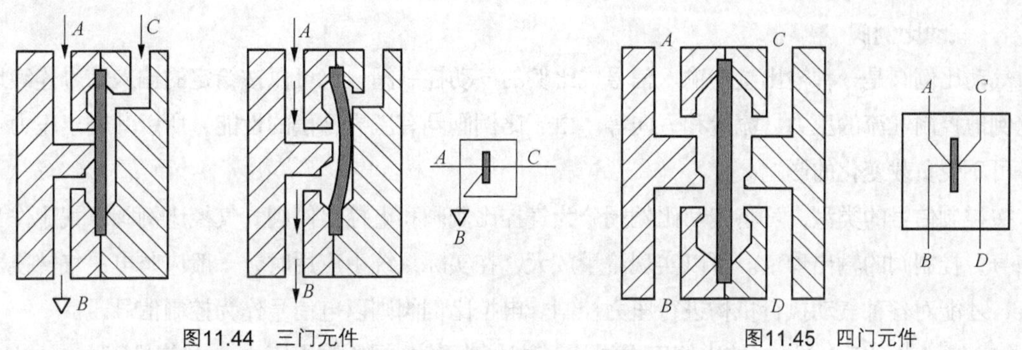

图11.44 三门元件　　图11.45 四门元件

根据上述三门和四门这两个基本元件，就可构成逻辑回路中常用的或门、与门、非门、记忆元件等。

4. 逻辑元件的选用

气动逻辑控制系统所用气源的压力变化必须保障逻辑元件正常工作需要的气压范围和输出端切换时所需的切换压力，逻辑元件的输出流量和响应时间等在设计系统时可根据系统要求参照有关资料选取。

无论采用截止式或膜片式高压逻辑元件，都要尽量将元件集中布置，以便于集中管理。

由于信号的传输有一定的延时，信号的发出点（如行程开关）与接收点（如元件）之间，不能相距太远。一般说来，最好不要超过几十米。

当逻辑元件要相互串联时，一定要有足够的流量，否则可能无力推动下一级元件。

另外，尽管高压逻辑元件对气源过滤要求不高，但最好使用过滤后的气源，一定不要使加入油雾的气源进入逻辑元件。

*11.4 气动比例阀及气动伺服阀

工业自动化的发展，一方面对气动控制系统的精度和调节性能都提出了更高的要求，如在高技术领域中的气动机械手、柔性自动生产线等部分，都需要对气动执行机构的输出速度、压力和位置等按比例进行伺服调节；另一方面气动系统各组成元件在性能及功能上都得到了极大的改进；同时，气动元件与电子元件的结合使控制回路的电子化得到迅速发展，利用微型计算机使新型的控制思想得以实现，传统的点位控制已不能满足更高要求，并逐步被一些新型系统所取代。现已实用化的气动系统，大多为断续控制，和电子技术结合之后，可连续控制位置、速度及力等的电—气伺服控制系统将得到大的发展。在工业较为发达的国家里，电—气比例伺服技术、气动位置伺服控制系统、气动力伺服控制系统等已从实验室走向工业应用。本节主要介绍气动比例阀及气动伺服阀的工作原理。

1. 气动比例阀

气动比例阀是一种输出量与输入信号成比例的气动控制阀，它可以按给定的输入信号连续地、按比例地控制气流的压力、流量和方向等。由于比例阀具有压力补偿的性能，所以其输出压力、流量等可不受负载变化的影响。

按控制信号的类型，可将气动比例阀分为气控比例阀和电控比例阀。气控比例阀以气流作为控制信号，控制阀的输出参量。可以实现流量放大，在实际系统中应用时，一般应与电—气转换器相结合，才能对各种气动执行机构进行压力控制。电控比例阀则以电信号作为控制信号。

（1）气控比例压力阀。气控比例压力阀是一种比例元件，阀的输出压力 p_2 与信号压力 p_1 成比例，图 11.46 所示为比例压力阀的结构原理图。当有输入信号压力 p_1 时，膜片 1 变形，推动硬芯使主阀芯 3 向下运动，打开主阀口，气源压力经过主阀芯节流后形成输出压力 p_2。膜片 2 起反馈作用，并使输出压力信号与信号压力之间保持比例。当输出压力 p_2 小于信号压力 p_1 时，膜片组向下运动，使主阀口开大，输出压力 p_2 增大。当 p_2 大于 p_1 时，膜片 2 向上运动，溢流阀芯开启，多余的气体排至大气。调节针阀的作用是使输出压力的一部分加到信号压力腔，形成正反馈，增加阀的工作稳定性。

（2）电控比例压力阀。图 11.47 所示为喷嘴挡板式电控比例压力阀。它由动圈式比例电磁铁、喷嘴挡板放大器、气控比例压力阀 3 部分组成。比例电磁铁由永久磁铁 1、线圈 2 和片簧 7 构成。

当电流输入时，线圈 2 带动挡板 3 产生微量位移，改变其与喷嘴 4 之间的距离，使喷嘴 4 的背压 p_1 改变。膜片组 10 为比例压力阀的信号膜片及输出压力反馈膜片。背压 p_1 的变化通过膜片 10 控制阀芯 11 的位置，从而控制输出压力 p_2。喷嘴 4 的压缩空气由气源 p_s 经节流阀 5 供给。

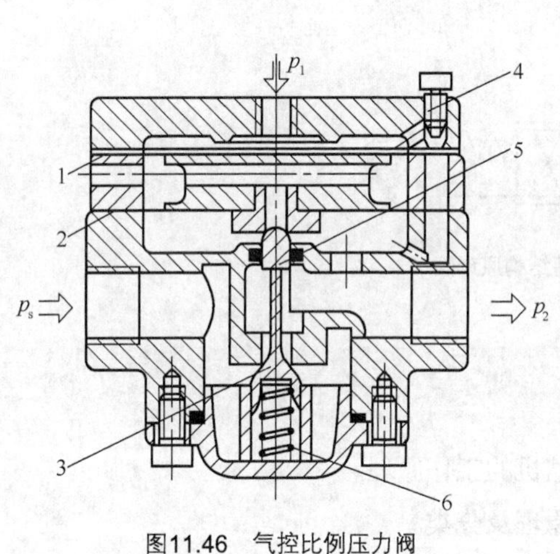

图11.46 气控比例压力阀

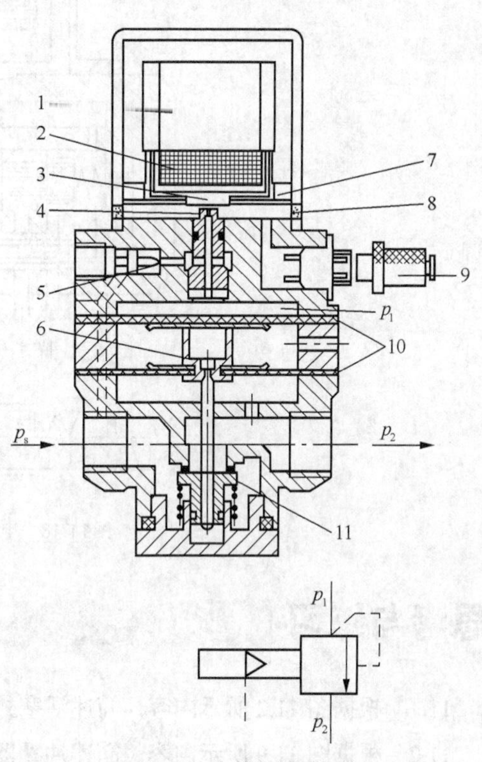

图11.47 电控比例压力阀

2. 气动伺服阀

气动伺服阀的工作原理类似于气动比例阀，它也是通过改变输入信号来对输出的参数进行连续的、成比例的控制。与比例阀相比，除了在结构上有差异外，主要在于伺服阀具有很高的动态响应和静态性能。但其价格也较贵，使用维护较为困难。

气动伺服阀的控制信号均为电信号，故又称电—气伺服阀。这是一种将电信号转换成气压信号的电气转换装置。是电—气伺服系统中的核心部件。图 11.48 所示为力反馈式电—气伺服阀结构原理图。其中第一级气压放大器为喷嘴挡板阀，由力矩马达控制，第二级气压放大器为滑阀，阀芯位移通过反馈杆转换成机械力矩反馈到力矩马达上。其工作原理为：当有一电流输入力矩马达控制线圈时，力矩马达产生电磁力矩，使挡板偏离中位（假设其向左偏转），反馈杆变形。这时两个喷嘴挡板阀的喷嘴前腔产生压力差（左腔高于右腔），在此压力差的作用下，滑阀向右移动，反馈杆端点随着一起移动，反馈杆进一步变形，反馈杆变形产生的力矩与力矩马达的电磁力矩相平衡，使挡板停留在某个与控制电流相对应的偏转角上。反馈杆的进一步变形使挡板被部分拉回中位，反馈杆端点对阀芯的反作用力与阀芯两端的气动力相平衡，使阀芯停留在与控制电流相对应的位移上。这样，伺服阀就输出一个对应的流量，达到了用电流控制流量的目的。

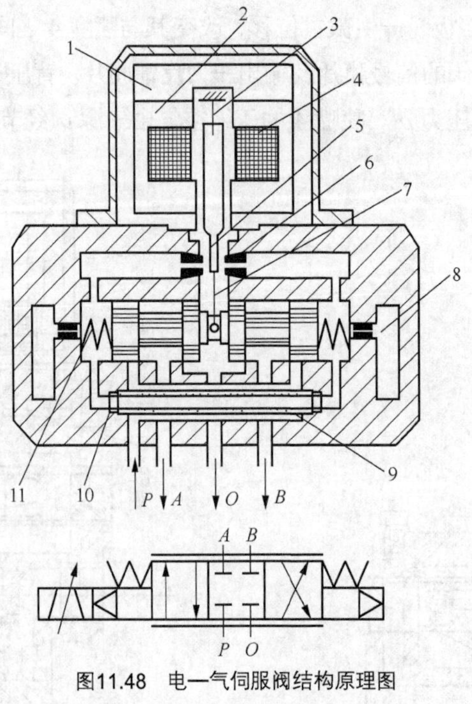

图11.48 电—气伺服阀结构原理图

思考与练习

11.1 根据图 11.2 所示内容，简述活塞式空气压缩机的工作原理。

11.2 根据图 11.9 所示内容，简述油雾器的工作原理及分类。

11.3 气电转换器和电气转换器在气动系统中各有何作用?

11.4 气源装置中为什么要设置储气罐，其容积和尺寸应如何确定?

11.5 单作用汽缸内径 D=63 mm，复位弹簧最大反力 F=150 N，工作压力 p=0.5 MPa，负载效率为 40%，求该汽缸的推力为多少?

11.6 单杆双作用汽缸内径 D=125 mm，活塞杆直径 d=36 mm，工作压力 p=0.5 MPa，汽缸负载效率为 50%，求该汽缸的拉力和推力各为多少?

11.7 气动马达的特点是什么?

第12章 | 气动回路 |

【内容简介】

气压传动系统与液压传动系统一样，也是由具有各种功能的基本回路组成的。因此，熟悉和掌握气动基本回路是分析气压传动系统的基础。本章主要介绍由控制元件所构成的最常用的基本控制回路。

【学习目标】

（1）掌握方向、压力、速度控制回路的工作原理和应用。

（2）掌握其他常用基本回路。

【重点】

方向控制回路、压力控制回路、速度控制回路、安全保护、延时等常用回路。

12.1 气动基本回路

12.1.1 换向回路

换向回路是利用换向阀实现气动执行元件运动方向的变化。

1. 单作用汽缸换向回路

图 12.1 所示为单作用汽缸换向回路，图 12.1（a）所示为用二位三通电磁阀控制的单作用汽缸上、下回路。该回路中，当电磁阀得电时，汽缸向上伸出，失电时汽缸在弹簧作用下返回。图 12.1

（b）所示为三位四通电磁阀控制的单作用汽缸上、下和停止的换向回路，该阀在两电磁铁均失电时自动对中，使汽缸停于任何位置，但定位精度不高，且定位时间不长。

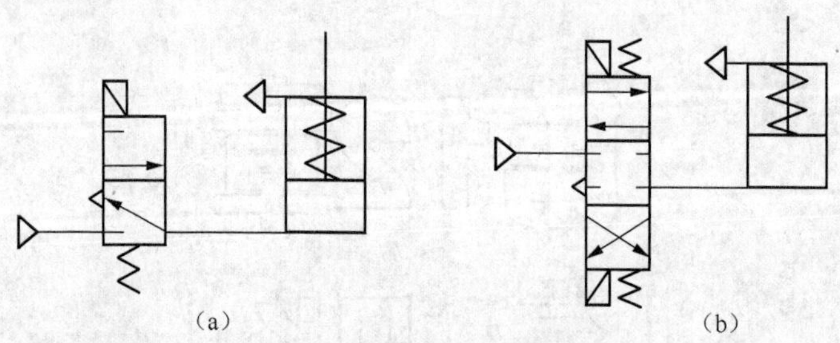

图12.1 单作用汽缸换向回路

2. 双作用汽缸换向回路

图 12.2 所示为各种双作用汽缸的换向回路。

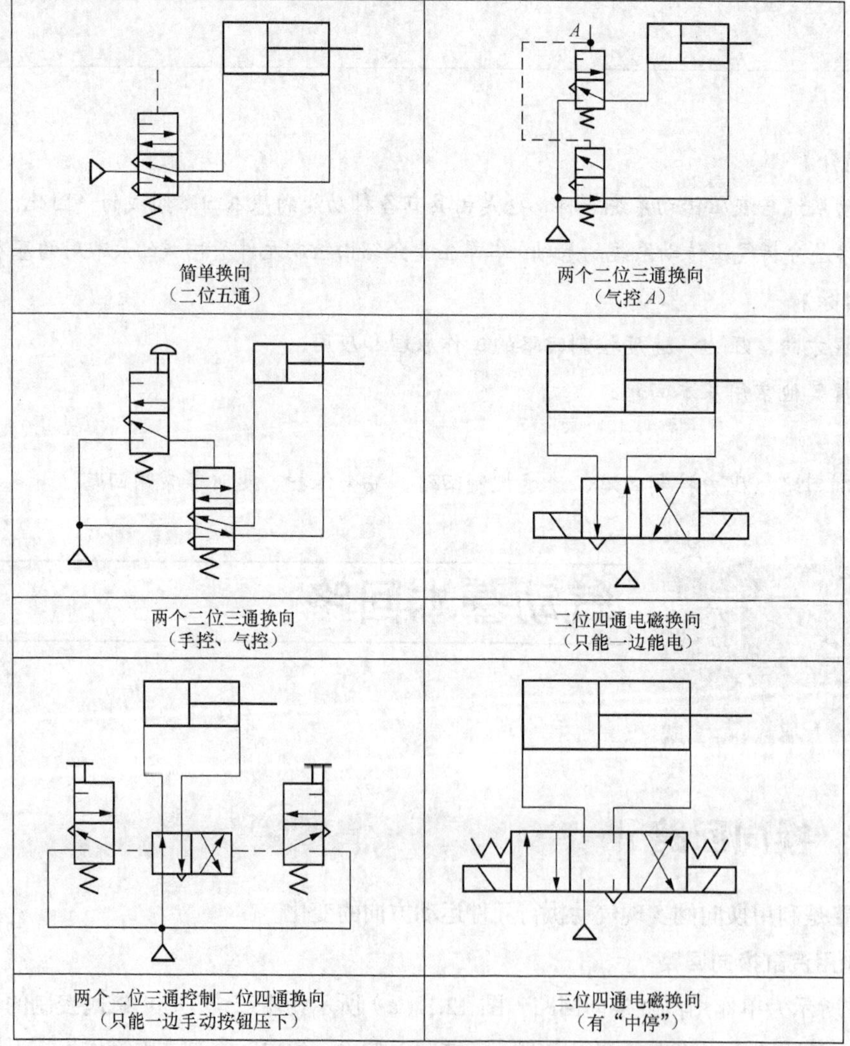

图12.2 双作用汽缸换向回路

12.1.2 压力控制回路

压力控制回路的作用是使系统保持在某一规定的压力范围内。

1．一次压力控制回路

其作用是使储气罐送出的气体压力不超过规定压力。一般在储气罐上安装一只安全阀，罐内压力超过规定压力时即向大气放气或在储气罐上装一电接点压力表，罐内压力超过规定压力时即控制压缩机断电。

2．二次压力控制回路

图 12.3 所示为用空气过滤器—减压阀—油雾器（气动三联件）组成的压力控制回路，其作用是保证系统使用的压力为一定值。

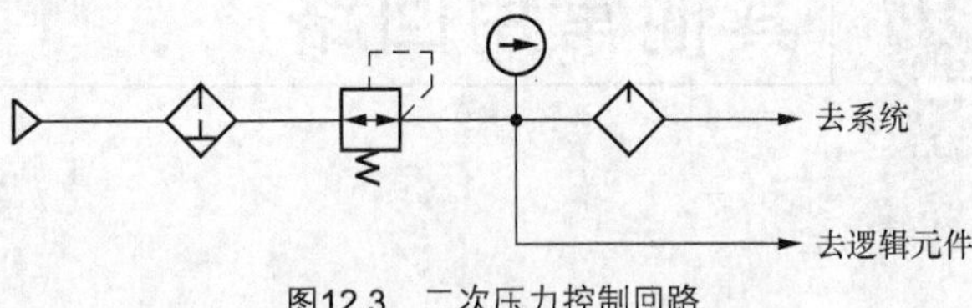

图12.3　二次压力控制回路

12.1.3 速度控制回路

速度控制回路的基本方法是用节流阀控制进入或排出执行元件的气流量。

1．单作用汽缸速度控制回路

（1）节流阀调速。图 12.4（a）所示为两反向安装单向节流阀分别控制活塞杆伸出和缩回速度。

（2）快排气阀节流调速。图 12.4（b）所示为上升时可调速（节流阀），下降时通过快排气阀排气，快速返回。

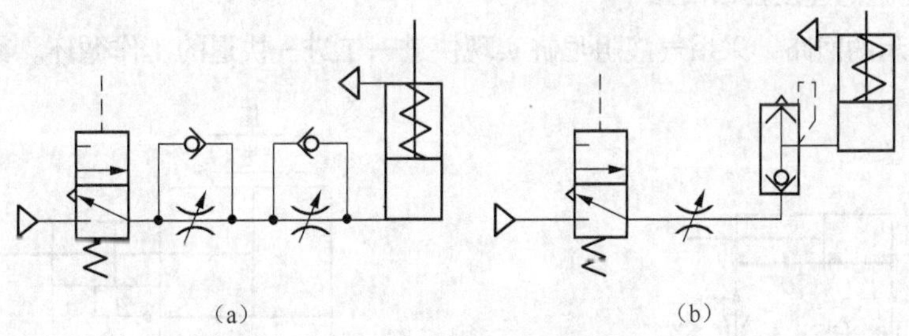

图12.4　单作用汽缸速度控制回路

2．双作用汽缸的速度控制回路

图 12.5 所示为双向排气节流调速回路。采用排气节流调速的方法控制汽缸速度，其活塞运动较平稳，比进气节流调速效果好。

图 12.5（a）所示为换向阀前节流控制回路，它是采用单向节流阀式的双向节流调速回路；图 12.5（b）所示为换向阀后节流控制回路，它是采用排气节流阀的双向节流调速回路。

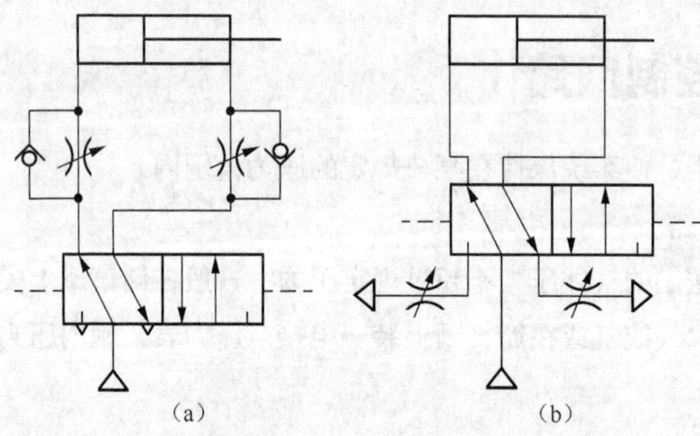

图12.5 双向排气节流调速回路

*12.2 其他常用回路

12.2.1 气液联动回路

在气动回路中，若采用气液转换器或气液阻尼缸后，就相当于把气压传动转换为液压传动，就能使执行元件的速度调节更加稳定，运动也更平稳。

1. 气液转换器的速度控制回路

如图 12.6 所示，利用气液转换器把气压变为液压，利用液压油驱动液压缸，得到平稳、易于控制的活塞运动速度，调节节流阀可改变活塞运动速度。

2. 气液阻尼缸的速度控制回路

如图 12.7 所示的回路，采用气液阻尼缸实现快进—工进—快退的工作循环。其工作情况如下。

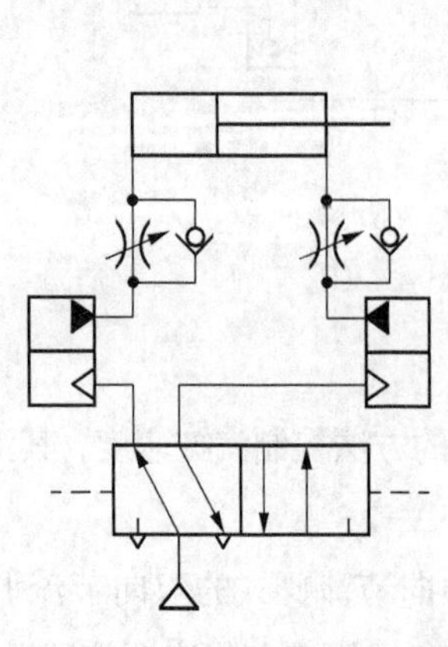

图12.6 气液转换器的速度控制回路

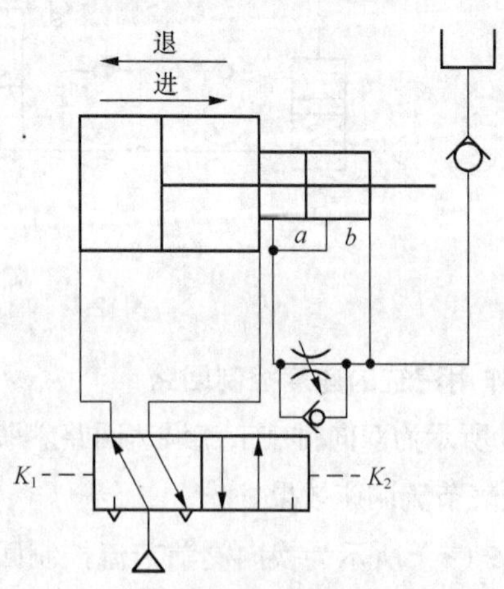

图12.7 气液阻尼缸的速度控制回路

（1）快进。K_2有信号，五通阀右位工作，活塞向左运动，液体缸右腔的油经 a 口进入左腔，汽缸快速左进。

（2）工进。活塞将 a 口封闭，液压缸右腔的油经 b 口经节流阀回左腔，活塞工进。

（3）快退。K_2 消失，K_1 输入信号，五通阀左位工作，活塞快退。

12.2.2 延时控制回路

1. 延时输出回路

图 12.8 所示为延时输出回路。当控制信号切换阀 4 后，压缩空气经单向节流阀 3 向气容 2 充气。充气压力延时升高达到一定值使阀 1 换向后，压缩空气就从该阀输出。

2. 延时退回回路

图 12.9 所示为延时退回回路。按下按钮阀 1，主控阀 2 换向，活塞杆伸出，至行程终端，挡块压下行程阀 5，其输出的控制气经节流阀 4 向气容 3 充气，当充气压力延时升高达到一定值后，阀 2 换向，活塞杆退回。

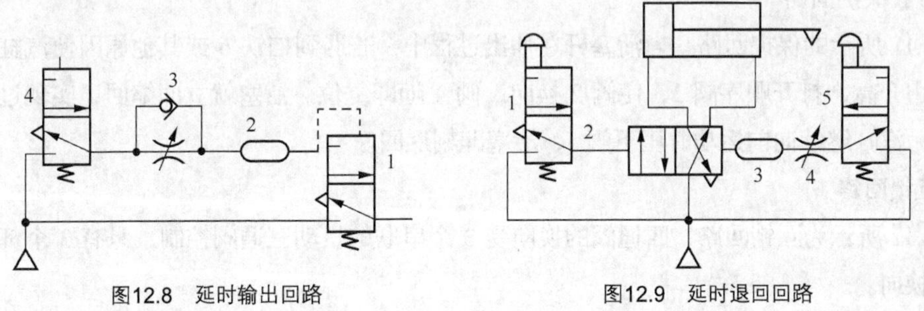

图12.8　延时输出回路　　　图12.9　延时退回回路

12.2.3 计数回路

计数回路可以组成二进制计数器，如图 12.10 所示。其工作原理如下。

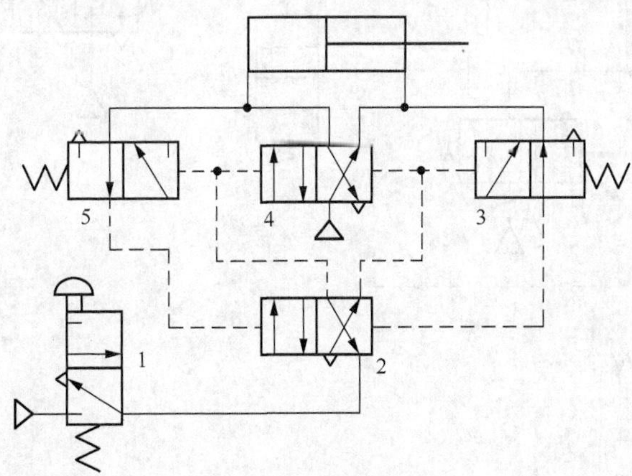

图12.10　计数回路

（1）第一次按下阀 1 按钮，气信号→阀 2 右位→阀 4 左端→阀 4 左位工作，阀 5 右位工作→汽缸伸出。

（2）阀 1 复位→阀 4 左端控制气信号→阀 2→阀 1→大气→阀 5 复位，左位工作→汽缸无杆腔压缩空气→阀 5 左位→阀 2 左端→阀 2 换至左位，等待阀 1 的信号。

（3）第二次按下阀 1，气信号→阀 2 左位→阀 4 右端→阀 4 右位工作，阀 3 左位工作→汽缸退回。

（4）阀 1 复位→阀 4 右端控制气信号→阀 2→阀 1→大气→阀 3 复位，右位工作→汽缸有杆腔压缩空气→阀 3 右位→阀 2 右端→阀 2 换至右位，等待阀 1 的信号。

第 1，3，5，7，…次（奇数）压下阀 1，汽缸伸出；第 2，4，6，8，…次（偶数）压下阀 1，汽缸退回。

12.2.4 安全保护和操作回路

由于气动机构负荷的过载、气压的突然降低以及气动机构执行元件的快速动作等原因都可能危及操作人员和设备的安全，因此在气动回路中常常加入安全回路。

1. 过载保护回路

图 12.11 所示的保护回路，当活塞杆在伸出过程中，若遇到挡铁 6 或其他原因使汽缸过载时，无杆腔压力升高，打开顺序阀 3，使阀 2 换向，阀 4 随即复位，活塞就立即缩回，实现过载保护；若无障碍，汽缸继续向前运动时压下阀 5，活塞即刻返回。

2. 互锁回路

图 12.12 所示为互锁回路，四通阀的换向受 3 个串联的机动三通阀控制，只有 3 个都接通，主控阀才能换向。

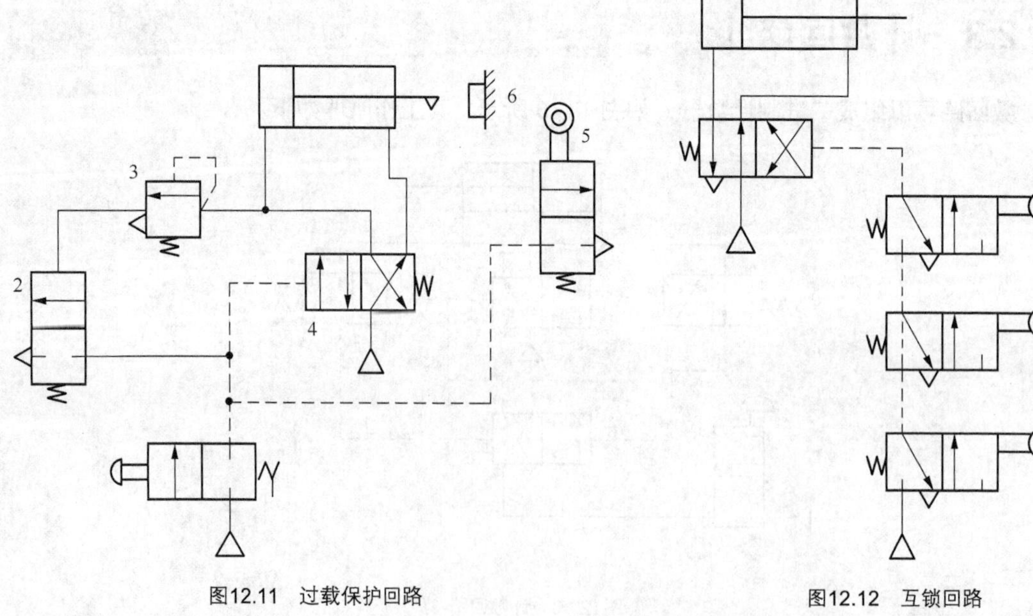

图12.11 过载保护回路

图12.12 互锁回路

3. 双手同时操作回路

双手同时操作回路就是使用两个启动用的手动阀，只有同时按动两个阀才动作的回路。这种回路主要是为了安全。在锻造、冲压机械上常用来避免误动作，以保护操作者的安全。

图 12.13（a）所示回路为使用逻辑“与”回路的双手操作回路，为使主控阀换向，必须使压缩空气信号进入其左端，故两只三通手动阀要同时换向，另外这两个阀必须安装在单手不能同时操作的位置上，在操作时. 如任何一只手离开则控制信号消失，主控阀复位，则活塞杆退回。

图 12.13（b）所示的是使用三位主控阀的双手操作回路，把此主控换向阀 1 的信号 A 作为手动换向阀 2 和 3 的逻辑“与”回路，亦即只有手动换向阀 2 和 3 同时动作时，主控换向阀 1 换向至上位，活塞杆前进；把信号 B 作为手动换向阀 2 和 3 的逻辑“或非”回路，即当手动换向阀 2 和 3 同时松开时（图示位置），主控换向阀 1 换向至下位，活塞杆退回；若手动换向阀 2 和 3 任何一个动作，将使主控阀复位至中位，活塞杆处于停止状态。

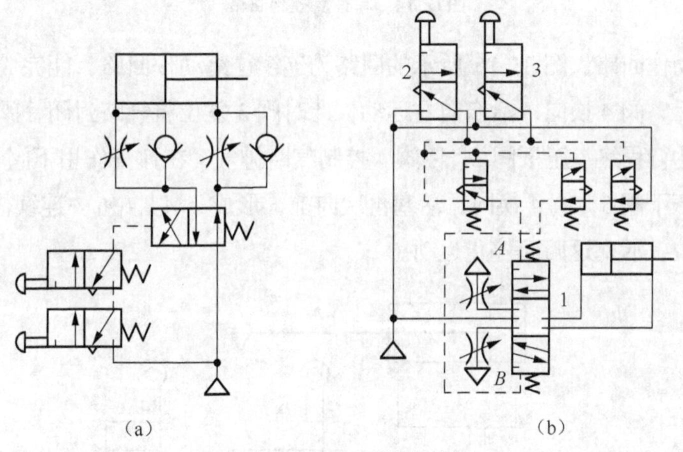

图12.13 双手同时操作回路

12.2.5 顺序动作回路

顺序动作回路是指在气动回路中，各个汽缸按一定程序完成各自的动作。

1. 单缸往复动作回路

单缸往复动作回路可分为单缸单往复和单缸连续往复动作回路。前者指如给定一个信号后，汽缸只完成 A_1A_0 一次往复动作（A 表示汽缸，下标“1”表示 A 缸活塞伸出，下标“0”表示活塞缩回动作)。而单缸连续往复动作回路指输入一个信号后，汽缸可连续进行 $A_1A_0\ A_1A_0\cdots$动作。

（1）单往复控制回路。图 12.14 所示为 3 种单往复回路，其中图 12.14（a）所示为行程阀控制的单往复动作回路。当按下阀 1 的手动按钮后，压缩空气使阀 3 换向，活塞杆前进，当凸块压下行程阀 2 时，阀 3 复位，活塞杆返回，完成 A_1A_0 循环；图 12.14（b）所示为压力控制的单往复回路，当按下阀 1 的手动按钮后，阀 3 阀芯右移，汽缸无杆腔进气，活塞杆前进，当活塞到达行程终点时，气压升高，打开顺序阀 2，使阀 3 换向，汽缸返回，完成 A_1A_0 循环；图 12.14（c）所示为利用阻容

回路形成的时间控制单往复回路，当按下阀 1 的按钮后，阀 3 换向，汽缸活塞杆伸出，当压下行程阀 2 后，需经过一定的时间后，阀 3 才能换向，再使汽缸返回完成动作 A_1A_0 的循环。由以上可知，在单往复回路中，每按动一次按钮，汽缸可完成一个 A_1A_0 的循环。

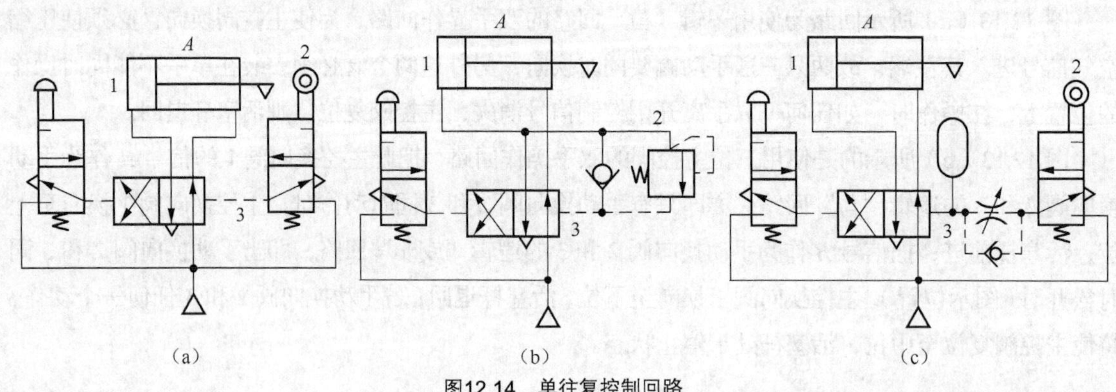

图12.14　单往复控制回路

（2）连续往复动作回路。图 12.15 所示的回路为连续往复动作回路，能完成连续的动作循环。当按下阀 1 的按钮后，阀 4 换向，活塞向右运动，此时阀 3 复位将气路封闭，阀 4 不能复位，活塞继续前进；活塞到达行程终点压下阀 2，使阀 4 控制气路排气，在弹簧作用下阀 4 复位，汽缸返回。活塞到达行程终点压下阀 3，阀 4 换向，活塞再次向前，形成 A_1A_0 A_1A_0…连续往复动作，提起阀 1 的按钮后，阀 4 复位，活塞返回而停止运动。

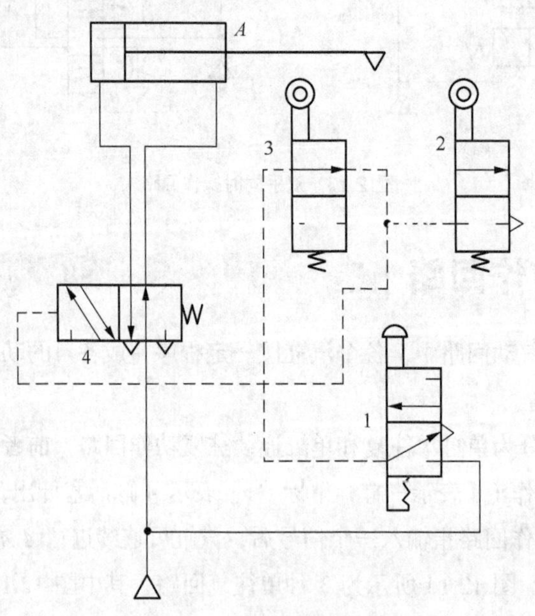

图12.15　连续往复动作回路

2. 多缸顺序动作回路

两三只或多只汽缸按一定顺序动作的回路，称为多缸顺序动作回路。其应用较广泛，在一个循环顺序里，若汽缸只作一次往复，称之为单往复顺序，若某些汽缸作多次往复，就称为多往复顺序。

若用 A、B、C…表示汽缸，仍用下标 1、0 表示活塞的伸出和缩回，则两只汽缸的基本动作顺序有 $A_1B_0A_0B_1$，$A_1B_1A_0B_0$ 和 $A_1A_0B_1B_0$ 三种。而 3 只汽缸的基本动作就有 15 种之多，如 $A_1B_1C_1A_0B_0C_0$、$A_1A_0B_1C_1B_0C_0$、$A_1B_1C_1A_0C_0B_0$ 等。这些顺序动作回路，都属于单往复顺序。图 12.16 所示为两缸多往复顺序动作问路，其基本动作为 $A_1B_1A_0B_0A_1B_1A_0B_0$…的连续往复顺序动作。

在程序控制系统中，把这些顺序动作回路，都叫作程序控制回路。

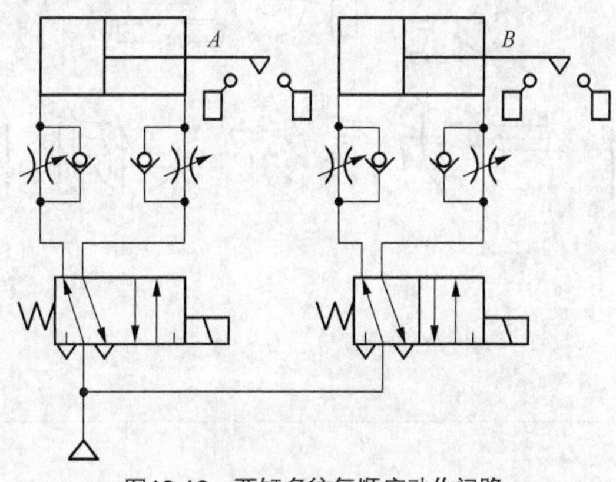

图12.16 两缸多往复顺序动作问路

思考与练习

12.1 常用的气动回路有哪些?

12.2 根据图 12.7 所示的回路，阐述气液阻尼缸的速度控制回路的工作原理。

12.3 根据图 12.10 所示的计数回路，阐述计数回路的工作原理。

12.4 根据图 12.15 所示的连续往复动作回路，试写出连续往复动作回路工作原理。

第13章 气动系统实例

【内容简介】

本章主要介绍气动机械手、气动钻床、气液动力滑台和工件夹紧4个典型气压传动系统。以此来说明阅读和分析气压传动系统的基本方法与步骤。

【学习目标】

（1）掌握气动机械手气压传动系统的工作原理。

（2）掌握气动钻床气压传动系统的工作原理。

（3）了解其他气动系统的工作原理。

【重点】

阅读和分析气压传动系统的基本方法与步骤。

气压传动技术是实现工业生产自动化和半自动化的方式之一，其应用遍及国民经济生产的各个部门。本章主要介绍其在机械行业的应用，首先讲述两个程序控制系统的应用实例，而后再分析两个一般的气压传动和气—液传动系统的实例。在分析程序控制系统时，从工作程序入手，由X-D线图，逻辑回路图到气压传动系统，其目的旨在提高读者分析程序控制系统的能力。而对于一般的气压传动系统，则以讲清其动作原理为限。

13.1 气动机械手气压传动系统

机械手是自动生产设备和生产线上的重要装置之一，它可以根据各种自动化设备的工作需要，

按照预定的控制程序动作。因此，在机械加工、冲压、锻造、铸造、装配和热处理等生产过程中被广泛用来搬运工件，借以减轻工人的劳动强度；也可实现自动取料、上料、卸料和自动换刀的功能，气动机械手是机械手的一种，它具有结构简单、重量轻、动作迅速、平稳、可靠和节能等优点。

图 13.1 所示为用于某专用设备上的气动机械手的结构示意图，它由 4 个汽缸组成，可在 3 个坐标内工作，图中 A 为夹紧缸，其活塞退回时夹紧工件，活塞杆伸出时松开工件。B 缸为长臂伸缩缸，可实现伸出和缩回动作。C 缸为立柱升降缸。D 缸为回转缸，该汽缸有两个活塞，分别装在带齿条的活塞杆两头，齿条的往复运动带动立柱上的齿轮旋转，从而实现立柱及长臂的回转。

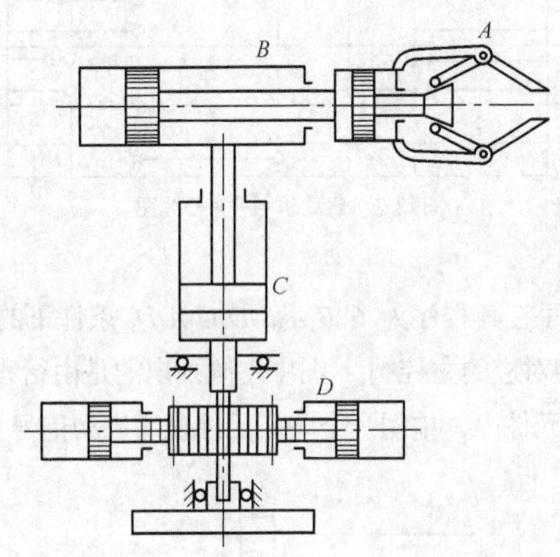

图13.1 气动机械手的结构示意图

1. 工作程序图

该气动机械手的控制要求：手动启动后，能从第一个动作开始自动延续到最后一个动作。其要求的动作顺序为

启动→立柱下降→伸臂→夹紧工件→缩臂→立柱顺时针转→立柱上升→放开工件→立柱逆时针转→（循环）

写成工作程序图为

$$\xrightarrow{q\ (qd_0)} A_1 \xrightarrow{a_1} B_1 \xrightarrow{b_1} B_0 \xrightarrow{b_0} B_1 \xrightarrow{b_1} B_0 \xrightarrow{b_0} A_0 \xrightarrow{a_0} (\text{循环})$$

可写成简化式 $C_0B_1A_0B_0D_1C_1A_1D_0$。

由以上分析可知，该气动系统属于多缸单往复系统。

2. X–D 线图

根据上述的分析可以画出气动机械手在 $C_0B_1A_0B_0D_1C_1A_1D_0$ 动作程序下的 X-D 线图，如图 13.2 所示。从图中可以比较容易地看出其原始信号 c_0 和 b_0 均为障碍信号，因而必须排除。为了减少整个气动系统中元件的数量，这两个障碍信号都采用逻辑回路来排除，其消障后的执行信号分别为 $c_0^*(B_1)=c_0a_1$ 和 $b_0^*(D_1)=b_0a_0$ 。

X-D 组		1 C_0	2 B_1	3 A_0	4 B_0	5 D_1	6 C_1	7 A_1	8 D_0	执行信号
1	$d_0(C_0)$									$d_0(C_0)=qd_0$
	C_0									
2	$c_0(B_1)$									$c_0^*(B_1)=c_0a_1$
	B_1									
3	$b_1(A_0)$									$b_0(A_0)=b_1$
	A_0									
4	$a_0(B_0)$									$a_0(B_0)=a_0$
	B_0									
5	$b_0(D_1)$									$b_0^*(D_1)=b_0a_0$
	D_1									
6	$d_1(C_1)$									$d_1(C_1)=d_1$
	C_1									
7	$c_1(A_1)$									$c_1(A_1)=c_1$
	A_1									
8	$a_1(D_0)$									$a_1(D_0)=a_1$
	D_0									
备用格	$c_0^*(B_1)$									
	$b_0^*(D_1)$									

图13.2 气动机械手X-D线图

3. 逻辑原理图

图 13.3 所示为气动机械手在其程序为 $C_0B_1A_0B_0D_1C_1A_1D_0$ 条件下的逻辑原理图。图中列出了 4 个缸的 8 个状态以及与它们相对应的主控阀，图中左侧列出的是由行程阀、启动阀等发出的原始信号（简略画法）。在 3 个与门元件中，中间一个与门元件说明启动信号 q 对 d_0 起开关作用，其余两个与门则起排除障碍作用。

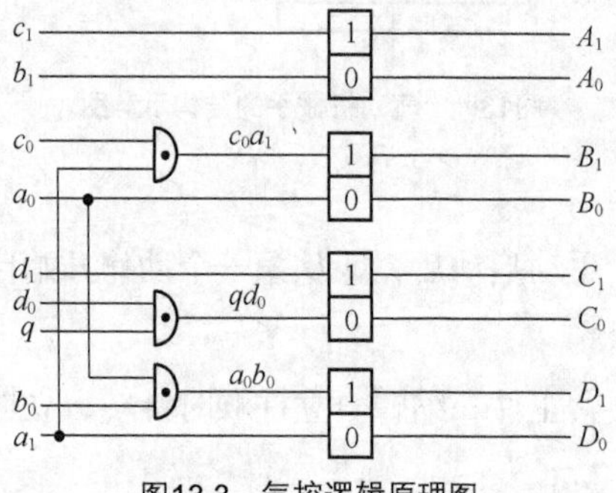

图13.3 气控逻辑原理图

4. 气动回路原理图

按图 13.3 所示的气控逻辑原理可以绘制出该机械手的气动回路图，如图 13.4 所示。在 X-D 图中可知，原始信号 c_0、b_0 均为障碍信号，而且是用逻辑回路法除障。故它们应为无源元件，即不能直接与气源相接，按除障后的执行信号表达式 $c_0^*(B_1)=c_0a_1$ 和 $b_0^*(D_1)=b_0a_0$ 可知，原始信号 c_0 要通过 a_1 与气源相接，同样原始信号 b_0 要通过 a_0 与气源相接。

由该系统图分析可知，当按下启动阀 q 后，主控阀 C 将处于 C_0 位，活塞杆退回，即得到 C_0；a_1c_0 将使主控阀 B 处于 B_1 位，活塞杆伸出，得到 B_1；活塞杆伸出碰到 b_1，则控制气使主控阀 A 处于 A_0 位，A 缸活塞退回，即得到 A_0；A 缸活塞杆挡铁碰到 a_0，a_0 又使主控阀 B 处于 B_0 位，B 缸活塞缸返回，即得到 B_0；B 缸活塞杆挡块又压下 b_0，a_0b_0 又使主控阀 D 处于 D_1 位，使 D 缸活塞杆往右运动，得到 D_1；D 缸活塞杆上的挡铁压下 d_1，d_1 则使主控阀 C 处于 C_1 位，使 C 缸活塞杆伸出，

得到 C_1，C 的活塞杆上挡铁又压下 c_1，则 c_1 使主控缸 A 处于 A_1 位，A 缸活塞杆伸出，即得到 A_1；A 缸活塞杆上的挡铁压下 a_1，a_1 使主控阀 D 处于 D_0 位，使 D 缸活塞杆往左，即得 D_0，D 缸活塞上的挡铁压下 d_0，d_0 经启动阀又使主控阀 C 处于 C_0 位，又开始新的一轮工作循环。

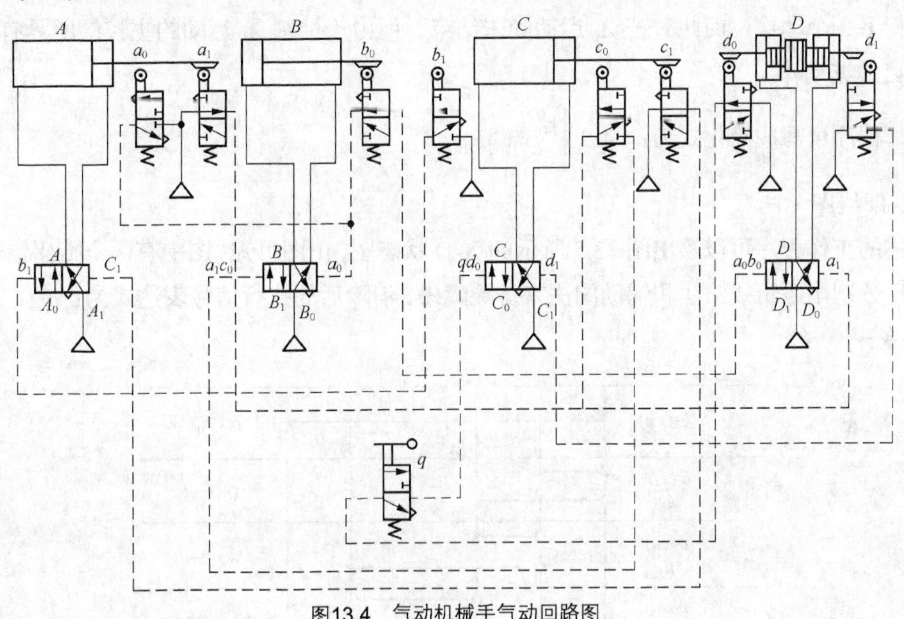

图13.4　气动机械手气动回路图

13.2 气动钻床气压传动系统

全气动钻床是一种利用气动钻削头完成主体运动（主轴的旋转），再由气动滑台实现进给运动的自动钻床。根据需要机床上还可安装由摆动汽缸驱动的回转工作台，这样，一个工位在加工时，另一个工位则装卸工件，使辅助时间与切削加工时间重合，从而提高生产率。

本节介绍的气动钻床气压传动系统，是利用气压传动来实现进给运动和送料、夹紧等辅助动作。它共有 3 个汽缸，即送料缸 A、夹紧缸 B、钻削缸 C。

1. 工作程序图

该气动钻床气压传动系统要求的动作顺序为

$$\text{启动} \rightarrow \text{送料} \rightarrow \text{夹紧} \rightarrow \left\{\begin{matrix}\text{送料后退} \\ \text{钻孔}\end{matrix}\right\} \rightarrow \text{钻头退} \rightarrow \text{松开} \rightarrow （\text{循环}）$$

写成工作程序图为

$$\underline{q\ (qd_0)} \rightarrow A_1 \xrightarrow{a_1} B_1 \xrightarrow{b_1} \left\{\begin{matrix}A_0 \\ C_1\end{matrix}\right\} \frac{(c_1 a_0)}{c_1} C_0 \xrightarrow{c_0} B_0 \xrightarrow{b_0} （\text{循环}）$$

由于送料缸后退（A_0）与钻削缸前进（C_1）同时进行，考虑到 A_0 动作对下一个程序执行没有影响，因而可不设联锁信号，即省去一个发信元件 a_0，这样可克服若 C_1 动作先完成，而 A_0 动作尚未结束时，C_1 等待造成钻头与孔壁相互摩擦，降低钻头寿命的缺点。在工作时只要 C_1 动作完成，立即发信执行下一个动作，而此时若 A_0 运动尚未结束，但由于控制 A_0 运动的主控阀所具有的记忆功能，A_0 仍可继续动作。

该动作程序可写成简化式为：$A_1B_1\begin{Bmatrix}A_0\\C_1\end{Bmatrix}C_0B_0$。

2. X–D 线图

按上述的工作程序可以绘出图 13.5 所示的 X-D 状态图，由图可知，图中有两个障碍信号 $b_1(C_1)$ 和 $c_0(B_0)$，分别用逻辑线路法和辅助阀法来排除障碍，消障后的执行信号表达式为：$b_1^*(C_1)=b_1a_1$ 和 $c_0^*(B_0)=c_0K_{b0}^{c1}$。

	X-D 组	1 A_1	2 B_1	3 A_0 C_1	4 C_0	5 B_0	执行信号
1	$b_0(A_1)$						$b_0(A_1)=qb_0$
	A_1						
2	$a_1(B_1)$						$a_1(B_1)=a_1$
	B_1						
3	$b_1(A_0)$						$b_1(A_0)=b_1a_1$
	A_0						
	$b_1(C_1)$						$b_1^*(C_1)=b_1a_1$
	C_1						
4	$c_1(C_0)$						$c_1(C_0)=c_1$
	C_0						
5	$c_0(B_0)$						$c_0^*(B_0)=c_0K_{b0}^{c1}$
	B_0						
备用格	$b_1^*(C_1)$						
	K_{b0}^{c1}						
	$c_0^*(B_0)$						

图13.5 气动钻床X-D线图

3. 逻辑原理图

根据图 13.5 的 X-D 图，可以绘出图 13.6 所示的逻辑原理图，图中右侧列出了 3 个汽缸的 6 个状态，中间部分用了 3 个与门元件和 1 个记忆元件（辅助阀），图中左侧列出的由行程阀、启动阀等发出的原始信号。

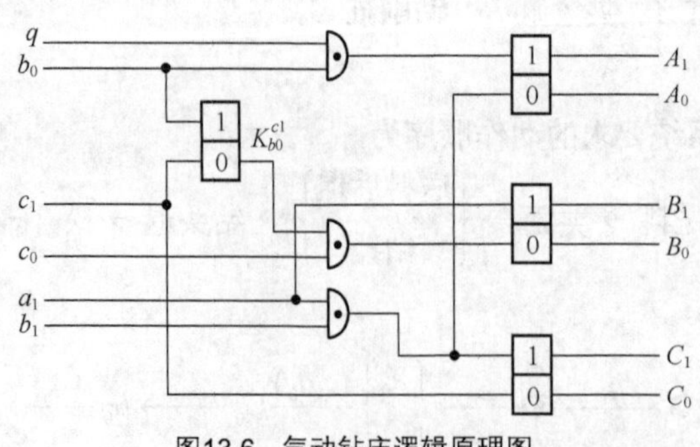

图13.6 气动钻床逻辑原理图

4. 气动系统原理图

根据图13.6所示的气动钻床逻辑原理图即可绘出该钻床的气压传动系统图，如图13.7所示。从图13.5的X-D线图中可以看出，a_1、b_0、c_1均为无障碍信号，因而它们是有源元件，在气动回路图中直接与气源相连接，而b_1、c_0为有障碍的原始信号，按照其消除障碍后的执行信号表达式$b_1^*(C_1)=b_1a_1$和$c_0^*(B_0)=c_0K_{b0}^{c1}$可知，原始信号$b_1$为无源元件，应通过$a_1$与气源相接；原始信号$c_0$只需与辅助阀（单记忆元件）、气源串接即可。另外，在设计中省略了a_0信号，即A缸活塞杆缩回（A_0）结束时它不发信号。

按下启动按钮q后，该气压传动系统能自动完成$A_1B_1\begin{Bmatrix}A_0\\C_1\end{Bmatrix}C_0B_0$的动作循环，在此不再详述。

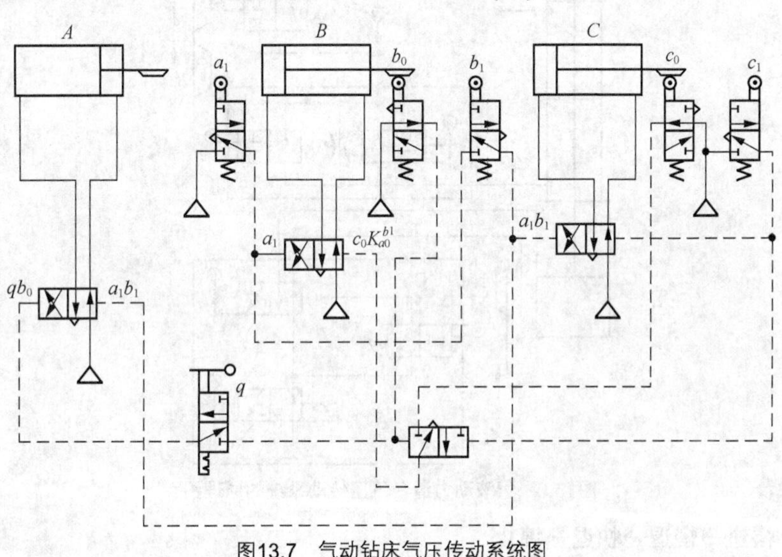

图13.7 气动钻床气压传动系统图

13.3 气液动力滑台气压传动系统

气液动力滑台是采用气—液阻尼缸作为执行元件，在机械设备中用来实现进给运动的部件，图13.8所示为气液动力滑台气压传动系统的原理图。该气 液动力滑台能完成两种工作循环，下面对其做一简单介绍。

1. 快进→慢进（工进）→快退→停止

当图13.8中手动阀4处于图示状态时，就可实现快进→慢进（工进）→快退→停止的动作循环，其动作原理如下。

当手动阀3切换到右位时，实际上就是给予进刀信号，在气压作用下汽缸中活塞开始向下运动，液压缸中活塞下腔的油液经行程阀6的左位和单向阀7进入液压缸活塞的上腔，实现了快进；当快进到活塞杆上的挡铁B切换行程阀6（使它处于右位）后，油液只能经节流阀5进入活塞上腔，调

节节流阀的开度，即可调节气—液缸运动速度，所以活塞开始慢进（工作进给）；当慢进到挡铁 C 使行程阀 2 复位时，输出气信号使阀 3 切换到左位，这时汽缸活塞开始向上运动。

液压缸活塞上腔的油液经阀 8 的左位和手动阀 4 中的单向阀进入液压缸下腔，实现了快退，当快退到挡铁 A 切换阀 8 而使油液通道被切断时，活塞便停止运动。所以改变挡铁 A 的位置，就能改变“停”的位置。

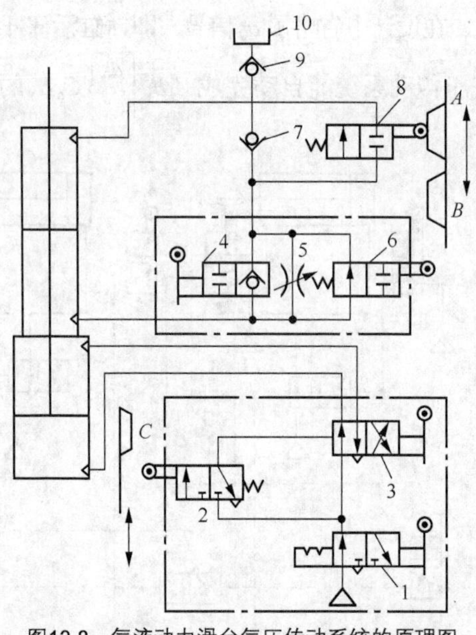

图13.8　气液动力滑台气压传动系统的原理图

2. 快进→慢进→慢退→快退→停止

把手动阀 4 关闭（处于左侧）时，就可实现快进→慢进→慢退→快退→停止的双向进给程序。其动作循环中的快进→慢进的动作原理与上述相同。当慢进至挡铁 C 切换行程阀 2 至左位时，输出气信号使阀 3 切换到左位，汽缸活塞开始向上运动，这时液压缸活塞上腔的油液经行程阀 8 的左位和节流阀 5 进入活塞下腔，亦即实现了慢退（反向进给），慢退到挡铁 B 离开阀 6 的顶杆而使其复位（处于左位）后，液压缸活塞上腔的油液就经阀 6 左位而进入活塞下腔，开始了快退，快退到挡铁 A 切换阀 8 而使油液通路被切断时，活塞就停止运动。

图 13.8 中带定位机构的手动阀 1、行程阀 2 和手动阀 3 组合成一只组合阀块，阀 4、5 和 6 为一组合阀、补油箱 10 是为了补偿系统中的漏油而设置的，一般可用油杯来代替。

13.4 工件夹紧气压传动系统

图 13.9 所示为机械加工自动线、组合机床中常用的工件夹紧的气压传动系统图。其工作原理：

当工件运行到指定位置后，汽缸 A 的活塞杆伸出，将工件定位锁紧后，两侧的汽缸 B 和 C 的活塞杆同时伸出，从两侧面压紧工件，实现夹紧，而后进行机械加工，其气压系统的动作过程如下。

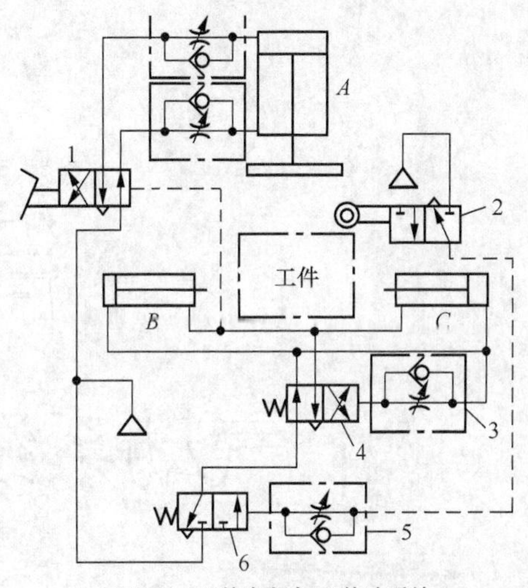

图13.9　工件夹紧气压传动系统

当用脚踏下脚踏换向阀 1（在自动线中往往采用其他形式的换向方式）后，压缩空气经单向节流阀进入汽缸 A 的无杆腔，夹紧头下降至锁紧位置后使机动行程阀 2 换向，压缩空气经单向节流阀 5 进入中继阀 6 的右侧，使阀 6 换向，压缩空气经阀 6 通过主控阀 4 的左位进入汽缸 B 和 C 的无杆腔，两汽缸同时伸出。与此同时，压缩空气的一部分经单向节流阀 3 调定延时后使主控阀换向到右侧，则两汽缸 B 和 C 返回。在两汽缸返回的过程中有杆腔的压缩空气使脚踏阀 1 复位，则汽缸 A 返回。此时由于行程阀 2 复位（右位），所以中继阀 6 也复位；由于阀 6 复位，汽缸 B 和 C 的无杆腔通大气，主控阀 4 自动复位，由此完成了一个缸 A 压下（A_1）→夹紧缸 B 和 C 返回（B_0、C_0）→缸 A 返回（A_0）的动作循环。

思考与练习

13.1　图 13.1 所示为用于某专用设备上的气动机械手的结构示意图，写出该机械手的工作程序图。

13.2　列出气动钻床气压传动系统的工作程序图。

13.3　图 13.8 所示为气液动力滑台气压传动系统的原理图，当手动阀 4 处于图示状态时，写出其动作原理。

第14章 气动系统的使用和维护

【内容简介】

本章主要介绍气压传动系统的基本安装方法和调试过程中应注意的问题以及气动系统的使用与维护、常见故障的诊断和排除方法。

【学习目标】

（1）掌握气压传动系统的基本安装方法。

（2）掌握调试过程中应注意的问题。

（3）掌握气动系统的使用与维护、常见故障的诊断和排除方法。

【重点】

气动系统的基本安装方法和调试时的注意事项，难点为故障的判别。

14.1 气动系统的安装和调试

气动系统的安装并不是简单地用管子把各阀连接起来，安装实际上是设计的延续。作为一种生产设备它首先应保证运行可靠、布局合理、安装工艺正确、将来维修检测方便。由于各元件之间管道连接的多变性和实际现有管接件品种数量等因素，有许多气动控制柜的装配图是在安装人员根据气动系统原理图安装好以后，再由技术人员补画的。目前，气动系统的安装一般采用紫铜管卡套式连接和尼龙软管快插式连接两种，快插式接头拆卸方便，一般用于产品试验阶段或一些简易气动系统；卡套式接头安装牢固可靠，一般用于定型产品。下面我们主要介绍用卡套式接头连接的气动系统。

14.1.1　安装

1．安装的步骤

（1）审查气动系统设计。首先要充分了解控制对象的工艺要求，根据其要求对系统图进行逐步分析，然后确定管接头的连接形式，既要考虑现在安装时经济快捷，也要考虑将来整体安装好后中间单个元件拆卸维修更换方便。另外，在达到同样工艺要求的前提下应尽量减少管接头的用量。图14.1所示为一个换向回路，但该回路在汽缸伸出时要能调压。由于汽缸退回时减压阀反向无法排气，故在减压阀处旁路加上一个单向阀以便实现快退。

按此回路需要9个端直通和2个三通接头才能把它连接起来，如果采用图14.2所示的回路，用1个快速排气阀，替代图14.1所示的单向阀，同样达到汽缸快退的目的，这样只需要9个端直通就可以了，从而节约了2个三通接头，而且铜管也不需要弯曲。

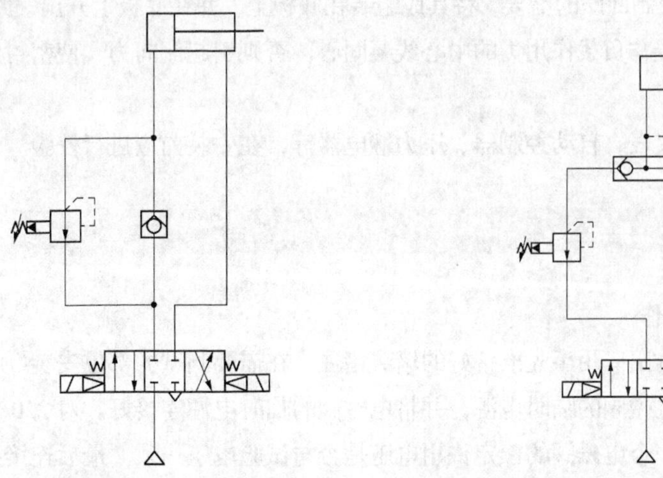

图14.1　换向回路　　　图14.2　采用快速排气阀的换向回路

（2）模拟安装。首先必须按图核对元件的型号和规格，然后卸掉每个元件进出口的堵头，在各元件上初拧上端直通或端直角管接头，认清各气动元件的进出口方向。接着，把各元器件按气动系统线路平铺在工作台上，再量出各元件间所需管子的长度，长度选取要合理，要考虑电磁阀接线插座拆卸、接线和各元件以后更换的方便。

（3）正式安装。根据模拟安装的工艺，拧下各元器件上的端直通，在端直通接头上包上聚四氟乙烯密封带，再重新拧入气动元件并用扳手拧紧。按照模拟安装时选好的管子长度，把各元件连接起来。

铜管插入管接头时必须插到底再稍退1 mm，并且检查每一个管接头中是否漏放铜卡箍，卡紧螺帽必须用扳手扳紧，以防漏气。

待这部分组件安装好后将它整体固定到控制柜内，再用铜管把相关回路连接起来，最后再装上相关仪表。

压力表要垂直安装，表面朝向便于观察。

2. 管道的安装

（1）安装前要彻底清理管道内的粉尘、铁锈等污物。接管时应防止密封带碎片进入管内。

（2）管子支架要牢固，工作时不得产生振动。

（3）接管时要充分注意密封性，防止漏气，尤其注意接头处及焊接处。

（4）管路尽量平行布置，减少交叉，力求最短、转弯最少，并考虑到能自由拆装。

（5）安装软管要有一定的弯曲半径，不允许有拧扭现象，且应远离热源或安装隔热板。

3. 元件的安装

（1）阀在安装前应查看铭牌，注意型号、规格是否相符，应注意阀的推荐安装位置和标明的安装方向。大多数电磁阀对安装位置和方向无特殊要求，对指定要求的应予以注意。

（2）逻辑元件应按控制回路的需要，将其成组装在底板上，并在底板上开出气路，用软管接出。

（3）移动缸的中心线与负载作用力的中心线要同心，否则引起侧向力，使密封件加速磨损，活塞杆弯曲。

（4）各种自动控制仪表、自动控制器、压力继电器等，在安装前应进行校验。

14.1.2 调试

1. 调试前的准备工作

首先必须把所有的输出口用事先准备好的堵头堵住，在需要测试的部位安装好临时压力表以便观察压力。准备好驱动电磁阀的临时电源，并将电磁阀的临时电源连接好。对 220 V 电压的系统要特别注意安全，核查每一个电磁阀的额定许用电压是否与试验电压一致。最后连接好气源。

2. 正式调试

打开气源开关，缓缓调节进气调压阀，使压力逐渐升高至 0.6 MPa，然后检查每一个管接头处是否有漏气现象，如果有漏气，则必须先加以排除。调节每一个支路上的调压阀使其压力升高，观察其压力变化是否正常。对每一路的电磁阀进行手动换向和通电换向，如果遇电磁阀不换向，可用升高压力或对阀体稍加振动的方法进行试验。换向阀因久放不用，发生不换向现象时，须拆开阀体把涂在阀芯上的干硬硅脂用煤油清洗掉，重新涂上硅脂安装好。注意在用手动方法换向后，一定要把手动手柄恢复到原位，否则可能会出现通电后不换向的情况。

3. 空载运行

空载时运行一般不少于 2 h，注意观察压力、流量、温度的变化，如果发现异常应立即停车检查。待排除故障后才能继续运转。

4. 负载试运转

负载试运转应分段加载，运转一般不少于 4 h，分别测出有关数据，记入试运转记录。

14.2 气动系统的使用与维护

14.2.1　气动系统使用的注意事项

（1）开车前后要放掉系统中的冷凝水。

（2）定期给油雾器注油（食品、医药行业往往有采用无油汽缸等特殊要求，此时系统无注油器）。

（3）开车前检查各调节手柄是否在正确位置，机控阀、行程开关及挡块的位置是否正确、牢固，对导轨、活塞杆等外露部分的配合表面进行擦拭。

（4）随时注意压缩空气的清洁度，对空气过滤器的滤芯要定期清洗。

（5）设备长期不用时，应将各手柄放松，以防弹簧永久变形，从而影响元件的调节性能。

14.2.2　压缩空气的污染及预防办法

压缩空气的质量对气动系统性能的影响极大，如果被污染将使管道和元件锈蚀、密封件变形、堵塞喷嘴，使系统不能正常工作。压缩空气的污染主要来自水分、油分和粉尘3个方面，其污染原因及预防办法有以下几方面。

（1）水分。空气压缩机吸入的是含水分的湿空气，经压缩后提高了压力，当再度冷却时就要析出冷凝水，侵入到压缩空气中致使管道和元件锈蚀，影响其性能。

防止冷凝水侵入压缩空气的方法是及时排除系统各排水阀中积存的冷凝水，经常注意自动排水器、干燥器的工作是否正常，定期清洗空气过滤器、自动排水器的内部元件等。

（2）油分。这里的油分是指使用过的因受热而变质的润滑油。压缩机使用的一部分润滑油成雾状混入压缩空气中，受热气化后随压缩空气一起进入系统，将使密封件变形，造成空气泄漏，摩擦阻力增大，阀和执行元件动作不良，同时还会污染环境。

清除压缩空气中油分的方法：对较大的油分颗粒，可通过除油器和空气过滤器的分离作用将其同空气分开，从设备底部排污阀排出；对较小的油分颗粒，可通过活性炭吸附作用清除。

（3）粉尘。大气中含有的粉尘、管道内的锈粉及密封材料的碎屑等侵入到压缩空气中，将引起元件中的运动件卡死、动作失灵、堵塞喷嘴、加速元件磨损、降低使用寿命，导致故障发生，严重影响系统性能。

防止粉尘侵入压缩机的主要方法：经常清洗空气压缩机前的预过滤器，定期清洗空气过滤器的滤芯，及时更换滤清元件等。

14.2.3 气动系统的日常维护

气动系统日常维护的主要内容是冷凝水和系统润滑的管理。冷凝水的管理方法在前面已讲述，这里仅介绍对系统润滑的管理。

气动系统中从控制元件到执行元件，凡有相对运动的部件表面都需润滑。如果润滑不当，会使摩擦阻力增大，导致元件动作失常。同时，密封面磨损会引起系统漏气等危害。

润滑油的性能直接影响润滑效果。通常，高温环境下用高黏度的润滑油，低温环境下用低黏度的润滑油。如果温度特别低，为克服起雾困难可在油杯内装加热器。供油量随润滑部位的形状、起动状态及负载大小而变化。供油量总是大于实际需要量，一般以每 10 m^3 自由空气供给 1 mL 的油量为基准。

另外，还要注意油雾器的工作是否正常，如果发现油量没有减少，需及时检修或更换油雾器。

14.2.4 气动系统的定期检修

定期检修的时间间隔，通常为 3～4 个月。其主要内容如下。

（1）查明系统各漏气点，并设法予以解决。

（2）通过对方向控制阀排气口的检查，判断润滑油是否适度，空气中是否有冷凝水。如果润滑不良，可检查油雾器规格是否合适和安装位置是否恰当，滴油量是否正常等。如果有大量冷凝水排出，则检查过滤器的安装位置是否恰当，排除冷凝水的装置是否合适，冷凝水的排除是否彻底。如果方向控制阀排气口关闭时，仍有少量泄漏，往往是元件损伤的初期阶段，检查后，可更换受磨损元件以防止发生动作不良。

（3）检查安全阀、紧急安全开关动作是否可靠。定期检修时，必须确认它们动作的可靠性，以确保设备和人身安全。

（4）观察换向阀的动作是否可靠。根据换向时声音是否异常，判定铁芯和衔铁配合处是否有杂质，检查铁芯是否有磨损，密封件是否老化，手摸电磁头是否过热、外壳是否损坏。

（5）反复开关换向阀观察汽缸动作，判断活塞上的密封是否良好。检查活塞杆外露部分，判定其与前盖的配合处是否有漏气现象。

上述各项检查和修复的结果应记录在案，以作为设备出现故障查找原因和设备大修时的参考。

气动系统的大修间隔期为一年或几年。其主要内容是检查系统各元件和部件，判定其性能和寿命，并对平时产生故障的部位进行检修或更换元件，对老化的尼龙管进行更换，排除修理间隔期间内一切可能产生故障的因素。

通常，新安装的气动系统被调整好后，在较短的时间之内，不会出现过早磨损的情况，正常磨损要在几年后才会出现。系统发生故障的原因：①机器部件的表面故障或由于堵塞导致的故障；②控制系统的内部故障。经验证明，控制系统发生故障的概率远远少于与外部接触的传感器或机器本身的故障。

14.3 气动系统主要元件的常见故障及其排除方法

表 14.1～表 14.6 所示为气动系统主要元件的常见故障及其排除方法。

表 14.1 减压阀的常见故障及其排除方法

故障现象	产生原因	排除方法
输出压力升高（二次压力上升）	1. 阀内复位弹簧损坏	1. 更换阀内复位弹簧
	2. 阀座有伤痕或阀座橡胶剥离损坏	2. 更换阀体
	3. 阀体中央进入灰尘，阀导向部分黏附异物	3. 清洗、检查滤清器
	4. 阀芯导向部分和阀体的 O 形密封圈收缩、膨胀	4. 更换 O 形密封圈
压力降过大（流量不足）	1. 阀口径偏小	1. 重选口径大的减压阀
	2. 阀底部积存冷凝水，阀内混入异物	2. 清洗、检查滤清器
溢流口总是漏气	1. 溢流阀座有伤痕（溢流式）	1. 更换溢流阀座
	2. 膜片破裂	2. 更换膜片
	3. 二次压力升高	3. 参看“二次压力上升”栏
	4. 二次侧背压增高	4. 检查二次侧的装置、回路
	5. 弹簧没放平	5. 拧松手柄再拧下
阀体漏气	1. 密封件损伤或装配时压坏	1. 更换密封件
	2. 弹簧松弛	2. 张紧弹簧或更换
异常震动	1. 弹簧的弹力减弱，弹簧错位	1. 把弹簧调整到正常位置，更换弹力减弱的弹簧
	2. 阀体的中心、阀杆的中心错位	2. 检查并调整位置偏差
	3. 因空气消耗量周期变化使阀不断开启、关闭，与减压阀引起共振	3. 和制造厂协商或更换
虽已松开手柄，二次侧空气也不溢流	1. 溢流阀座孔堵塞	1. 清洗、检查滤清器
	2. 使用非溢流式调压阀	2. 在二次侧安装高压溢流阀

表 14.2　溢流阀常见故障及其排除方法

故障现象	产生原因	排除方法
压力虽已上升，但不溢流	1. 阀内部的孔堵塞	清洗
	2. 阀芯导向部分进入异物	
压力虽没有超过设定值，但在二次侧却溢出空气	1. 阀内进入异物	1. 清洗
	2. 阀座损伤	2. 更换阀座
	3. 调压弹簧损坏	3. 更换调压阀
溢流时发生振动（主要发生在膜片式阀，其启闭压力差较小）	1. 压力上升速度很慢，溢流阀放出流量多，引起阀振动	1. 二次侧安装针阀微调溢流阀，使其与压力上升量匹配
	2. 因从压力上升源到溢流阀之间被节流，阀前部压力上升慢而引起振动	2. 增大压力上升源到溢流阀的管道口径
从阀体和阀盖向外漏气	1. 膜片破裂（膜片式）	1. 更换膜片
	2. 密封件损伤	2. 更换密封件

表 14.3　方向阀常见故障及其排除方法

故障现象	产生原因	排除方法
不能换向	1. 阀的滑动阻力大，润滑不良	1. 进行润滑
	2. O 形密封圈变形	2. 更换密封圈
	3. 粉尘卡住滑动部分	3. 清除粉尘
	4. 弹簧损坏	4. 更换弹簧
	5. 阀操纵力小	5. 检查阀操纵部分
	6. 活塞密封圈磨损	6. 更换密封圈
	7. 膜片破裂	7. 更换膜片
阀产生振动	1. 空气压力低（先导型）	1. 提高操纵压力，采用直动型
	2. 电源电压低（电磁阀）	2. 提高电源电压，使用低电压线圈
交流电磁铁有蜂鸣声	1. I 形活动铁芯密封不良	1. 检查铁芯接触和密封性，必要时更换铁芯组件
	2. 粉尘进入 I、T 形铁芯的滑动部分，使活动铁芯不能密切接触	2. 清除粉尘
	3. T 形活动铁芯的铆钉脱落，铁芯叠层分开不能吸合	3. 更换活动铁芯
	4. 短路环损坏	4. 更换固定铁芯
	5. 电源电压低	5. 提高电源电压
	6. 外部导线拉得太紧	6. 引线应宽裕

续表

故障现象	产生原因	排除方法
电磁铁动作时间偏差大，或有时不能动作	1. 活动铁芯锈蚀，不能移动；在湿度高的环境中使用气动元件时，由于密封不完善而向磁铁部分泄漏空气	1. 铁芯除锈，修理好对外部的密封，更换坏的密封件
	2. 电源电压低	2. 提高电源电压或使用符合电压的线圈
	3. 粉尘等进入活动铁芯的滑动部分，使运动恶化	3. 清除粉尘
线圈烧毁	1. 环境温度高	1. 按产品规定温度范围使用
	2. 快速循环使用情况	2. 使用高级电磁阀
	3. 因为吸引时电流大，单位时间耗电多，温度升高，使绝缘损坏而短路	3. 使用气动逻辑回路
	4. 粉尘夹在阀和铁芯之间，不能吸引活动铁芯	4. 清除粉尘
	5. 线圈上残余电压	5. 使用正常电源电压，使用符合电压的线圈
切断电源，活动铁芯不能退回	粉尘夹入活动铁芯滑动部分	清除粉尘

表 14.4　汽缸的常见故障及其排除方法

故障现象	产生原因	排除方法
外泄漏： 1. 活塞杆与密封衬套间漏气 2. 汽缸体与端盖间漏气 3. 从缓冲装置的调节螺钉处漏气	1. 衬套密封圈磨损	1. 更换衬套密封圈
	2. 活塞杆偏心	2. 重新安装，使活塞杆不受偏心负荷
	3. 活塞杆有伤痕	3. 更换活塞杆
	4. 活塞杆与密封衬套的配合面内有杂质	4. 除去杂质、安装防尘盖
	5. 密封圈损坏	5. 更换密封圈
内泄漏： 活塞两端串气	1. 活塞密封圈损坏	1. 更换活塞密封圈
	2. 润滑不良	2. 检查气路油雾器工作情况
	3. 活塞被卡住	3. 重新安装，使活塞杆不受偏心负载
	4. 活塞配合面有缺陷，杂质挤入密封面	4. 缺陷严重者更换零件，除去杂质
输出力不足，动作不平稳	1. 润滑不良	1. 调节或更换油雾器
	2. 活塞或活塞杆卡住	2. 检查安装情况，消除偏心
	3. 汽缸体内表面有锈蚀或缺陷	3. 视缺陷大小再决定排除故障办法

续表

故障现象	产生原因	排除方法
输出力不足，动作不平稳	4. 进入了冷凝水、杂质	4. 加强对空气过滤器和除油器的管理、定期排放污水
缓冲效果不好	1. 缓冲部分的密封圈密封性能差	1. 更换密封圈
	2. 调节螺钉损坏	2. 更换调节螺钉
	3. 汽缸速度太快	3. 研究缓冲机构的结构是否合适
损伤： 1. 活塞杆折断 2. 端盖损坏	1. 有偏心负荷	1. 调整安装位置，消除偏心
	2. 摆动汽缸安装轴销的摆动面与负荷摆动面不一致	2. 使轴销摆角一致
	3. 摆动轴销的摆动角过大，负荷很大，摆动速度又快	3. 确定合理的摆动速度
	4. 有冲击装置的冲击加到活塞杆上；活塞杆承受负荷的冲击；汽缸的速度太快	4. 冲击不得加在活塞杆上，设置缓冲装置
	5. 缓冲机构不起作用	5. 在外部或回路中设置缓冲机构

表 14.5　　空气过滤器的常见故障及其排除方法

故障现象	产生原因	排除方法
压力过大	1. 使用过细的滤芯	1. 更换适当的滤芯
	2. 滤清器的流量范围太小	2. 换流量范围大的滤清器
	3. 流量超过滤清器的容量	3. 换大容量的滤清器
	4. 滤清器滤芯网眼堵塞	4. 用净化液清洗（必要时更换滤芯）
从输出端溢出冷凝水	1. 未及时排出冷凝水	1. 养成定期排水习惯或安装自动排水器
	2. 自动排水器发生故障	2. 修理（必要时更换）
	3. 超过滤清器的流量范围	3. 在适当流量范围内使用或者更换大容量的滤清器
输出端出现异物	1. 滤清器滤芯破损	1. 更换机芯
	2. 滤芯密封不严	2. 更换机芯的密封，紧固滤芯
	3. 用有机溶剂清洗塑料件	3. 用清洁的热水或煤油清洗
塑料水杯破损	1. 在有有机溶剂的环境中使用	1. 使用不受有机溶剂侵蚀的材料（如使用金属杯）
	2. 空气压缩机输出某种焦油	2. 更换空气压缩机的润滑油，使用无油压缩机
	3. 压缩机从空气中吸入对塑料有害的物质	3. 使用金属杯
漏气	1. 密封不良	1. 更换密封件
	2. 因物理（冲击）、化学原因使塑料杯产生裂痕	2. 参看“塑料水杯破损”栏
	3. 泄水阀，自动排水器失灵	3. 修理（必要时更换）

表 14.6　　油雾器的常见故障及其排除方法

故障现象	产生原因	排除方法
油不能滴下	1. 没有产生油滴下落所需的压差	1. 加上文丘里管或换成小的油雾器
	2. 油雾器反向安装	2. 改变安装方向
	3. 油道堵塞	3. 拆卸，进行修理
	4. 油杯未加压	4. 因通往油杯的空气通道堵塞，需拆卸修理
油杯未加压	1. 通往油杯的空气通道堵塞	1. 拆卸修理
	2. 油杯大、油雾器使用频繁	2. 加大通往油杯的空气通孔，使用快速循环式油雾器
油滴数不能减少	油量调整螺丝失效	检修油量调整螺丝
空气向外泄漏	1. 油杯破损	1. 更换
	2. 密封不良	2. 检修密封
	3. 观察玻璃破损	3. 更换观察玻璃
油杯破损	1. 用有机溶剂清洗	1. 更换油杯，使用金属杯或耐有机溶剂油杯
	2. 周围存在有机溶剂	2. 与有机溶剂隔离

思考与练习

14.1　气动系统管道的安装步骤是什么？

14.2　气动系统正式调试的步骤是什么？

14.3　气动系统使用的注意事项有哪些？

14.4　怎样对气动系统进行日常维护？

14.5　气动系统的定期检修的主要内容是什么？